실/전/모/의/고/사

PREFACE

높은 청년실업률과 낮은 취업률이 사회적 문제로 반복적으로 지적되는 가운데 몇 년째 꾸준히 이어지는 공무원 시험의 인기는 2019년에도 변함없었습니다.

2013년부터 고교 졸업자의 공무원 진출 기회 확대를 위해 선택과목으로 사회, 수학, 과학 등 3과목이 새롭게 편성되었고, 직렬별 필수과목에 속해있던 행정학개론이 선택과목으로 분류가 되었습니다. 또한 시험의 난도는 이전보다 쉽게 출제될 것이라는 예상이 대부분인 가운데, 합격선이 점차 올라가고 있는 상황인 만큼 합격을 위한 철저한 준비가 더욱 필요하게 되었습니다.

수학은 새롭게 개편된 공무원 시험의 선택과목 중 하나이지만 수학을 선택하는 대부분의 수험생이 90점 이상의 고득점을 목표로 하는 과목으로 한 문제 한 문제가 시험의 당락에 영향을 미칠 수 있는 중요한 과목입니다. 특히 9급 공무원 수학 시험의 범위가 문과와 이과를 포함한 전반적인 고등수학이라는 점과, 현재 시행되고 있는 대학수학능력시험보다 난도가 비교적 낮게 출제된다는 점에서 합격을 위해서는 반드시 고득점이 수반되어야 한다는 것을 알 수 있습니다.

본서는 9급 국가직 및 지방직 공무원 수학시험의 출제경향을 파악하고 중요 내용에 대한 확인이 가능하도록 하였습니다. 또한 출제 가능성이 높은 다양한 유형의 예상문제를 실제 기출문제의 구성과 최대한 유사하게 수록하여 학습내용을 최종 점검할 수 있도록 하였습니다.

신념을 가지고 도전하는 사람은 반드시 그 꿈을 이룰 수 있습니다. 서원각 필통(必通) 시리즈와 함께 공무원시험 합격이라는 꿈을 이룰 수 있기를 바랍니다.

STRUCTURE

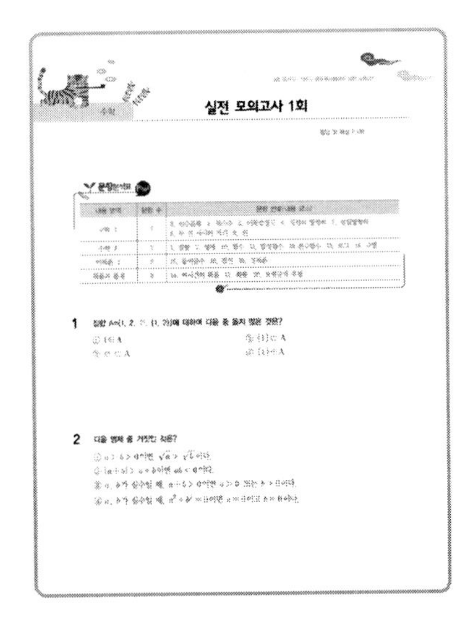
실전 모의고사 1회

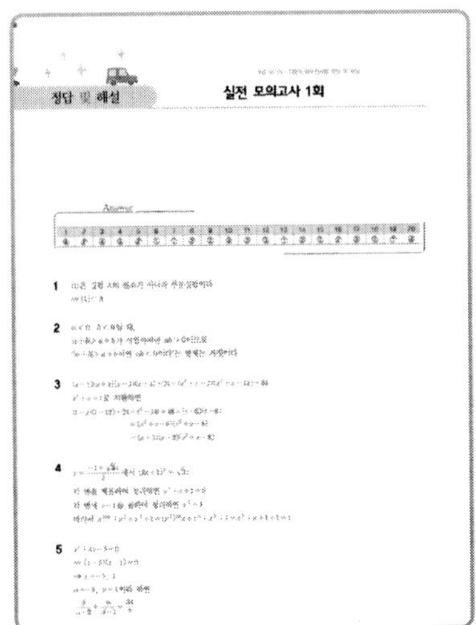
정답 및 해설 실전 모의고사 1회

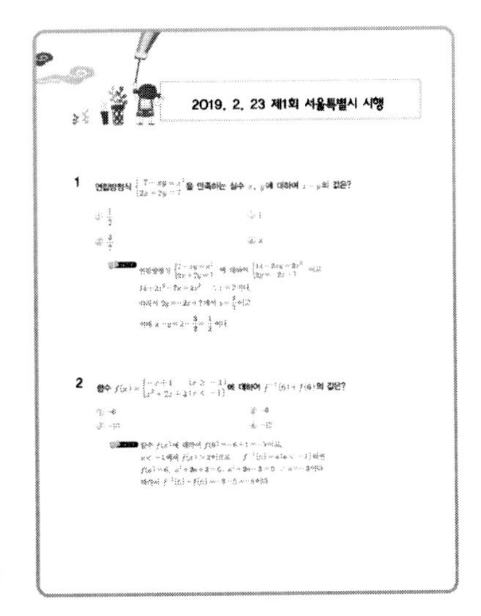
2019. 2. 23 제1회 서울특별시 시행

실전모의고사 20회 + 최근기출문제분석

1_ 최근 시행된 9급 국가직, 지방직 기출 문제를 내용별 · 유형별 분석하고, 가장 출제 빈도가 높은 것을 뽑아 이를 변형하여 새로운 문제를 만들었다. 나온 문제는 또 나오기 때문이다.

2_ 한 회의 문제를 구성하는 데 있어 기출문제의 구성과 최대한 유사하게 만들었다.

3_ 최근 시행된 기출문제를 상세한 해설과 함께 수록하여 실제 시험의 출제경향 파악 및 난도를 한 눈에 파악할 수 있도록 하였다.

정확하고 상세한 해설을 실었다.

1_ 우선 출제 의도와 문제의 핵심을 정확하게 짚어주는 해설을 하였다. 그리고 기본서를 다시 공부할 필요가 없도록 이와 관련된 개념, 원리, 확장된 내용까지 상세하게 해설하였다.

2_ 오답에 대해서도 꼼꼼히 설명하였다. 오답도 언제든지 정답이 될 수 있기 때문이다. 그리고 오답을 통해 그와 관련된 내용을 정리할 수 있기 때문이다.

CONTENTS

PART
01 실전 모의고사

PART
02 정답 및 해설

PART
03 최근기출문제분석

실전 모의고사

수학

9급 국가직 · 지방직 공무원시험대비
실전 모의고사

수학

실전 모의고사 1회

정답 및 해설 P.136

문항분석표 Point

내용 영역	문항 수	문항 번호(내용 요소)
수학 Ⅰ	7	3. 인수분해 4. 복소수 5. 이차방정식 6. 직선의 방정식 7. 연립방정식 8. 두 점 사이의 거리 9. 원
수학 Ⅱ	7	1. 집합 2. 명제 10. 함수 11. 합성함수 12 분수함수 13. 로그 15. 수열
미적분 Ⅰ	3	16. 등비급수 18. 접선 19. 정적분
확률과 통계	3	14. 여사건의 확률 17. 확률 20. 모평균의 추정

1 집합 A={1, 2, ∅, {1, 2}}에 대하여 다음 중 옳지 않은 것은?

① $1 \in A$
② $\{1\} \subset A$
③ $\varnothing \subset A$
④ $\{1\} \in A$

2 다음 명제 중 거짓인 것은?

① $a > b > 0$이면 $\sqrt{a} > \sqrt{b}$이다.
② $|a+b| > a+b$이면 $ab < 0$이다.
③ a, b가 실수일 때, $a+b > 0$이면 $a > 0$ 또는 $b > 0$이다.
④ a, b가 실수일 때, $a^2+b^2=0$이면 $a=0$이고 $b=0$이다.

3 다음 중 $(x-1)(x+2)(x-3)(x+4)+24$의 인수인 것은?

① $x+1$
② $x+2$
③ $x-3$
④ x^2+x-8

4 $x=\dfrac{-1+\sqrt{3}i}{2}$일 때, $x^{100}+x^3+x^2+1$의 값은?

① -2
② -1
③ 1
④ 2

5 $x^2+4x-5=0$의 두 근을 α, β라 할 때, $\dfrac{\beta}{\alpha-2}+\dfrac{\alpha}{\beta-2}$의 값은?

① $\dfrac{7}{5}$
② $\dfrac{34}{7}$
③ $\dfrac{6}{7}$
④ $\dfrac{31}{5}$

6 기울기가 -2이고 y절편이 1인 직선의 방정식은?

① $y=-2x+1$　② $y=2x-1$
③ $y=x-2$　④ $y=2x+1$

7 연립방정식 $\begin{cases} x+y=3 \\ y+z=5 \\ z+x=6 \end{cases}$의 근을 $x=\alpha$, $y=\beta$, $z=\gamma$라 할 때, $10\alpha+5\beta+\gamma$의 값은?

① 28　② 29
③ 30　④ 31

8 두 점 P(1, 2), Q(3, 4)에서 같은 거리에 있는 y축 위의 점 R의 좌표를 구하면?

① (0, 1)　② (0, 3)
③ (0, 5)　④ (3, 0)

9 원점 O에서 원 $(x-3)^2+(y-4)^2=4$에 그은 접선의 접점을 T라 할 때, 선분 OT의 길이는?

① $2\sqrt{5}$　② $\sqrt{21}$
③ $\sqrt{22}$　④ 5

10 두 집합 A=$\{x, y, z, w\}$, B=$\{a, b, c\}$가 있다. 이때, A에서 B로의 함수 f : A→B는 모두 몇 개인가?

① 24개　② 64개
③ 81개　④ 96개

11 두 함수 $f(x)=2x-3$, $g(x)=-x+k$에 대하여 $f \circ g=g \circ f$가 성립할 때, $g^{-1}(3)$의 값은?

① 1　② 2
③ 3　④ 4

12 구간 $-1 \le x \le 2$에서 $f(x)=\dfrac{x-2}{x+2}$의 최댓값을 M, 최솟값을 m라 할 때, $M-m$의 값은?

① 1　　② 2
③ 3　　④ 4

13 $3\log_5 \sqrt[3]{2}+\log_5 \sqrt[4]{(-10)^2}-\dfrac{\log_3 8}{2\log_3 5}$의 값은??

① $\dfrac{1}{2}$　　② 1
③ $\dfrac{3}{2}$　　④ 2

14 한 개의 주사위를 6회 계속해서 던질 때, 짝수의 눈이 적어도 2회 나올 확률은?

① $\dfrac{47}{64}$　　② $\dfrac{15}{64}$
③ $\dfrac{57}{64}$　　④ $\dfrac{23}{32}$

15 일반항 $a_n = 2n-3$으로 표시되는 수열의 20번째 항까지의 합 S_{20}을 구하면?

① 300
② 360
③ 420
④ 480

16 급수 $1-\frac{1}{2}+\frac{1}{4}-\frac{1}{8}+\frac{1}{16}-\frac{1}{32}+\cdots$의 합을 구하면?

① $\frac{1}{3}$
② $\frac{2}{3}$
③ $\frac{4}{3}$
④ $\frac{5}{3}$

17 0, 1, 2, 3, 4의 숫자가 적힌 5장의 카드에서 2장을 뽑아 만들 수 있는 두 자리 정수 중 3의 배수일 확률은?

① $\frac{2}{5}$
② $\frac{3}{16}$
③ $\frac{5}{16}$
④ $\frac{7}{25}$

18 점 (0, 1)에서 곡선 $y=x^3+3$에 그은 접선의 접점에서의 법선의 방정식은?

① $x-3y-13=0$　② $x+3y-13=0$
③ $x-y+10=0$　④ $x+y+10=0$

19 다항식 $f(x)=x^2-ax+\int_1^x g(t)dt$가 $(x-1)^2$으로 나누어떨어질 때, 다항식 $g(x)$를 $x-1$로 나눈 나머지를 구하면?

① -1　② -2
③ 1　④ 2

20 표준편차가 1로 알려진 정규분포에 따르는 모집단의 평균에 대한 일정한 신뢰도의 신뢰구간을 표본평균을 이용하여 구하려고 한다. 신뢰구간의 길이를 2로 하려면 표본의 크기가 4이어야 할 때, 신뢰구간의 길이를 0.5로 하려면 필요한 표본의 크기는?

① 16　② 36
③ 49　④ 64

실전 모의고사 2회

정답 및 해설 P.140

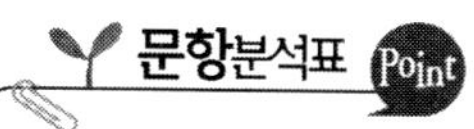

내용 영역	문항 수	문항 번호(내용 요소)
수학 Ⅰ	7	1. 이차부등식 4. 대칭이동 5. 평행이동 7. 원 9. 다항식 11. 원 14. 연립방정식
수학 Ⅱ	8	2. 집합 3. 집합의 포함관계 6. 합성함수 8. 함수 10. 평면좌표 12. 로그 13. 상용로그 15. 수열
미적분 Ⅰ	3	16. 수열의 극한 17. 증가와 감소 18. 정적분
확률과 통계	2	19. 확률 20. 이항분포

1 이차부등식 $ax^2+3x+4<0$의 해가 $x<-1$ 또는 $x>4$일 때, 상수 a의 값은?

① -4
② -3
③ -2
④ -1

2 전체집합 U의 두 부분집합 A, B에 대하여 $\{(A\cap B)\cup(B-A)\}\cup A=A$가 성립할 때, 다음 중 항상 옳은 것은?

① $A\cap B=B$
② $A\cap B^c=\varnothing$
③ $A\cup B=U$
④ $A=\varnothing$

3 두 집합 A={1, 3, 5, 7, 9}, B={2, 3, 5, 7}에 대하여 두 조건 $A \cup X = A$, $(A \cap B) \cup X = X$를 만족하는 집합 X의 개수는?

① 2개 ② 4개
③ 8개 ④ 16개

4 직선 $2y - x + 3 = 0$에 대하여 점 $P(7, -3)$의 대칭점을 $P'(a, b)$라 할 때, $a+b$의 값은?

① 7 ② 8
③ 9 ④ 10

5 직선 $3x + 4y - 2 = 0$을 x축 방향으로 4만큼, 평행이동한 것은 y축 방향으로 얼마만큼 평행이동한 것과 효과가 같은가?

① 1 ② 2
③ 3 ④ 4

6 함수 $f(x)=ax+b$에 대하여 함수 $f\circ f$가 항등함수가 되도록 하는 상수 a, b의 합 $a+b$의 값은? (단, $a\geq 0$)

① 0
② 1
③ $\frac{4}{3}$
④ $\frac{3}{2}$

7 원 $(x-2)^2+(y-3)^2=10$ 위의 점 (5, 4)에서의 접선의 방정식을 $ax+y=c$라 할 때, $a+c$의 값은?

① 20
② 22
③ 24
④ 26

8 자연수 전체의 집합에서 정의된 함수 $f(n)=\begin{cases} n-3 & (n\geq 50) \\ f(f(n+10)) & (n<50) \end{cases}$에 대하여 $f(40)$의 값은?

① 50
② 51
③ 52
④ 53

9 $f(x)=ax+b$에 대하여 $f(x^2)$이 $f(x)$로 나누어떨어지기 위한 필요충분조건은? (단, $ab \neq 0$)

① $a+b=0$
② $a+b=-1$
③ $a+b=ab$
④ $ab=-1$

10 두 점 A(−2, 1), B(3, 6)를 이은 선분 AB를 3 : 2로 내분하는 점을 P, 1 : 2로 외분하는 점을 Q라 할 때, 선분 PQ의 중점의 좌표는?

① $(1,\ -3)$
② $(7,\ 0)$
③ $(-3,\ 0)$
④ $(9,\ 4)$

11 점 (3, 3)을 지나고 x축 및 y축에 동시에 접하는 원은 두 개가 있다. 이 두 원의 중심 사이의 거리는?

① 10
② 12
③ 14
④ 16

12 $\log A=n+\alpha$(단, n은 정수, $0 \leq \alpha < 1$)일 때, 이차방정식 $4x^2+7x+k=0$의 두 근이 n과 α이다. 이때 k의 값은?

① $\frac{1}{4}$
② $\frac{1}{2}$
③ -1
④ -2

13 $\log 700$의 소수부분을 α라 할 때, 100^{α}의 값은?

① 7
② 49
③ 70
④ 490

14 연립방정식 $\begin{cases} ax-4y=0 \\ (1-a)x+ay=0 \end{cases}$이 $x=0,\ y=0$ 이외의 해를 가질 때, 실수 a의 값은?

① 1
② 2
③ 3
④ 4

15 수열 $\{a_n\}$이 $a_1=3,\ a_{n+1}-2a_n-1=0(n=1,\ 2,\ 3,\cdots)$로 정의된 수열의 첫째항부터 제5항까지의 합은?

① 116
② 117
③ 118
④ 119

16 $\lim_{n\to\infty}(\sqrt{n^2+6n+4}-n)$의 값은?

① $\frac{1}{3}$
② $\frac{1}{2}$
③ 1
④ 3

17 함수 $y=f(x)$의 도함수 $y=f'(x)$의 그래프가 다음 그림과 같을 때, 다음 중 옳은 것은?

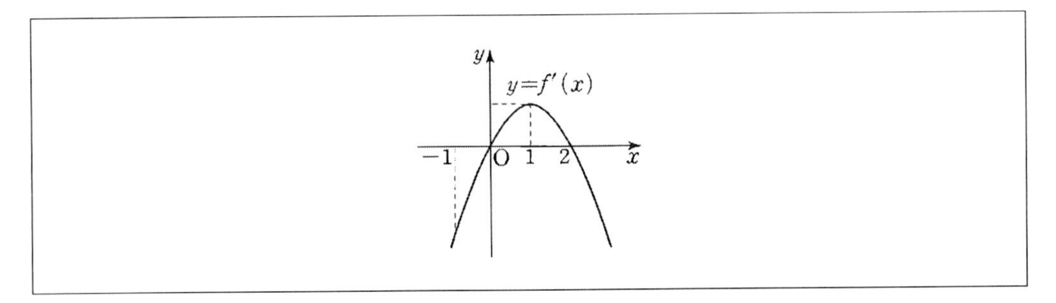

① $f(x)$는 구간 $(-1,\ 0)$에서 증가한다.

② $f(x)$는 구간 $(1,\ 2)$에서 감소한다.

③ $f(x)$는 $x=0$에서 극소이다.

④ $f(x)$는 $x=1$에서 극대이다.

18 $\lim_{n\to\infty}\frac{2}{n^4}\{(n+2)^3+(n+4)^3+\cdots+(3n)^3\}$의 값은?

① 20　② 24

③ 28　④ 32

19 정사면체의 네 면에 0, 1, 2, 3의 네 숫자를 차례로 적어 놓았다. 이 정사면체를 두 번 던져 처음에 밑에 깔린 숫자를 x, 나중에 밑에 깔린 숫자를 y라 할 때, $x+2y=6$ 또는 $x+y>4$가 될 확률은?

① $\frac{7}{16}$ ② $\frac{3}{8}$

③ $\frac{5}{16}$ ④ $\frac{1}{2}$

20 10%의 불량품이 들어 있는 제품 중에서 50개를 꺼낼 때, 불량품의 개수 X의 확률분포는 이항분포 B(n, p)를 따른다. 이때, 확률변수 X의 평균과 분산을 차례대로 나타내면?

① 5, $\frac{5}{2}$ ② 5, 3

③ 5, $\frac{3}{2}$ ④ 5, $\frac{9}{2}$

수학

실전 모의고사 3회

정답 및 해설 P.145

문항분석표 Point

내용 영역	문항 수	문항 번호(내용 요소)
수학 Ⅰ	5	3. 방정식 5. 원 7. 원과 직선 11. 이차부등식 14. 나머지 정리
수학 Ⅱ	7	1. 명제 2. 함수 6. 분수함수 8. 상용로그 10. 거듭제곱근 13. 합성함수 15. 등비수열
미적분 Ⅰ	5	9. 미정계수법 16. 정적분 17. 등비급수 19. 증가와 감소 20. 정적분
확률과 통계	3	4. 확률 12. 이항분포 18. 이항정리

1 다음 중 명제 '$x \leq -2$ 또는 $1 < x \leq 3$'의 부정은?

① $-2 \leq x < 1$이고 $x > 3$
② $-2 \leq x < 1$ 또는 $x \geq 3$
③ $-2 < x \leq 1$이고 $x \geq 3$
④ $-2 < x \leq 1$ 또는 $x > 3$

2 실수 전체의 집합에서 정의된 함수 f가 $f(x)=\begin{cases} 2-x & (x\text{는 유리수}) \\ x & (x\text{는 무리수}) \end{cases}$를 만족시킬 때, $f(x)+f(2-x)$의 값은?

① 2
② x
③ $2-x$
④ $2x$

3 방정식 $x-[x]=\frac{x}{n}$(단, n은 양의 정수)의 근의 개수가 100개일 때, n의 값은? (단, $[x]$는 x를 넘지 않는 최대의 정수이다.)

① 99　② 100
③ 101　④ 102

4 흰 공이 5개, 빨간 공이 3개 들어 있는 주머니에서 3개의 공을 꺼낼 때, 빨간 공이 2개 이상 나올 확률은?

① $\frac{1}{7}$　② $\frac{2}{7}$
③ $\frac{3}{7}$　④ $\frac{1}{2}$

5 등식 $(x-2)+(y+1)i=1+2i$를 만족하는 실수 x, y에 대하여 $x+y$의 값은?

① 2　② 3
③ 4　④ 5

6 분수함수 $y=\dfrac{-3x+1}{x-1}$의 정의역은 $\{x|x\neq a$인 실수$\}$이고, 치역은 $\{y|y\neq b$인 실수$\}$이다. 이때, $a+b$의 값은?

① -5 ② -4
③ -3 ④ -2

7 원 $(x-a)^2+(y+2a)^2=4$가 직선 $y=-x+2$에 의하여 이등분될 때, 상수 a의 값은?

① -2 ② -1
③ 1 ④ 2

8 3^{100}은 n자리 정수이고, 최고 자리의 수는 a이다. 이때, $a+n$의 값은? (단, $\log 2=0.3010$, $\log 3=0.4771$)

① 51 ② 52
③ 53 ④ 54

9 $\displaystyle\lim_{x\to 1}\frac{x^n+ax-3}{x-1}=10$을 만족하는 두 실수 a, n의 합 $a+n$의 값은?

① 4 ② 6
③ 8 ④ 10

10 $\left\{\left(\frac{4}{9}\right)^{-\frac{2}{3}}\right\}^{\frac{9}{4}}$의 값은?

① $\frac{8}{27}$
② $\frac{16}{61}$
③ $\frac{81}{16}$
④ $\frac{27}{8}$

11 모든 실수 x에 대하여 부등식 $x^2-2x+k>0$이 성립하도록 하는 실수 k의 값의 범위는?

① $-1<x<1$
② $k>0$
③ $k>1$
④ $0<k<1$

12 이항분포 $\mathrm{B}(n,\ p)$를 따르는 확률변수 X의 평균과 표준편차가 모두 $\frac{7}{8}$일 때, p의 값은?

① $\frac{1}{4}$
② $\frac{1}{8}$
③ $\frac{3}{4}$
④ $\frac{3}{8}$

13 함수 $g(x)=\dfrac{2x+1}{x-1}$ 에 대하여 $(g\circ f)(x)=x$를 만족하는 함수 $f(x)$가 있다. 이때, $(f\circ f)(3)$의 값은?

① 3　　② $\dfrac{5}{2}$

③ 2　　④ $\dfrac{3}{2}$

14 x에 대한 다항식 $f(x)$를 $x-2$로 나누었을 때의 몫은 $Q(x)$, 나머지는 1이다. 또, $Q(x)$를 $x+3$으로 나누었을 때의 나머지가 −1일 때, $f(x)$를 $x+3$으로 나누었을 때의 나머지는?

① 6　　② 7

③ 8　　④ 9

15 일반항이 $a_n=3\cdot 2^{2n+1}$인 등비수열 $\{a_n\}$의 첫째항을 a, 공비를 r라 할 때, $a+r$의 값은?

① 5　　② 11

③ 27　　④ 28

16 $f(x)=x^3+x^2-3x+4$일 때, $\lim_{x\to 2}\frac{1}{x-2}\int_2^x f(t)dt$의 값은?

① 10
② 8
③ 4
④ 2

17 급수 $\sum_{n=1}^{\infty}\frac{2^n+3^n}{4^n}$의 합은?

① $\frac{1}{2}$
② $\frac{3}{4}$
③ 1
④ 4

18 $\left(x^2+\frac{2}{x}\right)^6$의 전개식에서 $\frac{1}{x^3}$의 계수는?

① 178
② 184
③ 192
④ 200

19 함수 $y=f(x)$의 도함수 $y=f'(x)$의 그래프가 다음 그림과 같다. $f(x)=0$가 서로 다른 4개의 실근을 가질 때, 다음 중 옳은 것은?

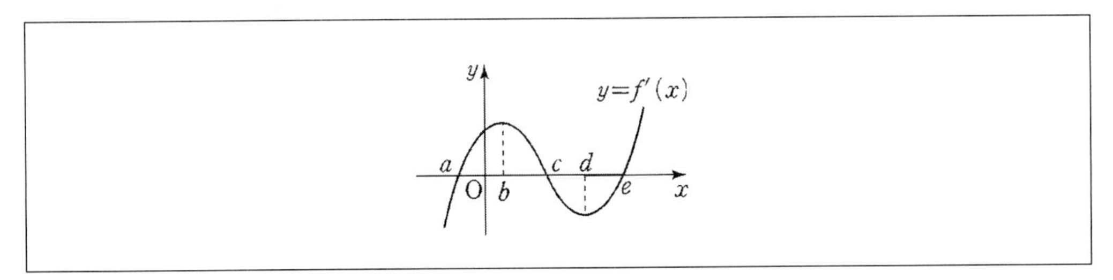

① $f(a)>0,\ f(b)<0,\ f(d)>0$
② $f(a)>0,\ f(c)<0,\ f(e)<0$
③ $f(a)<0,\ f(c)>0,\ f(e)<0$
④ $f(b)>0,\ f(d)<0,\ f(e)>0$

20 함수 $f(x)$가 항상 $\int_0^x f(t)dt=-2x^3+4x$를 만족할 때, $\lim_{h\to0}\frac{f(1+h)-f(1-h)}{h}$의 값은?

① -24 ② -12
③ 2 ④ 12

실전 모의고사 4회

정답 및 해설 P.150

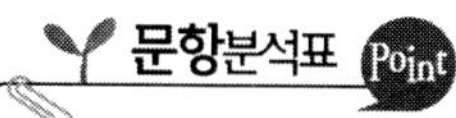

내용 영역	문항 수	문항 번호(내용 요소)
수학 Ⅰ	5	5. 평행이동 4. 항등식 6. 이차방정식 10. 이차함수 14. 평면좌표
수학 Ⅱ	4	1. 로그 2. 집합 12. 군 수열 15. 항등함수
미적분 Ⅰ	3	3. 함수의 극한 7. 정적분 8. 함수의 극한 9. 운동거리 17. 평균값 정리 18. 수열의 극한 19. 급수 20. 정적분
확률과 통계	8	11. 조합 16. 순열 13. 확률분포

1 $\log_2(4^{\frac{3}{4}} \cdot \sqrt{2^5})^{\frac{1}{2}}$의 값은?

① 2
② 1
③ 0
④ -1

2 전체집합 U의 두 부분집합 A, B에 대하여 $n(\mathrm{U})=60$, $n(\mathrm{A})=35$, $n(\mathrm{B})=27$, $n(\mathrm{A}^c \cap \mathrm{B}^c)=12$일 때, $n(\mathrm{A}\cap\mathrm{B})$의 값은?

① 12
② 14
③ 16
④ 18

3 $\lim_{x \to 2} \frac{\sqrt{x-1}-1}{x-2}$의 값은?

① $\frac{1}{4}$　　② $\frac{1}{3}$

③ $\frac{1}{2}$　　④ 1

4 임의의 실수 x에 대하여 $x^2+x+1=a(x-1)^2+b(x-1)+c$가 성립할 때, $a^2+b^2+c^2$의 값은?

① 6　　② 9

③ 14　　④ 19

5 이차함수 $y=x^2$의 그래프가 있다. 다음 그림과 같이 가로, 세로의 길이가 $2, 1$인 직사각형 $ABCD$의 꼭짓점 C가 이 그래프 위를 움직일 때, 점 A가 그리는 도형의 방정식은 $y-ax^2+bx+c$이다. 이때, $a+b+c$의 값은? (단, 변 AB는 항상 y축과 평행하다.)

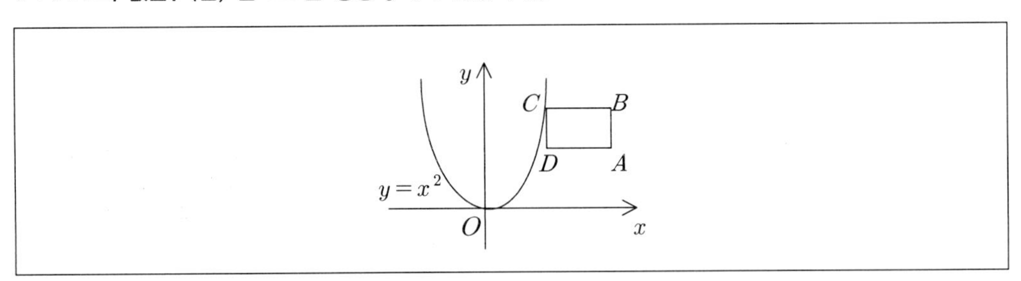

① 3　　② 2

③ 1　　④ 0

6 x에 대한 이차방정식 $x^2-2(a+i)x+b-4i=0$이 중근을 가질 때, $a+b$의 값은?
(단, a, b는 실수, $i=\sqrt{-1}$)

① 1
② 2
③ 3
④ 4

7 극한값 $\lim_{n\to\infty}\sum_{k=1}^{n}\frac{2-a}{n}\left\{a+\frac{(2-a)k}{n}\right\}^2$을 정적분으로 바르게 나타낸 것은?

① $\int_a^2 (a+x)^2dx$
② $\int_a^2 x^2dx$
③ $\int_2^a x^2dx$
④ $\int_a^{2-a} (a+x)^2dx$

8 함수 $f(x)=x^4+x^2+1$에 대하여 $\lim_{x\to1}\frac{f(x)-f(1)}{x^2-1}$의 값은?

① 3
② 4
③ 5
④ 6

9 다음 그림은 원점을 출발하여 수직선 위를 움직이는 물체의 t초 후의 속도 $v(t)$의 그래프이다. 이 물체가 출발하고 나서 처음 원점으로 다시 되돌아오는 것은 몇 초 후인가?

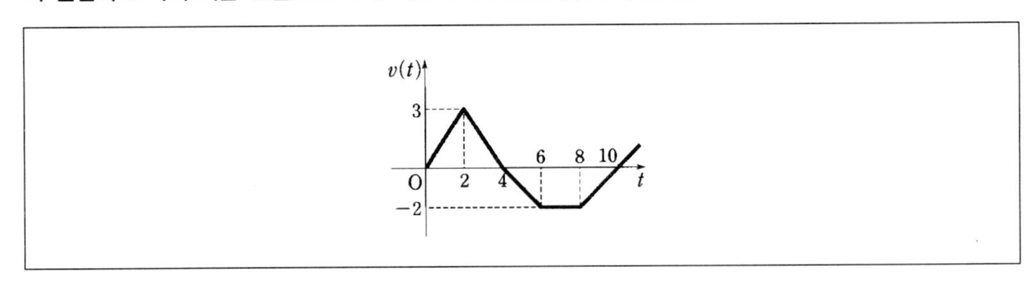

① 2초　② 4초
③ 6초　④ 8초

10 이차함수 $y=-2x^2+kx+k+2$의 그래프가 x축과 접할 때, 접점의 x좌표는?

① -1　② -2
③ -3　④ -4

11 8개의 팀이 다음 그림과 같이 토너먼트방식으로 시합을 가질 때, 대진표를 작성하는 방법의 수는?

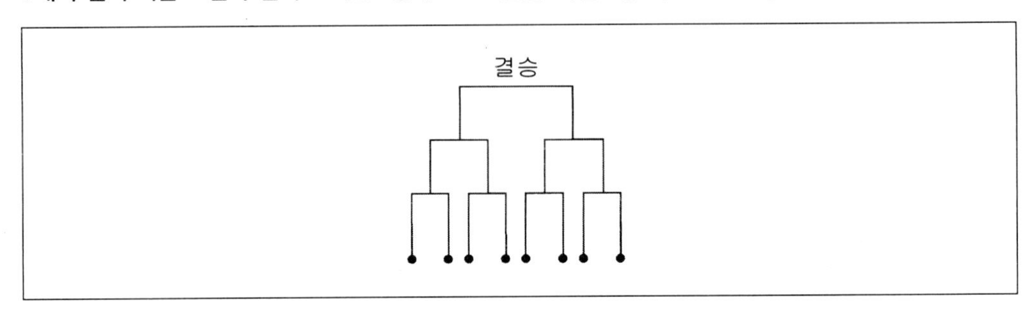

① 315가지　② 320가지
③ 350가지　④ 400가지

12 다음 수열에서 $\frac{4}{27}$는 몇 번째 항인가?

$$\frac{1}{1},\ \frac{3}{3},\ \frac{2}{3},\ \frac{1}{3},\ \frac{5}{5},\ \frac{4}{5},\ \frac{3}{5},\ \frac{2}{5},\ \frac{1}{5},\ \frac{7}{7},\ \frac{6}{7},\ \cdots$$

① 169 ② 173
③ 186 ④ 193

13 확률변수 X의 확률밀도함수가 $f(x)=a(x+2)\ (0 \le x \le 2)$일 때, 상수 a의 값은?

① $\frac{1}{2}$ ② $\frac{1}{3}$
③ $\frac{1}{6}$ ④ $\frac{1}{7}$

14 네 점 A(a, 1), B(b, −1), C(7, 3), D(3, 5)를 꼭짓점으로 하는 □ABCD가 마름모가 되도록 하는 a, b에 대하여 $a+b$의 값이 될 수 있는 것은?

① 13 ② 14
③ 15 ④ 16

15 다음 중 항등함수인 것은?

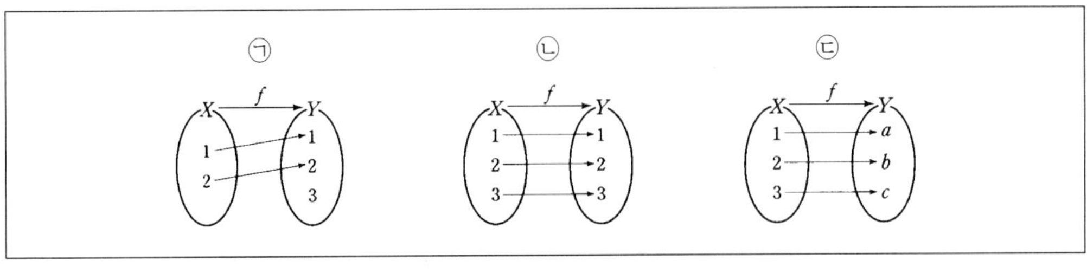

① ㉠
② ㉡
③ ㉢
④ ㉠, ㉡

16 아래 그림과 같은 도로망이 있다. A지점에서 출발하여 P지점을 거쳐서 B지점까지 최단 거리로 가는 방법의 수는?

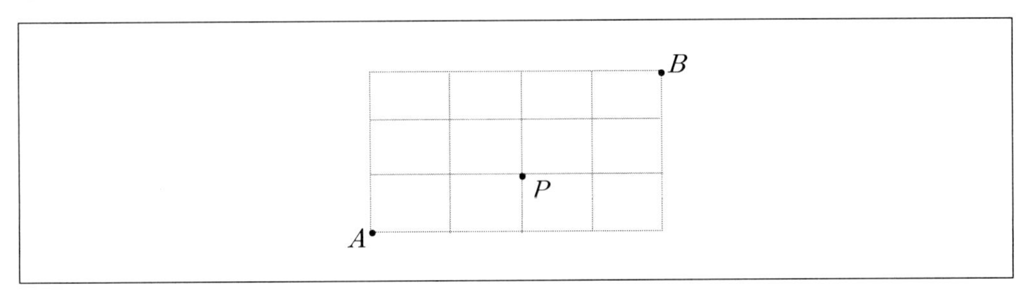

① 18
② 24
③ 30
④ 36

17 함수 $f(x)=x^3-x^2+x$에 대하여 구간 $[0, 1]$에서 평균값 정리를 만족시키는 실수 c의 값은?

① $\frac{1}{3}$
② $\frac{2}{3}$
③ 1
④ $\frac{4}{3}$

18 수열 $\{a_n\}$이 $a_1=1$, $3a_{n+1}=2a_n-5$일 때, $\lim_{n\to\infty}a_n$의 값은?

① -11
② -6
③ -5
④ 7

19 $\sum_{k=1}^{10}(2k-3)^2$의 값을 구하면?

① 400
② 530
③ 780
④ 970

20 다항함수 $f(x)$가 $\int_2^x f(t)dt=x^2+ax+2$를 만족시킬 때, $f(2)$의 값은?

① 1
② 2
③ 3
④ 4

수학

실전 모의고사 5회

정답 및 해설 P.155

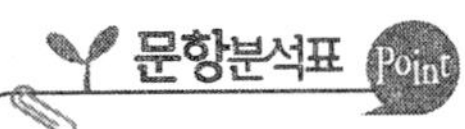

내용 영역	문항 수	문항 번호(내용 요소)
수학 Ⅰ	6	1. 복소수 3. 이차부등식 4. 원 6. 원의 접선 8. 나머지 정리 11. 삼차방정식
수학 Ⅱ	7	2. 무리식 5. 항등함수 7. 합성함수 10. 집합 12. 합의 기호 13. 수열의 극한 14. 상용로그
미적분 Ⅰ	4	15. 함수의 극한 16. 접선 17. 최대, 최소 18. 정적분
확률과 통계	3	9. 확률 19. 평균, 분산 20. 확률분포

1 정수 x, y에 대하여 $(x+2i)(y-i)=4+3i$가 성립할 때, $x-y$의 값은?

① -2　　② -1

③ 0　　④ 1

2 $-1 \le x < 2$일 때, $\sqrt{(x+1)^2}-\sqrt{(x-2)^2}$을 간단히 하면?

① -3　　② 3

③ $-2x+1$　　④ $2x-1$

3 x에 대한 일차부등식 $x+a-2>0$이 모든 양수 x에 대하여 성립하도록 하는 실수 a의 집합을 A라 하자. 또, x에 대한 이차부등식 $x^2+2ax+4a>0$이 모든 실수 x에 대하여 성립하도록 하는 실수 a의 집합을 B라 하자. 이때, $\mathrm{A}\cap\mathrm{B}$는?

① $\{a|a>4\}$
② $\{a|2\le a\le 4\}$
③ $\{a|0<a<3\}$
④ $\{a|2\le a<4\}$

4 원 $x^2+y^2-2x+4y-3=0$ 위의 점에서 직선 $y=x+3$에 이르는 최단거리는?

① $\sqrt{2}$
② $\sqrt{3}$
③ 2
④ $\sqrt{5}$

5 함수 $f(x)=ax+b$에 대하여 함수 $f\circ f$가 항등함수가 되도록 하는 상수 a, b의 합 $a+b$의 값은? (단, $a\ge 0$)

① 0
② 1
③ $\frac{4}{3}$
④ $\frac{3}{2}$

6 원 $(x-2)^2+(y-3)^2=10$ 위의 점 $(5,\ 4)$에서의 접선의 방정식을 $ax+y=c$라 할 때, $a+c$의 값은?

① 20
② 22
③ 24
④ 26

7 집합 $A=\{0,\ 1,\ 2\}$에 대하여 함수 $f: A \to A$를 $f(x)=\begin{cases} x-1 & (x \geq 1) \\ 2 & (x=0) \end{cases}$로 정의할 때, 자연수 n에 대하여 $f^2=f \circ f$, $f^3=f \circ f \circ f$, $\cdots$, $f^{n+1}=f^n \circ f$으로 정의할 때, $f^{100}(0)$의 값은?

① 0
② 1
③ 2
④ 3

8 x에 대한 다항식 $x^{1993}-1993x^2+ax-b$가 $(x-1)^2$으로 나누어떨어질 때, $a+b$의 값은?

① 1991
② 1992
③ 1993
④ 1994

9 정사면체의 네 면에 0, 1, 2, 3의 네 숫자를 차례로 적어 놓았다. 이 정사면체를 두 번 던져 처음에 밑에 깔린 숫자를 x, 나중에 밑에 깔린 숫자를 y라 할 때, $x+y>4$가 될 확률은?

① $\dfrac{7}{16}$
② $\dfrac{5}{16}$
③ $\dfrac{3}{16}$
④ $\dfrac{2}{16}$

10 전체집합 U의 두 부분집합 A, B에 대하여, $(A-B)\cup(A\cap B)$와 같은 집합은?

① A
② B
③ A^c
④ B^c

11 계수가 실수인 삼차방정식 $x^3+ax^2+bx+4=0$의 한 근이 $1+i$일 때, $a+b$의 값은? (단, $i=\sqrt{-1}$)

① -4
② -2
③ 2
④ 4

12 수열 $\{a_n\}$에 대하여 $\sum_{k=1}^{n} a_k = 2n^2$일 때, $\sum_{k=1}^{10} a_{2k}$의 값은?

① 240
② 300
③ 360
④ 420

13 수렴하는 수열 $\{a_n\}$에 대하여 $\lim_{n\to\infty}(n^2-1)a_n=2006$일 때, $\lim_{n\to\infty}\left(\frac{1}{2}n^2+1\right)a_n$의 값은?

① 0
② $\frac{1}{2}$
③ 1003
④ 2006

14 $10<x<100$이고 $\log\sqrt{x}$와 $\log x^2$의 소수부분이 같을 때, $\frac{x^3}{10000}$의 값은?

① $\frac{1}{3}$
② $\frac{2}{3}$
③ 1
④ $\frac{4}{3}$

15 x에 대한 다항식 $f(x)$가 $\lim_{x\to2}\frac{f(x)}{x-2}=3$, $\lim_{x\to\infty}\frac{f(x)}{x^2-x}=1$을 만족시킬 때, $f(1)$의 값은?

① -2　　② -1
③ 0　　④ 1

16 곡선 $y=(x^2-1)(2x+1)$ 위의 점 $(1,\ 0)$에서 접하는 직선의 기울기는?

① 1　　② 2
③ 4　　④ 6

17 그림과 같은 직육면체에서 모든 모서리의 길이의 합이 36일 때, 부피의 최댓값은?

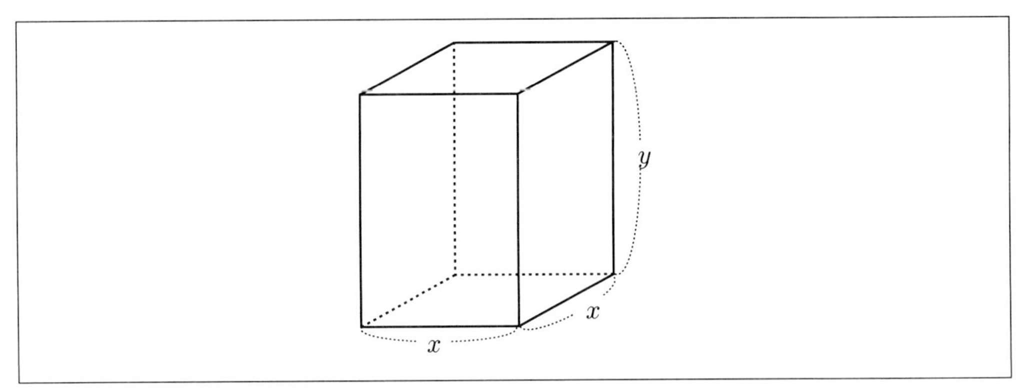

① 22　　② 25
③ 27　　④ 30

18 함수 $f(x)=6x^2+2ax$가 $\int_0^1 f(x)dx=f(1)$을 만족시킬 때, 상수 a의 값은?

① -4　② -2　③ 0　④ 2

19 이산확률변수 X가 값 x를 가질 확률이 $\mathrm{P}(X=x)={}_n\mathrm{C}_x p^x(1-p)^{n-x}$이다. $\mathrm{E}(X)=1$, $\mathrm{V}(X)=\frac{9}{10}$일 때, $\mathrm{P}(X<2)$의 값은? (단, $x=0, 1, 2, \cdots, n$이고 $0<p<1$)

① $\frac{19}{10}\left(\frac{9}{10}\right)^9$　② $\frac{17}{9}\left(\frac{8}{9}\right)^8$　③ $\frac{15}{8}\left(\frac{7}{8}\right)^7$　④ $\frac{13}{7}\left(\frac{6}{7}\right)^6$

20 다음 확률분포표에서 a의 값은?

X	2	3	4	6	계
$\mathrm{P}(X)$	a	$\frac{1}{3}$	a	$\frac{1}{6}$	1

① 0　② $\frac{1}{2}$　③ $\frac{1}{4}$　④ $\frac{3}{4}$

수학

실전 모의고사 6회

정답 및 해설 P.160

문항분석표 Point

내용 영역	문항 수	문항 번호(내용 요소)
수학 Ⅰ	5	3. 나머지 정리 4. 복소수 6. 이차방정식 7. 무게중심 9. 삼각비
수학 Ⅱ	7	1. 집합 2. 명제 5. 비례식 8. 역함수 12. 상용로그 13. 수열 14. 수열의 귀납적 정의
미적분 Ⅰ	4	15. 등비수열의 합 16. 함수의 연속 17. 미분계수 18. 정적분
확률과 통계	4	10. 중복조합 11. 확률 19. 조합 20. 이항분포

1 전체집합 $U=\{1,\ 2,\ 3,\ \cdots,\ 9\}$의 두 부분집합 A, B가 각각 $A=\{1,\ 3,\ 5,\ 7\}$, $B=\{1,\ 4,\ 6,\ 7\}$일 때, $(A\cup B)\cup(A^c\cup B^c)^c$의 원소의 개수는?

① 3개　　② 4개
③ 5개　　④ 6개

2 전체집합 U에서 두 조건 p, q를 만족하는 집합 P, Q에 대하여 두 집합 P, Q 사이의 포함 관계가 다음 그림과 같을 때, 명제 'p이면 $\sim q$이다.'가 거짓임을 보여주는 원소는?

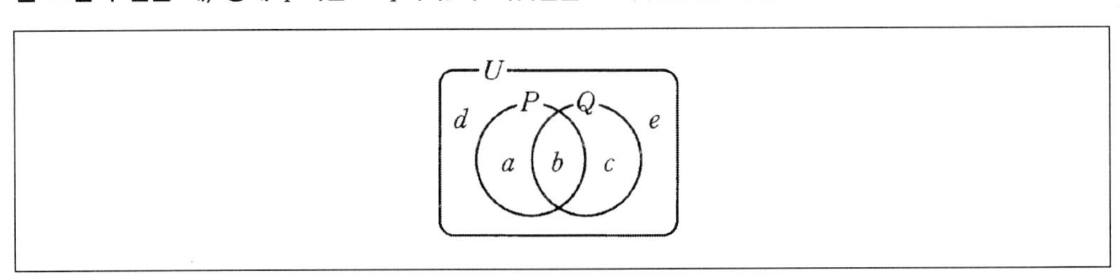

① a　　② b
③ c　　④ d

3 다항식 $f(x)$를 $x-1$로 나누었을 때 나머지는 5이고, $x+3$으로 나누었을 때 나머지가 1이다. $f(x)$를 $(x-1)(x+3)$으로 나누었을 때 나머지를 $R(x)$라 할 때, $R(6)$의 값은?

① 8
② 9
③ 10
④ 11

4 두 실수 a, b에 대하여 $a(1+i)+b(1-i)$가 순허수이기 위한 필요충분조건은?

① $a=b$
② $a^2+b^2=0$
③ $a^2-b^2=0$
④ $a+b=0$, $a-b\neq 0$

5 $x=\frac{y}{2}$일 때, $\frac{xy}{x^2-y^2}$의 값은? (단, $xy\neq 0$)

① $-\frac{3}{2}$
② $-\frac{2}{3}$
③ $-\frac{1}{2}$
④ $\frac{2}{3}$

6 x에 대한 이차방정식 $x^2-2kx+k-2=0$의 두 근의 차가 4일 때, 모든 실수 k의 값의 합은?

① 1
② 2
③ 5
④ 6

7 삼각형 ABC의 세 변 AB, BC, CA를 $2:1$로 내분하는 점이 각각 $\mathrm{P}(1,\ 3)$, $\mathrm{Q}(5,\ -1)$, $\mathrm{R}(4,\ 4)$일 때, 삼각형 ABC의 무게중심의 좌표는?

① $(3,\ 2)$　　② $(3,\ 3)$

③ $\left(\frac{10}{3},\ 2\right)$　　④ $\left(\frac{10}{3},\ 3\right)$

8 일차함수 $f(x)=ax+b$의 그래프가 점 $(5,\ -1)$을 지나고, 그 역함수의 그래프가 점 $(3,\ 2)$를 지날 때, 상수 a, b의 합 $a+b$의 값은?

① $\frac{13}{3}$　　② 4

③ $\frac{11}{3}$　　④ $\frac{10}{3}$

9 $\sin^2 1^\circ+\sin^2 2^\circ+\cdots+\sin^2 89^\circ+\sin^2 90^\circ$의 값은?

① $\frac{89}{2}$　　② 45

③ $\frac{91}{2}$　　④ 90

10 방정식 $x+y+z=7$을 만족하는 양의 정수인 해의 개수는?

① 15　　② 18

③ 21　　④ 30

11 2개의 당첨제비가 포함된 10개의 제비가 있다. A, B의 순서로 제비를 1회 뽑을 때, B가 당첨제비를 뽑을 확률은? (단, A가 뽑은 제비는 다시 넣지 않는다.)

① $\frac{1}{45}$　② $\frac{1}{5}$　③ $\frac{2}{5}$　④ $\frac{8}{45}$

12 $\left(\frac{1}{3}\right)^{20}$은 소수점 아래 몇 번째 자리에서 처음으로 0이 아닌 수가 나오는가? (단, $\log 3 = 0.4771$)

① 9번째　② 10번째　③ 11번째　④ 12번째

13 수열 $\{a_n\}$의 첫째항부터 제n항까지의 합 S_n이 $S_n = 2n^2 + 4n$이라 할 때, 이 수열에서 198은 제 몇 항인가?

① 36　② 40　③ 43　④ 49

14 수열 $\{a_n\}$이 $a_1 = 2$, $a_{n+1} = \frac{n+1}{n} a_n \ (n \geq 1)$을 만족시킬 때, a_{10}의 값은?

① 10　② 20　③ 30　④ 40

15 급수 $\sum_{n=1}^{\infty} \frac{2^{n-1}+3^{n}}{2^{2n}}$ 의 값은?

① $\frac{3}{2}$ ② 3

③ $\frac{7}{2}$ ④ $\frac{7}{4}$

16 함수 $f(x)=\lim_{n\to\infty} \frac{x^{n}+2x+a}{x^{n-1}+1}$ 가 $x=1$에서 연속이기 위한 a의 값은?

① -2 ② -1

③ 0 ④ 1

17 함수 $f(x)$가 $x=a$에서 미분계수 $f'(a)$가 존재할 때, $\lim_{h\to 0} \frac{f(a-3h)-f(a)}{h}$ 의 값은?

① $-4f'(a)$ ② $-3f'(a)$

③ $2f'(a)$ ④ $-2f'(a)$

18 정적분 $\int_{-1}^{1}(5x^4+4x^3+3x^2+2x+1)dx$의 값은?

① 5 ② 6
③ 12 ④ 15

19 6개의 팀이 출전한 배드민턴 경기에서 다음 그림과 같은 모양으로 대진표를 작성하려고 할 때, 대진표를 작성하는 방법의 수는?

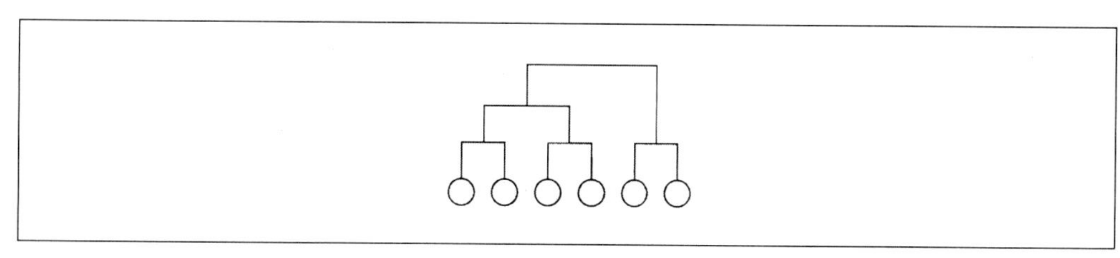

① 40가지 ② 42가지
③ 45가지 ④ 48가지

20 확률변수 X가 이항분포 $\mathrm{B}(100,\ \frac{1}{5})$을 따를 때, 확률변수 $3X-4$의 표준편차는?

① 12 ② 15
③ 18 ④ 21

수학

실전 모의고사 7회

정답 및 해설 P.166

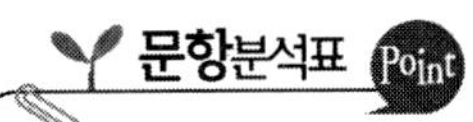

내용 영역	문항 수	문항 번호(내용 요소)
수학 Ⅰ	5	2. 항등식 3. 공통근 5. 부정방정식 6. 평면도형 7. 원
수학 Ⅱ	7	1. 집합 4. 무리식 8. 분수함수 9. 로그 12. 지수 13. 상용로그 14. 수열
미적분 Ⅰ	5	11. 급수 15. 등비수열의 극한 16. 함수의 극한 17. 증가 18. 넓이
확률과 통계	3	10. 원순열 19. 확률 20. 확률밀도함수

1 집합 $A=\{a,\ b,\ c\}$에 대하여 집합 $P(A)=\{X|X\subset A\}$로 정의할 때, 집합 $P(A)$의 부분집합의 개수는?

① 4개
② 8개
③ 16개
④ 256개

2 임의의 실수 x에 대하여 등식 $x^3-2x^2+3x+1=(x-1)^3+a(x-1)^2+b(x-1)+c$가 성립할 때, 상수 a, b, c의 곱 abc의 값은?

① 3
② 6
③ 9
④ 11

3 두 방정식 $x^2+ax-3=0$, $2x^2-x-3=0$(단, a는 정수)의 공통인 근이 1개뿐이다. 이때, 공통인 근을 α라 할 때, $a+\alpha$의 값은?

① -2 ② -3
③ -4 ④ -5

4 $3-\sqrt{3}=n+\alpha$(단, n은 정수, $0 \le \alpha < 1$)라 할 때, $\alpha^3-4\alpha^2+2n$의 값은?

① -3 ② $-\sqrt{3}$
③ $\sqrt{3}$ ④ 3

5 x, y가 자연수일 때, 방정식 $xy-x-2y-2=0$을 만족하는 순서쌍 (x, y)의 개수는?

① 1개 ② 2개
③ 3개 ④ 4개

6 다음 그림과 같이 $\angle A=90°$인 직각삼각형 ABC에서 $\overline{AB}=8$, $\overline{AC}=6$이고 점 M이 변 BC의 중점일 때, 선분 AM의 길이는?

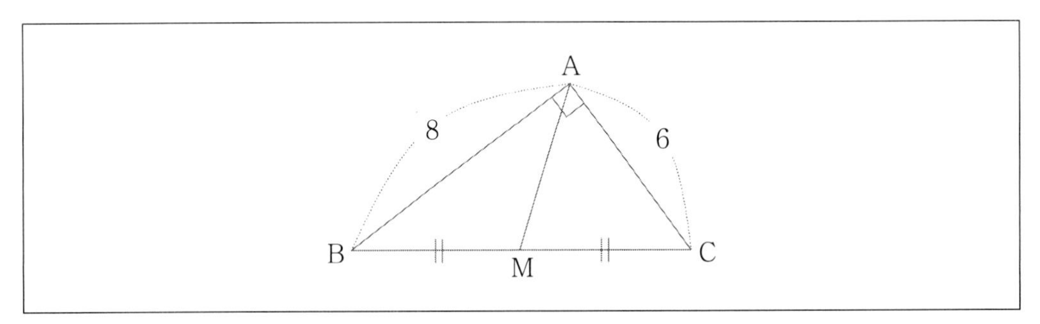

① 3
② 5
③ 7
④ 9

7 원 $x^2+y^2=9$와 직선 $x-2y+k=0$이 만나서 생기는 현의 길이가 4일 때, 상수 k의 값은?

① ± 2
② $\pm\sqrt{5}$
③ $\pm 2\sqrt{2}$
④ ± 5

8 분수함수 $y=\dfrac{2x-1}{x-2}$의 그래프가 점 $(a,\ b)$에 대하여 대칭일 때, 상수 a, b의 곱 ab의 값은?

① -4
② -2
③ 0
④ 4

9 $a=\log_2 3$, $b=\log_2 5$라 할 때, $\log_{12}30$을 a, b에 대한 식으로 나타내면?

① $\frac{a+b+2}{a+b}$　② $\frac{a+b-2}{a+b}$

③ $\frac{a+b-2}{a+2}$　④ $\frac{a+b+2}{a+2}$

10 3쌍의 부부가 있다. 이들이 원탁에 둘러앉을 때, 부부끼리 서로 이웃하여 앉는 방법의 수는?

① 10가지　② 12가지

③ 14가지　④ 16가지

11 이차방정식 $2x^2-2nx+n=0$(n은 양의 정수)의 두 근을 α_n, β_n라 할 때, $\sum_{n=2}^{\infty}\frac{1}{\alpha_n^{\ 2}+\beta_n^{\ 2}}$의 값은?

① $\frac{1}{2}$　② 1

③ $\frac{3}{2}$　④ 2

12 $4^x=5$를 만족하는 실수 x에 대하여 $\frac{8^x+8^{-x}}{2^x+2^{-x}}$의 값은?

① $\frac{15}{31}$ ② $\frac{11}{5}$
③ $\frac{31}{10}$ ④ $\frac{21}{5}$

13 $10 < x < 1000$인 실수 x에 대하여 $\log x$와 $\log x^3$의 소수부분이 같을 때, 이를 만족하는 모든 x값들의 곱은?

① 10^4 ② $\sqrt{10^9}$
③ 10^5 ④ 10^6

14 -2와 16 사이에 두 자연수 x, y를 크기순으로 나열하면 앞의 세 수는 등차수열을 이루고, 뒤의 세수는 등비수열을 이룰 때, $x+y$의 값은? (단, $x < y$)

① 3 ② 4
③ 5 ④ 7

15 두 등식 $\lim_{n\to\infty}\frac{3^{n+1}+a\cdot 2^{2n}}{4^n+b\cdot 3^n}=3$, $\lim_{n\to\infty}\frac{3^{n+1}+a\cdot 2^n}{2^{n+2}+b\cdot 3^n}=3$이 성립하도록 하는 상수 a, b의 합 $a+b$의 값은?

① 1 ② 2
③ 3 ④ 4

16 x에 대한 다항식 $f(x)$에 대하여 $\lim_{x\to\infty}\frac{2x^2+x+1}{f(x)}=1$, $\lim_{x\to 2}\frac{x^2-x-2}{f(x)}=\frac{1}{2}$일 때, $f(x)$의 일차항의 계수는?

① -5　　② -4
③ -3　　④ -2

17 함수 $f(x)=\frac{1}{3}x^3+ax^2+(3a-2)x+1$가 구간 $(-\infty,\ \infty)$에서 증가하기 위한 a값의 범위는?

① $-2\le a\le -1$　　② $-2<a<2$
③ $-2<a<-1$　　④ $1\le a\le 2$

18 곡선 $y=x^3-x^2-2x$와 x축으로 둘러싸인 부분의 넓이는?

① $\frac{31}{12}$　　② $\frac{35}{12}$
③ $\frac{37}{12}$　　④ $\frac{41}{12}$

19 두 사건 A, B에 대하여 $\mathrm{P}(A)=\frac{1}{3}$, $\mathrm{P}(A\cap B^c)=\frac{1}{5}$일 때, $\mathrm{P}(B|A)$의 값은?

① $\frac{1}{15}$
② $\frac{2}{5}$
③ $\frac{3}{5}$
④ $\frac{1}{3}$

20 확률변수 X의 확률밀도함수 $f(x)$가 $f(x)=\begin{cases} ax & (0\le x\le 2) \\ 0 & (x<0,\ x>2) \end{cases}$일 때, 확률 $\mathrm{P}(0\le X\le \frac{3}{2})$의 값은?

① $\frac{3}{2}$
② $\frac{3}{4}$
③ $\frac{9}{8}$
④ $\frac{9}{16}$

수학

실전 모의고사 8회

정답 및 해설 P.172

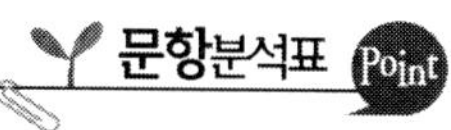

내용 영역	문항 수	문항 번호(내용 요소)
수학 Ⅰ	4	3. 식의 값 4. 고차방정식 6. 직선의 방정식 8. 이차방정식
수학 Ⅱ	9	1. 집합 2. 비례식 5. 절대부등식 7. 일대일 대응 9. 지수 10. 함수의 개수 11. 합성함수 12. 상용로그 13. 군 수열
미적분 Ⅰ	5	14. 수열의 극한 15. 극소 16. 수열의 극한 17. 정적분 18. 넓이
확률과 통계	2	19. 확률 20. 이항분포

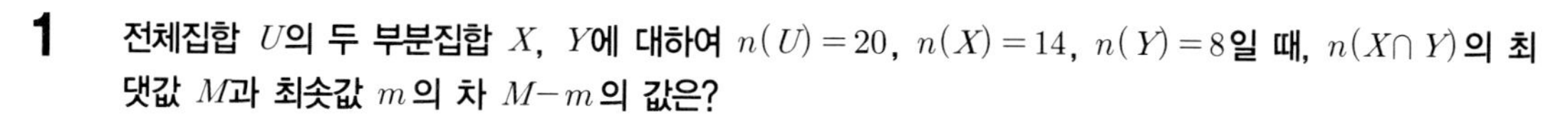

1 전체집합 U의 두 부분집합 X, Y에 대하여 $n(U)=20$, $n(X)=14$, $n(Y)=8$일 때, $n(X\cap Y)$의 최댓값 M과 최솟값 m의 차 $M-m$의 값은?

① 3　② 4　③ 5　④ 6

2 $\frac{2b+3c}{a}=\frac{3c+a}{2b}=\frac{a+2b}{3c}=k$일 때, 모든 k값의 합은?

① -1　② 0　③ 1　④ 2

3 $x=\frac{\sqrt{2}-1}{\sqrt{2}+1}$, $y=\frac{\sqrt{2}+1}{\sqrt{2}-1}$ **일 때,** x^2+xy+y^2**의 값은?**

① 15　　② 25
③ 35　　④ 45

4 **방정식** $x^2+x+1=0$**의 한 근을** ω**라 할 때,** $\omega^{100}+\omega^{99}+\omega^{98}+\omega^{97}+\cdots+\omega+1=a\omega+b$**를 만족하는 두 실수** a, b**의 합** $a+b$**의 값은?**

① 1　　② 2
③ 3　　④ 4

5 **실수** x, y**에 대하여** $3x+4y=5$**일 때,** x^2+y^2**의 최솟값은?**

① 1　　② 2
③ 3　　④ 4

6 **직선** $x+ay+1=0$**이 직선** $2x-by+1=0$**과는 수직이고, 직선** $x-(b-3)y-1=0$**과는 평행할 때, 상수** a, b**에 대하여** a^3+b^3**의 값은?**

① -9　　② -7
③ 0　　④ 9

7 두 집합 $X=\{x|-3 \le x \le 3\}$, $Y=\{y|1 \le y \le 13\}$에 대하여 함수 $f: X \to Y$, $f(x)=ax+b$가 일대일대응일 때, 두 상수 a, b의 합 $a+b$의 값은? (단, $a>0$)

① 3
② 6
③ 9
④ 11

8 이차방정식 $ax^2+2x-2a=0$의 두 근이 모두 1보다 작을 때, 실수 a값의 범위를 $\alpha < a < \beta$라고 하자. 이때, $\alpha+\beta$의 값은? (단, $a>0$)

① 2
② 3
③ 4
④ 5

9 $a>0, a \ne 1$인 실수 a에 대하여 $f(x)=\dfrac{a^x+a^{-x}}{a^x-a^{-x}}$라 한다. $f(x)=2$일 때, $f(3x)=\dfrac{q}{p}$(단, p, q는 서로소인 양의 정수)이다. 이때, $p+q$의 값은?

① 24
② 25
③ 26
④ 27

10 집합 $A=\{a, b, c\}$에서 $B=\{1, 2, 3, 4\}$로의 함수의 개수를 p, $f(a)<f(b)<f(c)$인 함수의 개수를 q라 할 때, $p-q$의 값은?

① 24
② 48
③ 60
④ 64

11 다음 그림은 $y=f(x)$와 $y=x$의 그래프이다. 이때 $(f\circ f\circ f)(a)$는?

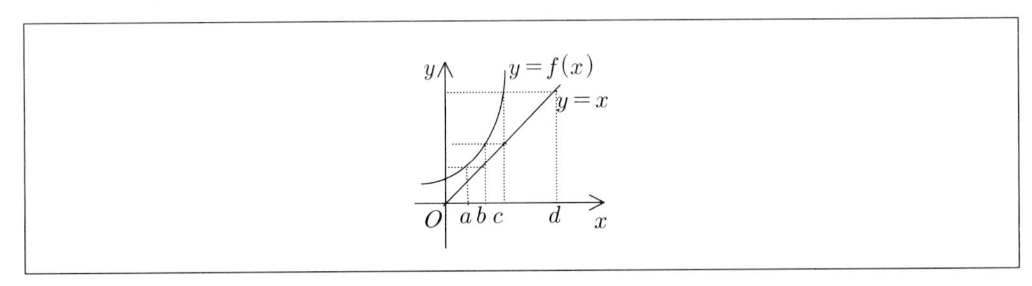

① a ② b
③ c ④ d

12 양수 A에 대하여 이차방정식 $3x^2-7x+k=0$의 한 근은 $\log A$의 정수부분이고, 다른 한 근은 $\log A$의 소수부분일 때, 상수 k의 값은?

① 2 ② 4
③ 6 ④ 8

13 수열 $1,\ \frac{1}{2},\ \frac{2}{2},\ \frac{1}{3},\ \frac{2}{3},\ \frac{3}{3},\ \cdots$에서 $\frac{7}{10}$은 제 몇 항인가?

① 50 ② 51
③ 52 ④ 53

14 첫째항이 3이고 공차가 2인 등차수열의 첫째항부터 제n항까지의 합을 S_n이라 할 때, $\lim_{n\to0}\frac{1}{S_n}$의 값은?

① $\frac{3}{2}$ ② $\frac{2}{3}$
③ $\frac{3}{4}$ ④ $\frac{4}{3}$

15 구간 (a, b)에서 연속인 함수 $f(x)$에 대하여 $y=f'(x)$의 그래프가 다음 그림과 같을 때, 이 구간에서 $f(x)$의 극소점의 개수는?

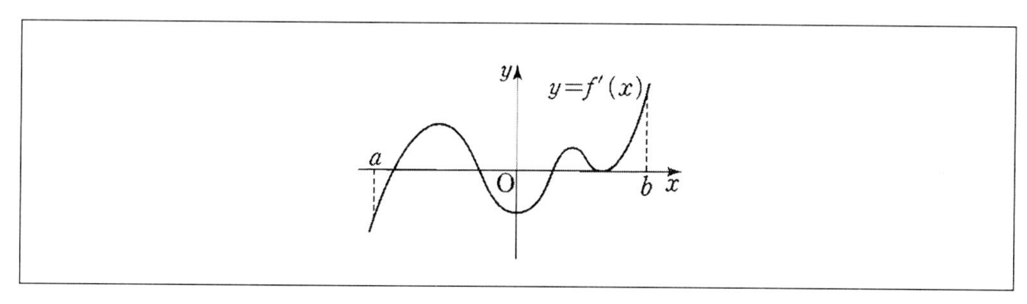

① 1개 ② 2개
③ 3개 ④ 4개

16 수열 $\{a_n\}$에 대하여 급수 $\sum_{n=1}^{\infty}\left(\frac{a_n}{n}-\frac{2n+1}{n}\right)$이 수렴할 때, $\lim_{n\to\infty}\frac{3n-2a_n}{n+a_n}$의 값은?

① $-\frac{1}{3}$ ② $-\frac{1}{2}$
③ 2 ④ 3

17 $\lim_{n\to\infty}\frac{1}{n^3}\{(3n-1)^2+(3n-2)^2+\cdots+(3n-n)^2\}$ 의 값은?

① 1　② 4　③ $\frac{16}{3}$　④ $\frac{19}{3}$

18 곡선 $x(x+1)(x-a)$에 대하여 이 곡선과 x축으로 둘러싸인 두 부분의 영역의 넓이가 같도록 하는 상수 a의 값은? (단, $a>0$)

① $\frac{1}{6}$　② $\frac{1}{3}$　③ $\frac{1}{2}$　④ 1

19 파란 공 5개, 노란 공 3개가 들어 있는 주머니에서 갑, 을 두 사람이 순서대로 공을 한 개씩 꺼낼 때, 갑과 을이 모두 파란 공을 꺼낼 확률은?

① $\frac{3}{14}$　　② $\frac{2}{7}$

③ $\frac{5}{14}$　　④ $\frac{3}{7}$

20 확률변수 X의 확률분포가 $\mathrm{P}(X=r)={}_{72}C_r\left(\frac{1}{6}\right)^r\left(\frac{5}{6}\right)^{72-r}$ $(r=0,\ 1,\ 2,\ \cdots,\ 72)$를 따를 때, X의 기댓값은?

① 10　　② 12

③ 14　　④ 16

수학

실전 모의고사 9회

정답 및 해설 P.178

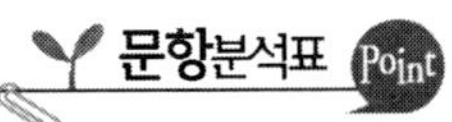

문항분석표 Point

내용 영역	문항 수	문항 번호(내용 요소)
수학 Ⅰ	6	2. 나머지 정리 3. 항등식 4. 가우스 기호 5. 이차부등식 6. 원 7. 이차의 절대부등식
수학 Ⅱ	5	1. 집합 8. 무리함수 9. 함수 11. 상용로그 13. 수열의 합
미적분 Ⅰ	5	14. 수열의 극한 15. 함수의 극한 16. 미분계수 17. 정적분 18. 정적분
확률과 통계	4	10. 확률 12. 분할 19. 중복조합 20. 모평균의 추정

1 전체집합 $U=\{1,\ 2,\ 3,\ \cdots,\ 100\}$의 부분집합 A_k를 $A_k=\{x \mid x$는 k의 배수, k는 자연수$\}$라 정의할 때, 집합 $A_3 \cap (A_4 \cup A_6)$과 같은 것은?

① A_3　　② A_4

③ A_6　　④ A_{12}

2 다항식 $f(x)$를 $x-1$로 나누었을 때의 나머지가 -1, $x+2$로 나누었을 때의 나머지가 -7이다. $f(x)$를 x^2+x-2로 나누었을 때의 나머지를 $R(x)$라 할 때, $R(2)$의 값은?

① -9　　② -7

③ -5　　④ 1

3 $x^4+3x^2+4=(x^2+ax+b)(x^2+cx+d)$일 때, 상수 a, b, c, d의 곱 $abcd$의 값은?

① -4　　② -2　　③ 0　　④ 2

4 $-2<x<0$일 때, 방정식 $2x^2+3[x]=x$의 근의 합은? (단, $[x]$는 x보다 크지 않은 최대의 정수이다.)

① $-\frac{1}{2}$　　② $-\frac{3}{2}$　　③ $-\frac{5}{2}$　　④ -1

5 이차부등식 $ax^2+bx+c>0$의 해가 $x<-1$ 또는 $x>5$일 때, 이차부등식 $ax^2-2cx+6b<0$의 해는? (단, a, b, c는 실수)

① 1　　② 2　　③ 3　　④ 4

6 두 점 $A(2,\ 1)$, $B(-4,\ 7)$로부터의 거리의 비가 $2:1$인 점의 자취는 원을 나타낸다. 이 원의 반지름의 길이는?

① 4　　② $2\sqrt{5}$　　③ $2\sqrt{7}$　　④ $4\sqrt{2}$

7 모든 실수 x에 대하여 $x^2-kx-1>x-2k$가 항상 성립하도록 하는 실수 k의 값의 범위는?

① $k>0$　② $k<1$
③ $k>5$　④ $1<k<5$

8 무리함수 $y=\sqrt{ax+b}+c$의 그래프가 아래 그림과 같을 때, 상수 a, b, c의 합 $a+b+c$의 값은?

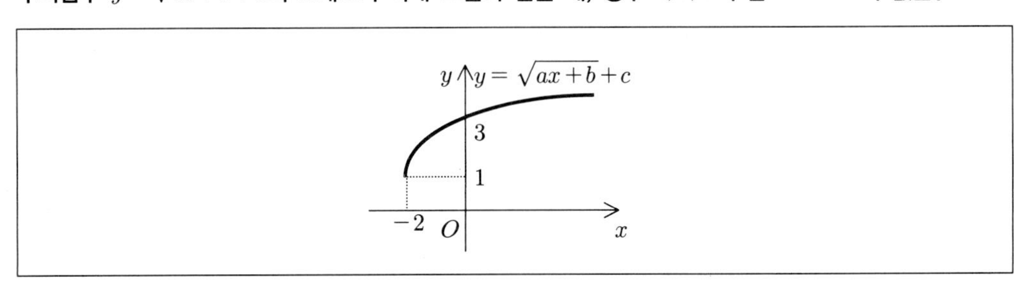

① 4　② 5
③ 6　④ 7

9 두 집합 $X=\{1,\ 2,\ 3\}$, $Y=\{a,\ b,\ c,\ d\}$에 대하여 X에서 Y로의 함수 f의 개수를 m이라 하고, $x_1 \neq x_2$인 $x_1, x_2 \in X$에 대하여 $g(x_1) \neq g(x_2)$인 함수 g의 개수를 n이라 할 때, $m+n$의 값은?

① 84　② 96
③ 88　④ 90

10 3문제 중 2문제를 맞게 풀 수 있는 A군이 공무원 시험에 응시하였다. 5문제 중 4문제 이상 맞는 사람이 합격한다고 할 때, A군이 공무원 시험에 합격할 확률은?

① $\frac{80}{243}$ ② $\frac{92}{243}$
③ $\frac{110}{243}$ ④ $\frac{112}{243}$

11 $10 < x < 1000$인 실수 x에 대하여 $\log x$와 $\log x^3$의 소수부분이 같을 때, 이를 만족하는 모든 x값들의 곱은?

① 10^4 ② $\sqrt{10^9}$
③ 10^5 ④ 10^6

12 원소의 개수가 n개인 집합을 서로소인 k개의 부분집합으로 분할하는 방법의 수를 $S(n,\ k)$로 나타낸다. 이때, $S(4,\ 2)$의 값은?

① 9 ② 8
③ 7 ④ 6

13 두 수열 $\{a_n\}$, $\{b_n\}$의 일반항이 각각 $a_n = 2n-4$, $b_n = 2^n - 4$일 때, $\sum_{k=1}^{5}\left(\sum_{j=1}^{10} a_j b_k\right)$의 값은?

① 2900 ② 2920
③ 2940 ④ 2960

14 수열 $\{a_n\}$이 모든 자연수 n에 대하여 $n < a_n < n+1$을 만족할 때, $\lim_{n\to\infty}\frac{n^2}{a_1+a_2+\cdots+a_n}$의 값은?

① 1　　② 2
③ 3　　④ 4

15 함수 $y=f(x)$의 그래프가 다음 그림과 같을 때, 다음 보기 중 옳은 것의 개수는?

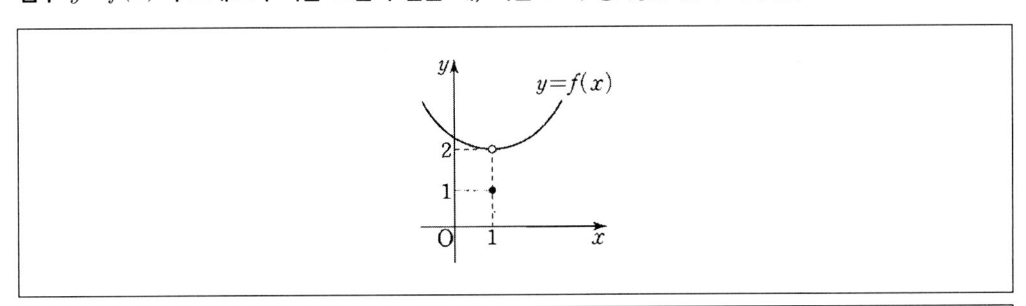

㉠ $\lim_{x\to1}f(x)$가 존재한다.
㉡ $f(1)$이 존재한다.
㉢ $y=f(x)$는 $x=1$에서 연속이다.

① 없다.　　② 1개
③ 2개　　④ 3개

16 함수 $f(x)$가 임의의 실수 x, y에 대하여 $f'(0)=6$, $f(x+y)=f(x)+f(y)+3xy$를 만족시킨다. 이때, $f'(2)$의 값은?

① -6　　② 0
③ 6　　④ 12

17 함수 $f(x)=x^2(x \geq 0)$의 역함수를 $g(x)$라 할 때, $\int_2^3 f(x)dx+\int_4^9 g(x)dx$의 값은?

① 16
② 17
③ 18
④ 19

18 $xf(x)=3x^4-x^2+1+\int_1^x f(t)dt$가 항상 성립할 때, $f(0)$의 값은?

① 1
② 2
③ 3
④ 4

19 방정식 $x+y+z=12$에 대하여 x, y, z의 음이 아닌 정수해의 개수를 m, x, y, z의 양의 정수해의 개수를 n이라 할 때, $m+n$의 값은?

① 142
② 144
③ 146
④ 148

20 95%의 신뢰도로 모평균을 추정할 때, 신뢰구간의 길이가 모표준편차의 $\frac{1}{5}$ 이하가 되기 위한 최소한의 표본의 크기는?

① 383
② 385
③ 387
④ 389

실전 모의고사 10회

정답 및 해설 P.184

문항분석표 Point

내용 영역	문항 수	문항 번호(내용 요소)
수학 Ⅰ	3	3. 이차방정식 4. 이차방정식의 근의 분리 9. 항등식
수학 Ⅱ	10	1. 명제 2. 분수식 5. 절대부등식 6. 원 7. 부등식의 영역 8. 무리함수 10. 집합 11. 지수 13. 수열의 합 17. 역함수
미적분 Ⅰ	5	14. 수열의 극한 15. 미정계수법 16. 미분계수 18. 정적분 19. 운동거리
확률과 통계	2	12. 확률 20. 정규분포

1 다음 중 p가 q이기 위한 필요충분조건인 것은? (단, x, y, z는 실수)

① $p : |x+y| = |x| + |y|$ $\quad$ $q : x \geq 0,\ y \geq 0$

② $p : x^2 = y^2$ $\quad$ $q : x = y$

③ $p : x^2 > y^2$ $\quad$ $q : |x| > |y|$

④ $p : x^2 + y^2 > 0$ $\quad$ $q : xy < 0$

2 다음 식의 분모를 0으로 만들지 않는 임의의 실수 x에 대하여 식이 성립하도록 상수 a, b, c의 값을 정할 때, $a^2+b^2+c^2$의 값은?

$$\frac{1}{2-\frac{1}{2-\frac{1}{x}}} = \frac{ax+b}{3x+c}$$

① 3 ② 6

③ 9 ④ 12

3 이차방정식 $2x^2-3x+6=0$의 두 근 α, β에 대하여 두 수 $\frac{1}{\alpha}$, $\frac{1}{\beta}$을 두 근으로 하는 이차방정식이 $6x^2+ax+b=0$일 때, 상수 a, b의 합 $a+b$의 값은?

① -1　② 0　③ 1　④ 2

4 x에 대한 이차방정식 $x^2-ax+2a-4=0$이 한 개의 양의 근과 한 개의 음의 근을 갖도록 하는 실수 a의 값이 될 수 있는 것은?

① 1　② 2　③ 4　④ 5

5 $x>-1$을 만족하는 실수 x에 대하여 $x+\frac{9}{x+1}$의 최솟값을 m, 그 때의 x값을 n이라 할 때, $m+n$의 값은?

① 3　② 5　③ 7　④ 9

6 원 $x^2+y^2-4x+2y-4=0$ 위의 점 P와 직선 $3x-4y+15=0$ 사이의 거리의 최댓값을 M, 최솟값을 m이라 할 때, $M+m$의 값은?

① 5　② 10　③ 15　④ 20

7 직선 $x+2y+k=0$이 두 점 $(1,\ -3)$, $(2,\ 1)$ 사이를 지날 때, 실수 k값의 범위는?

① $-5<k<4$
② $-4<k<5$
③ $-3<k<6$
④ $-2<k<7$

8 두 함수 $y=\sqrt{x-1}+1$, $x=\sqrt{y-1}+1$의 그래프는 두 점에서 만난다. 이때, 이 두 점 사이의 거리는?

① 1
② $\sqrt{2}$
③ $\sqrt{3}$
④ 2

9 등식 $a(x+1)^2+b(x+1)+c=2x^2-3x+7$이 x에 대한 항등식이다. 이때, $a-b+c$의 값은?

① 18
② 19
③ 20
④ 21

10 두 집합 A, B를 $A=\{x \mid |x-2|<k\}$, $B=\{x \mid x^2-2x-8\le 0\}$라 한다. 이때, $A\cap B=B$를 만족하는 양의 정수 k의 최솟값은?

① 3
② 4
③ 5
④ 6

11 세 실수 x, y, z에 대하여 $2^x = 5^y = 6^z = 10$일 때, $10^{\frac{1}{x}+\frac{1}{y}+\frac{1}{z}}$의 값은?

① 30
② 32
③ 48
④ 60

12 부모를 포함한 6명의 가족이 3명씩 두 집단으로 나눌 때, 부모가 같은 집단에 속할 확률은?

① $\frac{1}{5}$
② $\frac{1}{4}$
③ $\frac{1}{3}$
④ $\frac{2}{5}$

13 $\sum_{k=1}^{255} \log_2\left(1+\frac{1}{k}\right)$의 값은?

① 2
② 4
③ 6
④ 8

14 수열 $\{a_n\}$이 $a_1 = 1$, $3a_{n+1} = 2a_n - 5$를 만족할 때, $\lim_{n\to\infty} a_n$의 값은?

① -11
② -6
③ -5
④ 7

15 $\lim_{x\to2}\frac{\sqrt{ax+b}-2}{x-2}=1$를 만족하는 상수 a, b에 대하여 $a-b$의 값은?

① -2 ② 2
③ -4 ④ 8

16 $f(x)=2x^2+\frac{1}{3}x+3$에 대하여 $\lim_{n\to\infty}n^2\left\{f\left(\frac{3}{n}\right)-f(0)\right\}^2$의 값은?

① $\frac{1}{9}$ ② $\frac{1}{3}$
③ 1 ④ 3

17 함수 $f(x)=x^3+ax^2+ax+3$의 역함수가 존재하도록 하는 a값의 범위는?

① $-3\le a\le 3$ ② $-3\le a$
③ $0\le a\le 3$ ④ $a\ge 3$

18 정적분 $\int_0^1 \frac{x^3}{x+1}dx - \int_1^0 \frac{1}{t+1}dt$의 값은?

① $\frac{5}{6}$　② 1　③ $\frac{11}{6}$　④ $\frac{11}{3}$

19 원점을 출발하여 수직선 위를 움직이는 점 P의 시각 t에서의 속도 $v(t)$가 $v(t)=8-2t$일 때, 점 P가 $t=1$에서 $t=6$까지 실제로 움직인 거리는?

① 12　② 14　③ 18　④ 20

20 불량품이 나올 확률이 0.02인 반도체 $2{,}500$개를 생산하였을 때, 이에 포함된 불량품이 36개 이상 64개 이하일 확률은? (단, $P(0 \le Z \le 1)=0.3413$, $P(0 \le Z \le 2)=0.4772$)

① 0.6826　② 0.8185　③ 0.9544　④ 0.9413

수학

실전 모의고사 11회

정답 및 해설 P.190

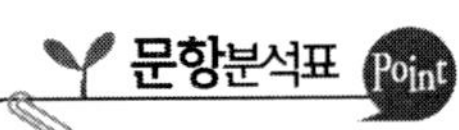

문항분석표 Point

내용 영역	문항 수	문항 번호(내용 요소)
수학 Ⅰ	5	3. 인수분해 6. 절댓값 7. 무게중심 14. 이차부등식 16. 원
수학 Ⅱ	6	1. 합성함수 2. 명제 12. 무리식 13. 상환 17. 거듭제곱근 18. 상용로그
미적분 Ⅰ	6	5. 함수의 극한 8. 넓이 9. 수열의 극한 11. 함수의 연속 19. 운동거리 20. 급수
확률과 통계	3	4. 경우의 수 10. 모비율의 추정 15. 확률

1 두 함수 $f(x)=2x-3$, $g(x)=-4x+7$에 대하여, 함수 $h(x)$는 $f\circ h=g$을 만족한다. 이때, $h(3)$의 값은?

① -1 ② 0
③ 1 ④ 2

2 세 조건 p, q, r의 진리집합을 각각 P, Q, R라 하자. 이때, $\sim q$는 $\sim p$이기 위한 충분조건이고, r은 q이기 위한 필요조건일 때, 다음 중 반드시 참이라 할 수 없는 것은?

① $P\subset Q$ ② $P\subset R$
③ $P^c\subset R^c$ ④ $R^c\subset P^c$

3 다음 중 $(x^2+x)^2+x^2+x-6$의 인수가 아닌 것은?

① $x-1$
② $x+2$
③ x^2+x-2
④ x^2+x-6

4 280의 양의 약수 중 2의 배수의 개수는?

① 10개
② 12개
③ 14개
④ 16개

5 함수 $f(x)=\lim_{n\to\infty}\frac{x^{n+1}+1}{x^n+1}$의 그래프로 알맞은 것은?

①
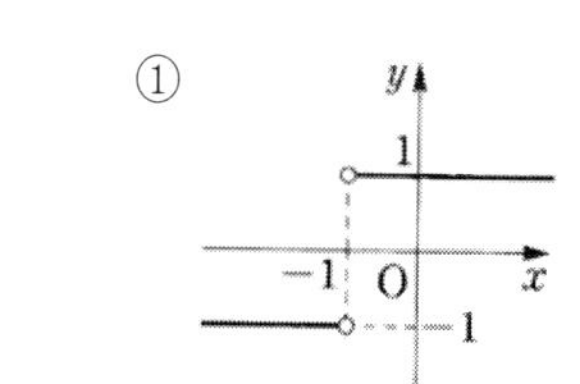

②
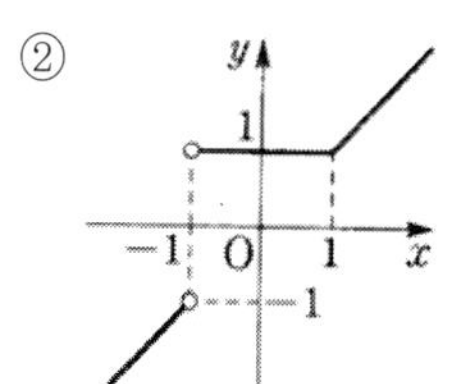

③
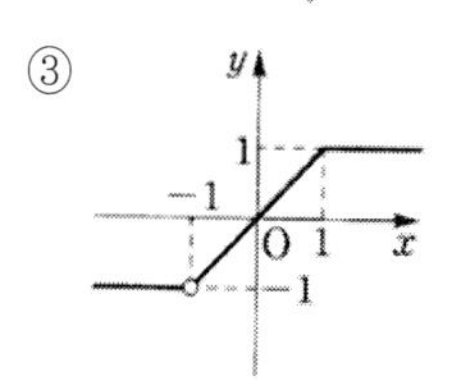

④
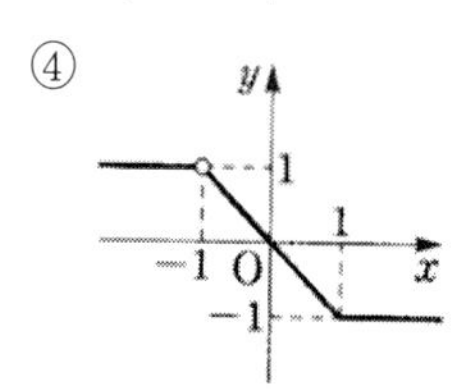

6 $a=\sqrt{5}$ 일 때, $|1-a|+|2-a|+|3-a|+|4-a|$의 값은?

① 0 ② 4

③ $4\sqrt{5}$ ④ 10

7 삼각형 ABC의 두 꼭짓점의 좌표가 A$(-1,\ 2)$, B$(1,\ 5)$이고, 무게중심 G의 좌표가 G$(1,\ 3)$이다. 이때, 꼭짓점 C의 좌표는?

① $(1,\ 2)$ ② $(2,\ 3)$

③ $(3,\ 2)$ ④ $(4,\ -1)$

8 곡선 $y=x^2-4x+3$과 x축 및 두 직선 $x=0$, $x=2$로 둘러싸인 도형의 넓이는?

① $\frac{4}{3}$ ② $\frac{5}{3}$

③ 2 ④ $\frac{7}{3}$

9 어느 공원의 잔디는 일주일에 4cm씩 자라고 매주 월요일 오전 10시에 잔디의 길이를 측정한 다음 그 길이의 $\frac{3}{4}$을 자라낸다고 한다. 최초로 측정한 잔디의 길이가 12cm이고 n번째 측정한 잔디의 길이를 $a_n$cm라 할 때, $\lim_{n\to\infty} a_n$의 값은?

① 2 ② $\frac{4}{3}$

③ $\frac{3}{2}$ ④ $\frac{7}{4}$

10 A고교 학생 300명을 임의 추출하여 직업 선호도를 조사하였더니 225명이 공무원을 선호했다. A고교 전체 학생 중에서 공무원을 선호하는 모비율 p의 신뢰도 95%일 때 신뢰구간의 길이는?

① 0.096
② 0.097
③ 0.098
④ 0.099

11 함수 $f(x)=\begin{cases} \dfrac{x^2+x+a}{x-1} & (x\neq 1) \\ b & (x=1) \end{cases}$ 가 모든 실수 x에 대하여 연속이 되도록 상수 a, b의 값을 정할 때, a^2+b^2의 값은?

① 1
② 5
③ 10
④ 13

12 세 실수 a, b, c에 대하여 $\sqrt{a}\sqrt{b}=-\sqrt{ab}$, $\dfrac{\sqrt{c}}{\sqrt{b}}=\sqrt{\dfrac{c}{b}}$ 일 때, $\sqrt{(a+b)^2}-|b+c|+|2c|$를 간단히 하면? (단, $abc\neq 0$)

① $a-2b$
② $-a-c$
③ $a+3c$
④ $-a-2b-3c$

13 진욱이는 금년 7월 1일에 노트북을 할부로 구입하였다. 구입 대금은 금년 8월부터 매월 1일 10만 원씩 20회에 걸쳐 지급하기로 하였다. 월이율 1%, 1개월마다의 복리로 계산할 때, 구입시 이 노트북의 값을 일시불로 치른다면 약 얼마를 주어야 하는가? (단, $1.01^{20}=1.22$, 만 원 미만은 버린다.)

① 170만 원
② 174만 원
③ 178만 원
④ 180만 원

14 모든 실수 x에 대하여 $x^2-2kx+9\neq 0$이 성립하도록 하는 정수 k의 개수는?

① 3개　② 4개
③ 5개　④ 6개

15 서로 다른 두 개의 주사위를 동시에 던질 때, 한 주사위의 눈의 수가 다른 주사위 눈의 수의 배수가 될 확률은?

① $\frac{7}{18}$　② $\frac{1}{2}$
③ $\frac{11}{18}$　④ $\frac{13}{18}$

16 x축에 접하고, 두 점 $(4,\ -1)$, $(5,\ -2)$를 지나는 원은 두 개가 존재한다. 이때, 두 원의 중심 사이의 거리는?

① $4\sqrt{2}$　② $5\sqrt{2}$
③ $6\sqrt{2}$　④ $7\sqrt{2}$

17 다음 중 세수 $A=\sqrt[3]{\sqrt{6}}$, $B=\sqrt[3]{2}$, $C=\sqrt[4]{\sqrt[3]{10}}$ 의 대소 관계로 옳은 것은?

① $A<B<C$　② $C<B<A$
③ $B<A<C$　④ $C<A<B$

18 $100 < x < 1000$ 이고, $\log x$ 의 소수부분이 $\log \frac{1}{x}$ 의 소수부분의 2 배일 때, $\log x + \log x^2 + \log x^3$ 의 값은?

① 6
② 8
③ 12
④ 16

19 원점을 출발하여 수직선 위를 움직이는 점 P의 t초 후의 속도가 $v(t) = 2t - t^2$ 일 때, 출발 후 4초 동안 점 P가 실제로 움직인 거리는?

① 4
② $\frac{16}{3}$
③ 8
④ $\frac{32}{3}$

20 급수 $\log\left(1-\frac{1}{2^2}\right)+\log\left(1-\frac{1}{3^2}\right)+\log\left(1-\frac{1}{4^2}\right)+\cdots+\log\left(1-\frac{1}{(n+1)^2}\right)+\cdots$ 의 값은?

① -2
② $-\log 2$
③ 0
④ $\log 2$

실전 모의고사 12회

정답 및 해설 P.196

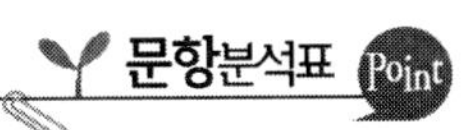

내용 영역	문항 수	문항 번호(내용 요소)
수학 I	3	2. 점과 직선 사이의 거리 4. 원 5. 이차함수
수학 II	7	1. 집합 3. 비례식 6. 무리함수 7. 집합 11. 로그 12. 등차수열 14. 지수
미적분 I	7	9. 수열의 극한 10. 속도 15. 급수 16. 함수의 연속 17. 넓이 18. 넓이의 변화율 20. 수열의 극한
확률과 통계	3	8. 순열 13. 확률 19. 확률분포

1 **집합 $A=\{1,\ 2,\ 3,\ 4,\ 5\}$일 때, $\{1,\ 2,\ 3\}\cap X=\varnothing$를 만족하는 집합 A의 부분집합 X의 개수는?**

① 2개
② 4개
③ 8개
④ 16개

2 **좌표평면에서 점 $A(5,-1)$에서 직선 $y=\frac{4}{3}x-1$까지의 거리는?**

① $\frac{18}{5}$
② $\frac{19}{5}$
③ 4
④ $\frac{21}{5}$

3 $(x+y):(y+z):(z+x)=3:5:4$일 때, $\dfrac{(x+y+z)^3}{x^3+y^3+z^3}$의 값은? (단, $xyz \neq 0$)

① 5　② 6
③ 7　④ 8

4 방정식 $x^2+y^2+2kx+4ky+6k^2-4k+3=0$이 나타내는 도형이 원이 되기 위한 상수 k값의 범위는?

① $1<k<3$　② $1 \le k \le 3$
③ $k<1$ 또는 $k>3$　④ $k \le 1$ 또는 $k \ge 3$

5 다음 중 이차함수 $y=ax^2+bx+c$의 그래프가 모든 사분면을 지날 조건은?

① $ab>0$　② $ab<0$
③ $ac>0$　④ $ac<0$

6 방정식 $\sqrt{x-1}=x+k$가 서로 다른 두 실근을 갖도록 하는 실수 k의 범위는 $a \le k < b$이다. 이때, $4(a+b)$의 값은?

① -7　② -6
③ -5　④ -4

7 x에 대한 두 집합 $A=\{x|-x^2+4x+5<0\}$, $B=\{x|x^2+ax-b\le 0\}$에 대하여 $A\cap B=\{x|5<x\le 6\}$, $A\cup B=\{x|x$는 실수$\}$일 때, $a+b$의 값은?

① -1
② 1
③ 3
④ 5

8 A는 공무원 시험에 합격하여 급여 통장을 만들려고 한다. 은행 창구에서 1, 2, 3, 4 네 숫자를 중복을 허용하여 마지막 자리의 숫자가 홀수인 비밀번호를 만들라고 하였다. 이때, 가능한 비밀번호의 개수는?

① 48
② 64
③ 96
④ 128

9 다음 보기의 수열 중 발산하는 수열을 고르면?

㉠ $\{2n-3\}$
㉡ $\{(-1)^n\}$
㉢ $\{1-n^2\}$

① ㉠, ㉢
② ㉠, ㉡
③ ㉡, ㉢
④ ㉠, ㉡, ㉢

10 지면으로부터 10m 높이에서 처음 속도 20m/초로 똑바로 위로 던진 물체의 t초 후의 지면으로부터의 높이를 $h\text{m}$라고 하면, $h(t)=10+20t-5t^2$인 관계가 성립한다고 한다. 물체가 가장 높은 곳에 도달했을 때의 높이는?

① 10m　② 20m
③ 30m　④ 40m

11 등식 $\log_3(x-2)+\log_3(x+6)=2$을 만족하는 x의 값은?

① -7　② -3
③ 3　④ 7

12 등차수열 $\{a_n\}$에서 $a_5=5$이고 $a_7:a_{15}=3:5$일 때, 23은 제 몇 항인가?

① 39　② 40
③ 41　④ 42

13 두 사건 A, B에 대하여 $P(A)=\frac{1}{3}$, $P(B)=\frac{1}{2}$, $P(A^c\cup B^c)=\frac{5}{6}$일 때, $P(A\cup B)$의 값은?

① $\frac{1}{6}$　② $\frac{2}{3}$
③ $\frac{1}{3}$　④ $\frac{1}{2}$

14 $a=3^{x+2}$, $b=2^{x+1}$일 때, 12^x을 a와 b를 이용하여 나타내면?

① $36ab^2$
② $\frac{ab^2}{36}$
③ $216ab^2$
④ $\frac{ab^2}{216}$

15 $a_1=1$, $a_{n+1}-a_n=n+1$ $(n=1,\ 2,\ 3,\cdots)$로 정의된 수열 $\{a_n\}$에 대하여 급수 $\sum_{n=1}^{\infty}\frac{1}{a_n}$의 값은?

① $\frac{1}{3}$
② $\frac{1}{2}$
③ 3
④ 2

16 함수 $f(x)$는 연속함수이고 $\lim_{x\to0}\frac{f(x)}{x}=\frac{1}{2}$이다. 함수 $g(x)=\frac{f(x-1)}{x^2-1}$이 $x=1$에서 연속일 때, $g(1)$의 값은?

① 1
② $\frac{1}{2}$
③ $\frac{1}{4}$
④ $\frac{1}{8}$

17 두 곡선 $y=x^3-2x$와 $y=x^2$으로 둘러싸인 도형의 넓이는?

① $\frac{31}{12}$
② $\frac{11}{4}$
③ $\frac{35}{12}$
④ $\frac{37}{12}$

18 한 변의 길이가 5cm인 정사각형이 있다. 각 변의 길이가 매초 0.5cm의 비율로 증가할 때, 10초 후의 정사각형의 넓이의 변화율은?

① $2.5\text{cm}^2/$초　② $5\text{cm}^2/$초
③ $10\text{cm}^2/$초　④ $15\text{cm}^2/$초

19 확률변수 X에 대하여 $E(X)=120$, $V(X)=48$이다. 확률변수 $Y=\dfrac{X-100}{4}$에 대하여 $E(Y)=a$, $E(Y^2)=b$라고 할 때, $a+b$의 값은?

① 33　② 35
③ 37　④ 39

20 두 수열 $\{a_n\}$, $\{b_n\}$의 극한에 대하여 다음 보기에서 옳은 것만을 있는 대로 고른 것은?

〈보기〉

㉠ $\lim_{n\to\infty} a_n=\infty$, $\lim_{n\to\infty} b_n=0$이면 $\lim_{n\to\infty} a_n b_n=0$
㉡ $\lim_{n\to\infty} a_n=\infty$, $\lim_{n\to\infty}(a_n-b_n)=0$이면 $\lim_{n\to\infty} b_n=\infty$
㉢ 수열 $\{a_n\}$, $\{b_n\}$이 모두 발산하면 수열 $\{a_n b_n\}$도 발산한다.

① ㉠　② ㉡
③ ㉡, ㉢　④ ㉠, ㉡, ㉢

수학

실전 모의고사 13회

정답 및 해설 P.202

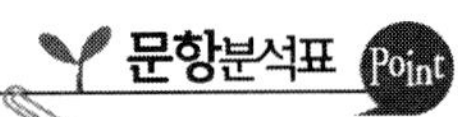

내용 영역	문항 수	문항 번호(내용 요소)
수학 Ⅰ	5	2. 다항식 8. 이차함수 12. 이차부등식 16. 다항식의 나눗셈 17. 좌표평면
수학 Ⅱ	6	1. 집합 3. 지수 9. 비례식 14. 상용로그 19. 무리함수 20. 상환
미적분 Ⅰ	6	5. 정적분 6. 접선 7. 수열의 극한 10. 등비급수 13. 부피의 변화율 15. 함수의 극한
확률과 통계	3	4. 순열 11. 확률분포 18. 정규분포

1 두 집합 A, B에 대하여 연산 $\odot$을 $A\odot B=(A-B)\cup(B-A)$로 정의할 때, $A\odot(A\odot B)$와 같은 집합은?

① A　　② B
③ $A\cap B$　　④ $A\cup B$

2 임의의 두 다항식 A, B에 대하여 $A*B=2A-B$로 정의할 때, $(x^2+2x-y+1)*(2x-y-5)$를 간단히 하면?

① $x^2-3x+y-7$　　② $x^2+2x-y+7$
③ $2x^2-2x+y-7$　　④ $2x^2+2x-y+7$

3 $2^x=27,\ 162^y=243$일 때, $\frac{3}{x}-\frac{5}{y}$의 값은?

① -1　② -2
③ -3　④ -4

4 $SEOWONGAK$에 있는 9개의 문자를 일렬로 나열할 때, 맨 앞에 S가 올 확률은?

① $\frac{1}{6}$　② $\frac{1}{7}$
③ $\frac{1}{8}$　④ $\frac{1}{9}$

5 다항함수 $f(x)$가 모든 실수 x에 대하여 $\int_2^x f(t)dt=x^2-ax-6$을 만족시킬 때, $f(10)$의 값은?

① 17　② 19
③ 21　④ 23

6 다항함수 $f(x)$에 대하여 $\lim_{x\to2}\frac{f(x)-2}{x-2}=1$일 때, 곡선 $y=f(x)$ 위의 점 $(2,\ f(2))$에서의 접선의 방정식은?

① $y=x-2$　② $y=x-1$
③ $y=x$　④ $y=x+1$

7 일반항이 $a_n=\dfrac{2n-1}{3n}$인 수열 $\{a_n\}$에 대하여 $\lim\limits_{n\to\infty}a_n=\alpha$ (α는 실수)일 때, $|a_n-\alpha|<\dfrac{1}{1000}$을 만족시키는 자연수 n의 최솟값은?

① 334
② 333
③ 332
④ 335

8 이차함수 $y=x^2-kx-4$의 그래프가 x축과 만나는 두 점 사이의 거리가 $2\sqrt{5}$일 때, 양수 k의 값은?

① 1
② 2
③ 3
④ 4

9 1, 2학년으로 구성된 어느 고등학교의 방송반에서 1학년의 남학생과 여학생의 비는 $1:2$, 2학년의 남학생과 여학생의 비는 $1:5$, 방송반 전체의 남학생과 여학생의 비는 $4:11$이라 한다. 이 고등학교의 방송반에서 1학년의 학생의 비율을 분수로 나타내면?

① $\dfrac{1}{2}$
② $\dfrac{3}{5}$
③ $\dfrac{2}{3}$
④ $\dfrac{11}{15}$

10 등식 $\displaystyle\sum_{k=1}^{100}\frac{3^k-2^k}{4^k}=a+b\left(\frac{3}{4}\right)^{100}+c\left(\frac{1}{2}\right)^{100}$을 만족시키는 정수 a, b, c의 합 $a+b+c$의 값은?

① 2
② 1
③ -1
④ 0

11 이산확률변수 X의 확률분포를 표로 나타내면 다음과 같다.

X	0	1	2	합계
$P(X=x)$	$\frac{1}{4}$	a	$\frac{1}{4}$	1

이때, $4a+E(2X)+V(2X+3)$의 값은?

① 5 ② 6
③ 8 ④ 9

12 x에 관한 두 집합 $A=\{x \mid 2x^2+mx+n=0\}$, $B=\{x \mid 3x^2+x-2=0\}$에 대하여 $(A\cup B)-(A\cap B)=\left\{\frac{2}{3},\ \frac{3}{2}\right\}$일 때, 두 상수 m, n의 곱 mn의 값은?

① 2 ② 3
③ 4 ④ 5

13 밑면의 반지름의 길이가 3cm, 높이가 6cm인 직원기둥이 있다. 이 직원기둥의 밑면의 반지름의 길이는 매초 1cm씩 길어지고 높이는 매초 1cm씩 짧아진다. 이 직원기둥의 부피의 변화율이 0이 될 때, 직원기둥의 부피는? (단, 단위는 cm^3/초이다.)

① 102π ② 105π
③ 108π ④ 111π

14 $\log 200$의 정수부분과 소수부분이 이차방정식 $x^2+ax+b=0$의 두 근일 때, 상수 a, b의 합 $a+b$의 값은?

① $\log 0.02$　② $\log 0.2$
③ $\log 2$　④ $\log 1.2$

15 함수 $f(x)=\lim_{n\to\infty}\frac{x^{2n-1}+3x+2}{x^{2n}+1}$에 대하여 $f(-\frac{1}{3})+f(\frac{2}{9})+f(1)+f(3)$의 값은?

① 4　② 5
③ 6　④ 7

16 다항식 $f(x)$를 $x-\frac{1}{3}$로 나누었을 때의 몫을 $Q(x)$, 나머지를 R라 할 때, $f(x)$를 $3x-1$로 나누었을 때의 몫과 나머지를 순서대로 적으면?

① $Q(x)$, R　② $\frac{1}{3}Q(x)$, R
③ $3Q(x)$, R　④ $\frac{1}{3}Q(x)$, $3R$

17 두 점 $\mathrm{A}(3,\ 4)$, $\mathrm{B}(5,\ 2)$에서 같은 거리에 있는 x축 위의 점을 P, y축 위의 점을 Q라 할 때, 선분 PQ의 길이는?

① 1　② $\sqrt{2}$
③ $\sqrt{3}$　④ 2

18 어느 슈퍼마켓에서 판매되는 포장 돈육 1팩의 무게는 평균이 200g, 표준편차가 16g인 정규분포를 따른다고 한다. 이 슈퍼마켓에서 판매되는 포장 돈육 중에서 임의로 추출된 4팩의 무게의 평균이 196g이상일 확률은?

z	$P(0 \leq Z \leq z)$
0.5	0.1915
1.0	0.3413
1.5	0.4332

① 0.1915 ② 0.3085
③ 0.4332 ④ 0.6915

19 함수 $f(x)=\sqrt{x-1}+4$와 $g(x)=\sqrt{2x+1}$의 역함수를 각각 $f^{-1}(x)$, $g^{-1}(x)$라 할 때, $(f^{-1}\circ g)^{-1}(2)$의 값은?

① 12 ② 10
③ 14 ④ 8

20 이달 초에 컴퓨터를 구입하는데 일부는 현금으로 지불하고 100만 원은 이달 말부터 일정한 금액씩 34개월에 걸쳐 갚기로 했을 때, 매달 갚아야 할 금액은? (단, $1.01^{34}=1.40$, 월이율은 1푼, 1개월마다의 복리로 계산한다.)

① 30000 ② 32000
③ 35000 ④ 40000

수학

실전 모의고사 14회

정답 및 해설 P.208

문항분석표 Point

내용 영역	문항 수	문항 번호(내용 요소)
수학 Ⅰ	5	7. 좌표평면 8. 복소수 10. 이차함수 16. 다항식 20. 원
수학 Ⅱ	7	1. 집합 2. 분수함수 4. 지수 9. 수열 13. 상용로그 14. 등비수열 18. 수열
미적분 Ⅰ	5	5. 사이값 정리 6. 미분계수 11. 함수의 극한 15. 정적분 17. 넓이의 변화율
확률과 통계	3	3. 중복조합 12. 모평균의 추정 19. 확률

1 다음 중 집합 $\{1, 3, 5, 7\}$과 서로소인 집합을 모두 고르면?

① $A=\{x \mid x=1\}$　② $B=\{1, 4, 6\}$
③ $C=\{x \mid x$는 짝수$\}$　④ $D=\{x \mid x$는 소수$\}$

2 함수 $y=\dfrac{2x+2}{x-1}$의 역함수의 점근선의 방정식은 $x=a$, $y=b$이다. 이때, $2a+b$의 값은?

① 2　② 3
③ 4　④ 5

3 자연수 r이 ${}_{7}H_{r}={}_{15}C_{6}$을 만족할 때, ${}_{r}C_{8}+{}_{r}H_{2}$의 값은?

① 45
② 54
③ 60
④ 72

4 $x^{a}=3^{b}=5^{c}$이고 $\frac{1}{a}+\frac{3}{b}+\frac{5}{c}=0$일 때, $\frac{1}{x}$의 값은? (단, $abc\neq 0$)

① 15
② $3^{3}\times 5^{5}$
③ $3^{5}\times 5^{3}$
④ 15^{4}

5 방정식 $x^{3}+2x+a=0$이 구간 $(-1,\ 1)$에서 적어도 하나의 실근을 갖도록 하는 상수 a의 값의 범위가 $\alpha<a<\beta$일 때, $\alpha+\beta$의 값은?

① -6
② -3
③ 0
④ 9

6 다항함수 $f(x)$에 대하여 $\lim_{x\to a}\frac{f(x^{2})-f(a^{2})}{x-a}$과 값이 같은 것은?

① $f'(a)$
② $2f'(a)$
③ $2af'(a^{2})$
④ $af'(a)$

7 두 점 $A(1,\ 4)$, $B(6,\ 2)$와 y축 위를 움직이는 점 P, x축 위를 움직이는 점 Q에 대하여 $\overline{AP}+\overline{PQ}+\overline{QB}$의 최솟값은?

① $\sqrt{85}$　② $\sqrt{29}$
③ $\sqrt{26}$　④ $\sqrt{40}$

8 $x=\dfrac{1+i}{1-i}$일 때, $1+x+x^2+x^3+\cdots+x^{2009}$을 간단히 하면? (단, $i=\sqrt{-1}$)

① 1　② i
③ $1+i$　④ $-i$

9 $a_1=1+\sqrt{2}$, $a_2=\sqrt{2}+\sqrt{3}$, $a_3=\sqrt{3}+\sqrt{4}$, $\cdots$인 수열 $\{a_n\}$에 대하여 $\dfrac{1}{a_1}+\dfrac{1}{a_2}+\dfrac{1}{a_3}+\cdots+\dfrac{1}{a_n}=8$을 만족하는 자연수 n의 값은?

① 70　② 79
③ 80　④ 81

10 이차함수 $y=x^2+2mx+1$의 그래프와 직선 $y=2x-8$이 적어도 한 점에서 만나도록 하는 상수 m의 값의 범위는?

① $-2\le m\le 4$　② $m\le -2$ 또는 $m\ge 4$
③ $m\le -4$ 또는 $m\ge 2$　④ $-4\le m\le 2$

11 함수 $f(x)$가 $x>0$인 모든 실수 x에 대하여 $4x-1<xf(x)<4x+100$을 만족할 때, $\lim_{x\to\infty}f(x)$의 값은?

① 4
② 3
③ 2
④ 1

12 정규분포 $N(m,\ 20^2)$을 따르는 모집단에서 임의로 추출한 크기가 100인 표본의 표본평균이 50일 때, 모평균 m의 신뢰도 99%의 신뢰구간이 $x\le m\le 55.16$이다. 이때 x의 값은? (단, $P(|Z|\le 2.58)=0.99$)

① 48.01
② 46.92
③ 45.67
④ 44.84

13 $\log A$의 정수부분과 소수부분이 이차방정식 $2x^2+5x+a=0$의 두 근이고, $\log\frac{1}{A}$의 정수부분과 소수부분이 이차방정식 $6x^2-bx+c=0$의 두 근일 때, 상수 $a,\ b,\ c$에 대하여 $a+b+c$의 값은?

① 15
② 18
③ 21
④ 24

14 현재 배양액 A에는 10마리의 세균이 있는데 1시간마다 그 수가 3배가 되고, 배양액 B에는 90마리의 세균이 있는데 2시간마다 그 수가 3배가 된다고 한다. 배양액 A에 있는 세균의 수가 배양액 B에 있는 세균의 수와 같아지는 것은 지금부터 몇 시간 후인가?

① 4
② 5
③ 6
④ 7

15 다항함수 $f(x)$가 모든 실수 x에 대하여 $f(-x)=f(x)$, $\int_0^1 f(x)dx=5$를 만족할 때, 정적분 $\int_{-1}^1 (2x^3-x-1)f(x)dx$의 값은?

① -8
② 10
③ -10
④ 8

16 두 다항식 A, B에 대하여 $A\triangle B=\dfrac{A-B}{A+B}$로 정의할 때, $(x^2\triangle x)-\{(x^2-x)\triangle(1-x)\}$를 간단히 하면?

① 1
② $\dfrac{4x}{1-x^2}$
③ $\dfrac{2}{x+1}$
④ $\dfrac{2x}{x^2-1}$

17 잔잔한 호수에 돌을 던질 때 생기는 동심원의 파문 중에서 가장 바깥쪽 원의 반지름의 길이가 매초 $\dfrac{2}{3}\mathrm{m}$의 비율로 길어진다고 한다. 돌을 던진 후 3초가 지났을 때, 가장 바깥쪽 동심원의 넓이의 변화율은 몇 m^2/초인가?

① 2π
② 3π
③ $\dfrac{8}{3}\pi$
④ $\dfrac{7}{3}\pi$

18 수열 $7,\ 77,\ 777,\ 7777,\ \cdots$의 첫째항부터 제$n$항까지의 합은?

① $\dfrac{7(10^n+9n-10)}{9}$　② $\dfrac{7(10^{n+1}-90n-1)}{9}$

③ $\dfrac{7(10^{n+1}-9n-10)}{81}$　④ $\dfrac{7(10^n+90n-1)}{81}$

19 15개의 제품 중에서 3개가 불량품이라고 한다. 용균이와 미림이의 순서로 한 개씩 제품을 꺼낼 때, 용균이는 양품, 미림이는 불량품을 꺼낼 확률은? (단, 한 번 꺼낸 제품은 다시 넣지 않는다.)

① $\dfrac{1}{7}$　② $\dfrac{6}{35}$

③ $\dfrac{1}{5}$　④ $\dfrac{9}{35}$

20 중심이 $(2,\ 3)$인 원 위의 임의의 점 P에서 이 원과 만나지 않는 직선 l 위로 내린 수선의 발을 H라 할 때, $3 \le \overline{PH} \le 5$를 만족한다고 한다. 이 원을 x축의 방향으로 3만큼, y축의 방향으로 -1만큼 평행이동한 원의 방정식은?

① $(x-2)^2+(y-5)^2=1$　② $(x-2)^2+(y-5)^2=2$

③ $(x-5)^2+(y-2)^2=1$　④ $(x-5)^2+(y-2)^2=2$

실전 모의고사 15회

정답 및 해설 P.213

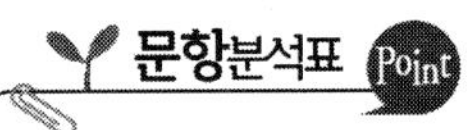

내용 영역	문항 수	문항 번호(내용 요소)
수학 Ⅰ	6	3. 다항식 5. 이차함수 6. 평면도형 9. 식의 계산 13. 수심 18. 원
수학 Ⅱ	6	1. 명제 2. 절대부등식 4. 상용로그 7. 등비수열 15. 수열의 귀납적 정의 19. 비례식
미적분 Ⅰ	6	8. 함수의 연속 10. 적분 11. 수열의 극한 12. 주기함수 16. 평균값 정리 20. 수열의 극한
확률과 통계	2	14. 정규분포 17. 확률

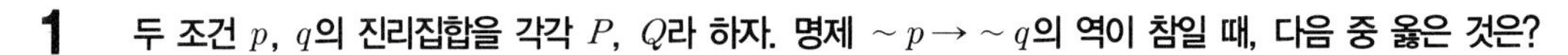

1 두 조건 p, q의 진리집합을 각각 P, Q라 하자. 명제 $\sim p \rightarrow \sim q$의 역이 참일 때, 다음 중 옳은 것은?

① $P \cap Q = \varnothing$　　② $P \cap Q^c = \varnothing$
③ $P^c \cap Q = \varnothing$　　④ $P^c \cap Q^c = \varnothing$

2 두 실수 x, y가 $3x+4y=5$를 만족한다. 이때, x^2+y^2은 $x=\alpha, y=\beta$일 때, 최솟값 m을 갖는다. $\alpha^2+\beta^2+m$의 값은?

① 2　　② 3
③ 4　　④ 5

3 등식 $(x+1)^{15}=a_0+a_1x+\cdots+a_{14}x^{14}+a_{15}x^{15}$이 모든 실수 x에 대하여 성립할 때, $a_1+a_3+\cdots+a_{13}+a_{15}$의 값은? (단, a_0, a_1, $\cdots$, a_{14}, a_{15}는 상수이다.)

① 1
② $2^{15}-1$
③ 2^{14}
④ 2^{15}

4 3^{20}의 최고 자리의 숫자는? (단, $\log 2=0.3010$, $\log 3=0.4771$)

① 2
② 5
③ 4
④ 3

5 양수 a에 대하여 이차함수 $f(x)=ax^2-4ax+b$가 $0\le x\le 3$에서 최댓값 7, 최솟값 -1을 가질 때, 실수 a, b의 합 $a+b$의 값은?

① 3
② 6
③ 9
④ 12

6 반지름의 길이가 12이고, 중심각의 크기가 90°인 부채꼴로 원뿔을 만들 때, 이 원뿔의 부피는?

① $9\sqrt{15}\pi$
② $18\sqrt{15}\pi$
③ $27\sqrt{15}\pi$
④ $36\sqrt{15}\pi$

7 다항식 $f(x)=x^2+2x+a$를 일차식 $x+1$, $x-1$, $x-2$로 나누었을 때의 나머지를 R_1, R_2, R_3이라 할 때, R_1, R_2, R_3은 이 순서로 등비수열을 이룬다. 이때, 상수 a의 값은?

① 17 ② 19
③ 15 ④ 13

8 열린구간 $(0,2)$에서, 함수 $f(x)=[x^2]$는 $x=a, x=b, x=c$에서 불연속이다. 이때, $a^2+b^2+c^2$의 값은?(단, $[x]$는 x보다 크지 않은 최대의 정수이다.)

① 4 ② 5
③ 6 ④ 7

9 어떤 오렌지 주스 제조 공장에서 오렌지 원액 $a\%$가 포함되어 있는 오렌지 주스 100kL와 오렌지 원액 $b\%$가 포함되어 있는 오렌지 주스 $x\text{kL}$를 섞어 오렌지 원액 $c\%$가 포함되어 있는 새로운 오렌지 주스를 만들려고 한다. 이때, x를 a, b, c에 관한 식으로 나타내면?

① $\dfrac{100c-a}{b}$ ② $\dfrac{100(c-a)}{b+100c}$
③ $\dfrac{100c}{100a+b}$ ④ $\dfrac{100(c-a)}{b-c}$

10 함수 $f(x)=\int(x-2)(x^2+2x+4)dx$ 일 때, $\lim_{h\to 0}\dfrac{f(1+h)-f(1-h)}{h}$의 값은?

① -14 ② -7
③ 14 ④ 7

11 수열 $\{a_n\}$이 $a_1=2$, $a_n+a_{n+1}=n^2$을 만족시킬 때, $\lim_{n\to\infty}\frac{a_{n+2}-a_n}{n+2}$의 값은?

① -2　　② -1
③ 2　　④ 1

12 구간 $[-\frac{3}{2},\ \frac{3}{2}]$에서 $f(x)=\frac{3}{2}-|x|$로 정의된 함수 $f(x)$는 등식 $f(x-1)=f(x+2)$을 만족한다. 이때, 구간 $[\frac{9}{2},\ \frac{15}{2}]$에서 $y=f(x)$의 그래프와 x축으로 둘러싸인 부분의 넓이는?

① $\frac{9}{4}$　　② $\frac{5}{2}$
③ $\frac{11}{4}$　　④ 3

13 좌표평면 위의 세 점 $O(0,\ 0)$, $A(-1,\ 3)$, $B(-3,\ 2)$를 꼭짓점으로 하는 $\triangle OAB$의 수심의 좌표는? (단, 삼각형의 수심은 각 꼭짓점에서 그 대변에 내린 수선의 교점이다.)

① $\left(\frac{9}{7},\ -\frac{18}{7}\right)$　　② $\left(-\frac{9}{7},\ \frac{18}{7}\right)$
③ $(-1,\ 2)$　　④ $(1,\ -2)$

14 어느 학급 학생들을 대상으로 실시한 지능 검사 결과 학생들의 지능 지수는 평균이 100, 분산이 25인 정규분포를 따른다고 한다. 이때, 상위 10% 이내에 속하는 학생의 최저 지능 지수는 얼마인가? (단, $P(0\le Z\le 1.3)=0.4$)

① 103　　② 104.5
③ 105　　④ 106.5

15 $a_1=1,\ a_{n+1}=a_n+2^{n-1}(n=1,\ 2,\ 3,\ \cdots)$로 정의된 수열 $\{a_n\}$의 첫째항부터 제100항까지의 합은?

① $2^{100}-1$　　② $2^{100}+1$

③ $2^{99}-1$　　④ $2^{99}+1$

16 함수 $f(x)=x^2-x+1$에 대하여 x의 값이 1에서 3까지 변할 때의 평균변화율과 $x=a$에서의 미분계수가 같을 때, 상수 a의 값은?

① $\frac{13}{10}$　　② $\frac{4}{3}$

③ $\frac{3}{2}$　　④ 2

17 어느 근로자는 일주일 단위로 주간근무만 하거나 야간근무만 하는데, 앞으로 10주 동안 3주는 야간근무를, 7주는 주간근무를 한다. 회사에서 주간 근무하는 주와 야간 근무하는 주를 임의의 순서로 배정할 때, 그 근로자가 2주 이상 연속하여 야간근무를 하지 않을 확률은?

① $\frac{19}{45}$　　② $\frac{7}{15}$

③ $\frac{23}{45}$　　④ $\frac{5}{9}$

18 두 원 $(x-3)^2+(y+5)^2=4$, $(x+4)^2+(y+2)^2=r^2$의 공통내접선의 길이가 7일 때, 양수 r의 값은?

① -2
② -1
③ 1
④ -2

19 0이 아닌 세 실수 a, b, c가 $(a+b):(b+c):(c+a)=5:7:6$을 만족한다. 이때, $\frac{a^2+b^2+c^2}{ab+bc+ca}$의 값은?

① $\frac{29}{26}$
② $\frac{15}{13}$
③ $\frac{31}{26}$
④ $\frac{16}{13}$

20 다음 보기 중 옳은 것만을 있는 대로 고른 것은?

> ㉠ $\lim_{n \to \infty} \frac{n-[n]}{n}=0$ (단, $[x]$는 x보다 크지 않은 최대의 정수이다.)
>
> ㉡ $\lim_{n \to \infty} a_n=0$이면 무한급수 $\sum_{n=1}^{\infty} a_n$은 수렴한다.
>
> ㉢ 무한급수 $\sum_{n=1}^{\infty} \frac{n}{2n-1}$은 수렴한다.

① ㉠
② ㉡
③ ㉠, ㉡
④ ㉠, ㉢

수학

실전 모의고사 16회

정답 및 해설 P.219

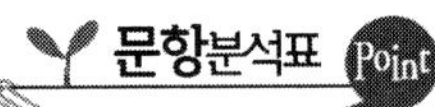

내용 영역	문항 수	문항 번호(내용 요소)
수학 Ⅰ	6	2. 복소수 3. 나머지 정리 4. 이차방정식 5. 이차함수 6. 평면도형 7. 부등식의 영역
수학 Ⅱ	4	1. 명제 8. 무리함수 10. 상용로그 14. 수열의 귀납적 정의
미적분 Ⅰ	6	11. 급수 13. 수열의 극한 15. 수열의 극한 16. 함수의 연속 17. 속도 18. 정적분
확률과 통계	4	9. 중복순열 12. 확률 19. 조합 20. 이항분포

1 다음 〈보기〉 중 명제는 모두 몇 개인가?

〈보기〉

㉠ 남자는 힘이 세다.
㉡ 3 + 4 = 7
㉢ 모든 소수는 홀수이다.
㉣ 오늘은 날씨가 좋다.
㉤ 삼각형의 내각의 크기의 합은 180°이다.

① 0개　② 1개
③ 2개　④ 3개

2 복소수 z의 켤레복소수를 $\bar{z}$라 할 때, 등식 $\overline{z+zi}=2+i$를 만족하는 복소수 z는? (단, $i=\sqrt{-1}$)

① $\frac{1}{2}-\frac{3}{2}i$　② $1-i$
③ $\frac{1}{2}+\frac{1}{2}i$　④ $\frac{1}{2}+\frac{3}{2}i$

3 다항식 $f(x)=a+x+x^2+\cdots+x^{2000}$이 $x-1$로 나누어 떨어질 때, $f(x)$를 $x+1$로 나눈 나머지는?

① -2000 ② -1004
③ 0 ④ 1004

4 x에 대한 이차방정식 $x^2+ax+b=0$의 한 근이 $2-\sqrt{3}$ 일 때, 유리수 a, b의 곱 ab의 값은?

① -5 ② -4
③ -3 ④ -2

5 유리수 a, b에 대하여 곡선 $y=x^2-a$와 $y=bx$가 두 점 P, Q에서 만난다고 하자. 점 P의 x좌표가 $\sqrt{5}+1$ 일 때, $a+b$의 값은?

① 2 ② 3
③ 6 ④ 7

6 반지름의 길이가 3, 중심각의 크기가 60°인 부채꼴의 호의 길이를 구하면?

① 1 ② π
③ $\frac{\pi}{2}$ ④ $\frac{\pi}{3}$

7 점 $(x,\ y)$가 $3x-2y+1 \ge 0$, $2x-3y-1 \le 0$, $x+y-3 \le 0$의 세 부등식을 만족시킬 때, $y-2x$의 최댓값 (M), 최솟값 (m)의 합 $M+m$의 값은?

① -2 ② -1
③ 0 ④ 1

8 곡선 $y=\sqrt{x+1}$, 직선 $y=x+k$가 두 점에서 만날 때, k의 값의 범위를 만족시키는 것은?

① $\frac{5}{4}$ ② 1
③ 0 ④ -1

9 여섯 개의 정수 0, 1, 2, 3, 4, 5에 대하여 중복을 허락하여 만들 수 있는 세 자리의 자연수의 개수는?

① 180개 ② 181개
③ 182개 ④ 183개

10 $\log 536 = 2.7292$일 때, $\log x = -0.2708$를 만족하는 x의 값은?

① 0.536 ② 5.36
③ 53.6 ④ 536

11 $\sum_{n=1}^{\infty} a_n = A$, $\sum_{n=1}^{\infty} na_n = B$ (A, B는 상수)일 때, 급수 $\sum_{n=1}^{\infty} n^2(a_n - a_{n+1})$의 값을 A, B에 대한 식으로 나타내면?

① $B+A$　　② $2B-A$
③ $B-A+1$　　④ $2B+A+1$

12 1부터 20까지의 자연수가 각각 하나씩 적힌 20장의 카드 중에서 임의로 한 장의 카드를 꺼낼 때, 카드에 적힌 수가 3의 배수이거나 5 이하일 확률은?

① $\frac{1}{3}$　　② $\frac{1}{2}$
③ $\frac{11}{20}$　　④ $\frac{3}{5}$

13 $\lim_{n\to\infty} \frac{n\pi - [n\pi]}{n^2+1}$의 극한값은? (단, $[x]$는 x보다 크지 않은 최대의 정수이다.)

① -1　　② 0
③ 1　　④ 2

14 $a_1 = 1$, $a_2 = 2$, $3a_{n+2} - 4a_{n+1} + a_n = 0(n = 1, 2, 3, \cdots)$으로 정의 되는 수열 $\{a_n\}$의 일반항 a_n은 $a_n = A + B \cdot C^{n-1}$이다. 이때, $A+B+C$의 값은?

① $-\frac{2}{3}$　　② $-\frac{1}{2}$
③ $\frac{4}{3}$　　④ $\frac{5}{2}$

15 자연수 n에 대하여 $\sqrt{n^2+1}$의 정수 부분을 a_n, 소수 부분을 b_n이라 할 때, $\lim_{n\to\infty} a_n b_n$의 값은?

① $\frac{1}{2}$
② $\frac{2}{3}$
③ 1
④ $\frac{4}{3}$

16 실수 전체의 집합에서 정의된 함수 $f(x)=\begin{cases} \lim_{n\to\infty}\dfrac{x^{2n+2}+1}{x^{2n+1}+x} & (x\neq 0) \\ 0 & (x=0) \end{cases}$는 $x=a$에서 불연속이고, $x\neq 0$일 때 $|f(x)|$의 최솟값은 b이다. 이때, a^2+b^2의 값은?

① 1
② 2
③ 3
④ 4

17 수직선 위를 움직이는 두 점 P, Q의 시각 t일 때의 위치는 각각 $P(t)=\frac{1}{3}t^3+4t-\frac{2}{3}$, $Q(t)=2t^2-10$이다. 두 점 P, Q의 속도가 같아지는 순간 두 점 P, Q 사이의 거리는?

① 9
② 10
③ 11
④ 12

18 $\int_0^2 |x^2(x-1)|dx$ 의 값은?

① $\frac{3}{2}$　　② 2
③ $\frac{5}{2}$　　④ 3

19 같은 종류의 사과 6개와 같은 종류의 배 4개를 3명의 학생에게 나누어 주려고 한다. 사과를 나누어 준 후 배를 나누어 주는 방법의 수는?

① 280　　② 350
③ 420　　④ 490

20 이항분포 $\mathrm{B}\left(n,\ \frac{1}{3}\right)$ 을 따르는 확률변수 X의 분산이 20일 때, 자연수 n의 값은?

① 30　　② 60
③ 90　　④ 120

수학

실전 모의고사 17회

정답 및 해설 P.224

문항분석표 Point

내용 영역	문항 수	문항 번호(내용 요소)
수학 Ⅰ	9	2. 인수정리 3. 인수분해 4. 일차부등식 5. 원 6. 좌표평면 7. 부등식의 영역 8. 평면도형 9. 이차방정식 12. 평행이동
수학 Ⅱ	3	1. 집합 11. 로그 14. 멱급수
미적분 Ⅰ	6	10. 정적분 13. 급수 15. 등비급수 16. 함수의 극한 17. 미분가능 18. 운동거리
확률과 통계	2	19. 확률 20. 모평균의 구간추정

1 전체집합 $U=\{a,\ b,\ c,\ d,\ e\}$의 두 부분집합 $A=\{a,\ c,\ d\}$, $B=\{c,\ e\}$에 대하여 집합 $[(A\cup B)\cap(A^c\cap B)]\cup A$의 원소의 개수는?

① 1 ② 2
③ 3 ④ 4

2 삼차항의 계수가 1인 삼차식 $f(x)$에 대하여 $f(-2)=f(-1)=f(1)=2$일 때, $f(-3)$의 값은?

① −10 ② −6
③ −4 ④ −2

3 다음 중 인수분해가 옳게 된 것은?

① $16x^2-36y^2=2(2x+3y)(2x-3y)$
② $x^2-y^2+2yz-z^2=(x+y-z)(x-y+z)$
③ $2x^2-5x-3=(x-1)(2x+3)$
④ $x^3+8=(x+2)(x^2+2x+4)$

4 x에 대한 부등식 $a(2x-1)>b(x-1)$의 해가 모든 실수일 때, 부등식 $ax+2b>2a-bx$의 해는?

① $x>-\frac{2}{3}$
② $x>-\frac{1}{2}$
③ $x>-\frac{1}{4}$
④ $x<\frac{1}{2}$

5 점 $(-2,\ 2)$를 지나고 x축 및 y축에 접하는 원은 두 개 있다. 이 두 원의 중심 사이의 거리는?

① $3\sqrt{2}$
② $4\sqrt{2}$
③ 6
④ 8

6 두 점 $A(-1,\ 3)$, $B(4,\ 1)$과 x축 위의 점 P에 대하여 $AP+BP$의 최솟값은?

① $\sqrt{13}$
② $\sqrt{41}$
③ $\sqrt{29}$
④ $\sqrt{20}$

7 $(x^2+y^2-1)(x^2+y^2-4) \le 0$의 영역의 넓이를 구하면?

① π ② 2π
③ 3π ④ 4π

8 반지름의 길이가 6이고 중심각의 크기가 120° 인 부채꼴의 넓이를 구하면?

① 3π ② 6π
③ 12π ④ 15π

9 이차방정식 $x^2+x+2=0$의 두 근을 α, β라 할 때, $\frac{\beta}{\alpha}+\frac{\alpha}{\beta}$의 값은?

① $-\frac{3}{2}$ ② $-\frac{1}{2}$
③ $\frac{1}{2}$ ④ $\frac{3}{2}$

10 실수 x에 대하여 등식 $\int_1^x f(t)dt = 2x^2-2x+a$이 성립할 때, $f(1)+a$의 값은?

① 0 ② 1
③ 2 ④ 3

11 $\log_2 3=a$, $\log_3 5=b$일 때, $\log_{20} 150$을 a, b로 나타낸 것은?

① $\dfrac{a+2b+1}{a+2}$ ② $\dfrac{2a+b+1}{a+2b}$

③ $\dfrac{ab+2a+1}{ab+2}$ ④ $\dfrac{2ab+a+1}{ab+2}$

12 포물선 $y=x^2-2x+3$의 그래프를 x축의 방향으로 m만큼, y축의 방향으로 n만큼 평행이동하면 $y=x^2+4x+7$의 그래프와 일치한다. 이때, $m+n$의 값은?

① 2 ② 1

③ -1 ④ -2

13 급수 $\displaystyle\sum_{n=1}^{\infty} \frac{1}{(n+1)(n+2)}$의 값은?

① $\dfrac{1}{5}$ ② $\dfrac{1}{4}$

③ $\dfrac{1}{3}$ ④ $\dfrac{1}{2}$

14 $1+\dfrac{2}{2}+\dfrac{3}{2^2}+\dfrac{4}{2^3}+\cdots+\dfrac{10}{2^9}$의 값은?

① $4-3(\dfrac{1}{2})^{10}$ ② $4-3(\dfrac{1}{2})^{7}$

③ $3(\dfrac{1}{2})^{7}$ ④ $4+3(\dfrac{1}{2})^{7}$

15 등비수열 $\{(x-1)(x-2)^{n-1}\}$이 수렴하도록 하는 정수 x의 개수는?

① 1개 ② 2개
③ 3개 ④ 4개

16 $\lim_{x\to -1}\frac{x^3-2x^2-x+2}{x+1}$의 값은?

① 3 ② 4
③ 5 ④ 6

17 함수 $f(x)=\begin{cases} x^3+ax^2+bx & (x\ge 1) \\ 2x^2+1 & (x<1)\end{cases}$ 가 모든 실수 x에서 미분 가능하도록 상수 a, b를 정할 때, ab의 값은?

① −5 ② −3
③ −1 ④ 0

18 수직선 위를 움직이는 점 P 의 t초 후의 속도가 $v=4-2t$ 일 때, 점 P가 출발점을 다시 지날 때까지 실제 움직인 거리는?

① 4 ② 6
③ 8 ④ 10

19 두 사건 A, B 에 대하여 $\mathrm{P}(A \cup B)=\frac{2}{3}$, $\mathrm{P}(A|B)=\frac{1}{2}$, $\mathrm{P}(A)=\frac{1}{2}$ 일 때, $\mathrm{P}(A|B^c)$ 의 값은?

① $\frac{1}{6}$
② $\frac{1}{3}$
③ $\frac{5}{12}$
④ $\frac{1}{2}$

20 표준편차가 σ 인 모집단에서 n개의 표본을 임의추출하여 모평균을 추정할 때, 다음 중 모평균의 신뢰구간의 길이가 가장 긴 것은?

① $n=36$, $\sigma=4$
② $n=36$, $\sigma=9$
③ $n=81$, $\sigma=9$
④ $n=81$, $\sigma=12$

수학

실전 모의고사 18회

정답 및 해설 P.229

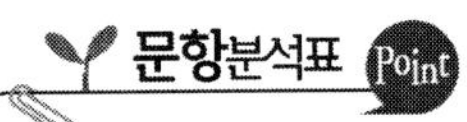

문항분석표 Point

내용 영역	문항 수	문항 번호(내용 요소)
수학 Ⅰ	4	3. 이차부등식 8. 대칭이동 9. 원 14. 이차부등식
수학 Ⅱ	10	1. 부분집합 2. 무리식 4. 무리수 5. 분수함수 6. 집합 7. 합성함수 10. 역함수 12. 등차수열 13. 로그 15. 등비수열
미적분 Ⅰ	4	11. 정적분 16. 함수의 극한 17. 미분계수 18. 정적분
확률과 통계	2	19. 이항정리 20. 정규분포

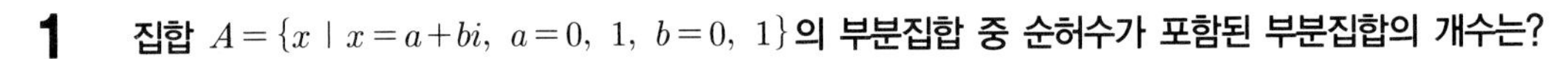

1 집합 $A=\{x \mid x=a+bi,\ a=0,\ 1,\ b=0,\ 1\}$의 부분집합 중 순허수가 포함된 부분집합의 개수는?

① 2　　② 4
③ 8　　④ 16

2 $\sqrt{x-1}\sqrt{y-2}=-\sqrt{(x-1)(y-2)}$, $\dfrac{\sqrt{x+1}}{\sqrt{y+1}}=-\sqrt{\dfrac{x+1}{y+1}}$ 을 만족할 때,

$|x-2|+\sqrt{(x+1)^2}-|y-3|+\sqrt{y^2}$ 을 간단히 하면? (단, $y\neq-1$)

① -1　　② 1
③ 0　　④ $2x+5$

3 이차부등식 $ax^2-3x+b>0$의 해가 $x<-2$ 또는 $x>3$일 때, 두 상수 a, b의 합 $a+b$의 값은?

① -16 ② -15
③ -14 ④ -13

4 $3+\sqrt{8}$의 소수 부분을 x라고 할 때, $\dfrac{x+2+\sqrt{x^2+4x}}{x+2-\sqrt{x^2+4x}}$의 값은?

① $3+2\sqrt{2}$ ② $3-2\sqrt{2}$
③ $\sqrt{2}+1$ ④ $\sqrt{2}-1$

5 분수함수 $y=\dfrac{-4x+5}{x+2}+3$의 점근선은 $x=a$, $y=b$일 때, $a+b$의 값을 구하면?

① 3 ② -3
③ 1 ④ -1

6 A학교에서 외국어 선택과목을 조사하였더니 독일어를 선택한 학생이 72명, 프랑스어를 선택한 학생이 64명이고, 독일어와 프랑스어 두 과목 모두를 선택한 학생이 30명이었다. 독일어 또는 프랑스어를 선택한 학생 수는?

① 106 ② 116
③ 126 ④ 136

7 두 함수 $f(x)=x+1$, $g(x)=x^2-2x+1$이 $(g \circ f)(2^x)=\frac{1}{4}$을 만족시킬 때, x의 값은?

① -2
② -1
③ 0
④ 1

8 $2y-x+3=0$에 대하여 점 $P(7,-3)$의 대칭점의 좌표는?

① $(3,\ 5)$
② $(-5,\ 1)$
③ $(4,\ 4)$
④ $(-3,\ 2)$

9 원 $x^2+y^2=5$ 위의 점 $(1,2)$에서의 접선의 방정식?

① $x+y=1$
② $x+2y=5$
③ $2x+y=5$
④ $3x+y=1$

10 다음 함수 중 역함수가 존재하지 않은 것은?

① $y=x$
② $y=|x|$
③ $y=x^2\ (x \geq 0)$
④ $y=x^3$

11 다음 중 그 값이 음수인 것은?

① $\cos 45°$
② $(-2)^{-2}$
③ $2^{\log_2 3}$
④ $\int_2^0 x^3 dx$

12 제5항이 10이고, 제15항이 -40인 등차수열 $\{a_n\}$의 첫째항부터 제n항까지의 합을 S_n라 한다. 이때, 수열 $\{S_n\}$의 항 중 최댓값을 갖는 항은 S_k이다. S_k의 값은?

① 105
② 106
③ 107
④ 108

13 $(\log_9 2+\log_3 4)(\log_2 3+\log_4 9)$를 간단히 하면?

① −1
② 2
③ 3
④ 5

14 임의의 실수 a에 대하여 $(t-a)(2t-a)+3\neq 0$을 만족하는 정수 t의 개수는?

① 5
② 6
③ 7
④ 8

15 $a_1=2$, $a_2=1$이고 $a_{n+1}{}^2=a_n a_{n+2}(n=1,\ 2,\ 3,\ \cdots)$을 만족하는 수열 $\{a_n\}$에 대하여 $\sum_{n=1}^{\infty} a_n$의 값은?

① 4
② 5
③ 6
④ 7

16 두 함수 $f(x)=x^2$, $y=g(x)$에 대하여 $y=g(x)$의 그래프가 다음과 같을 때, $\lim_{x\to 0} g(f(x))$의 값은?

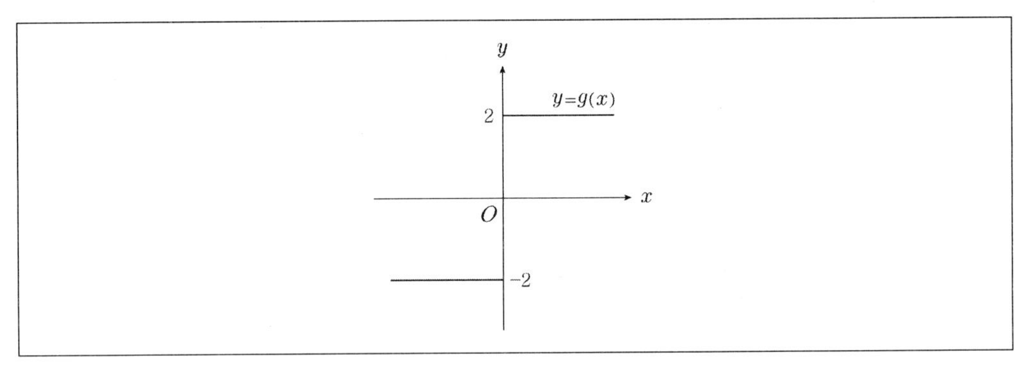

① −2
② −1
③ 0
④ 2

17 두 함수 $f(x)=x+x^3+x^5$, $g(x)=x^2+x^4+x^6$에 대하여 $\lim_{h\to 0}\dfrac{f(1+2h)-g(1-h)}{3h}$의 값은?

① 5
② 7
③ 8
④ 10

18 정적분을 이용하여 $\lim_{n\to\infty}\sum_{k=1}^{n}\left(1+\frac{2k}{n}\right)^3\cdot\frac{3}{n}$ 의 값은?

① 28　　② 32
③ 30　　④ 27

19 양수 a에 대하여 $(2x+a)^5$의 전개식에서 x^3의 계수가 320일 때, x^4의 계수는?

① 40　　② 80
③ 120　　④ 160

20 아마추어 골프 동호인들의 1일 연습시간은 정규분포 $\mathrm{N}(m,\ 0.5^2)$을 따른다고 한다. 아마추어 골프 동호인들의 1일 연습시간이 1이하일 확률이 0.1151일 때, 평균 m의 값을 아래 표준정규분포를 이용하여 구한 것은? (단, 연습시간의 단위는 시간이다.)

z	$P(0\le Z\le z)$
1.0	0.3413
1.1	0.3643
1.2	0.3849
1.3	0.4032

① 1.2　　② 1.4
③ 1.6　　④ 1.8

실전 모의고사 19회

정답 및 해설 P.234

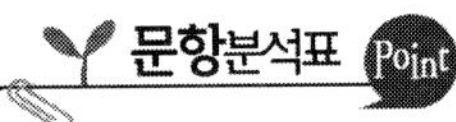

내용 영역	문항 수	문항 번호(내용 요소)
수학 Ⅰ	6	3. 일차부등식 4. 다항식 5. 원 6. 원 7. 부등식의 영역 8. 부등식의 영역의 활용
수학 Ⅱ	5	1. 명제 2. 충분조건 9. 항등함수 11. 로그 15. 수열
미적분 Ⅰ	5	12. 사이값 정리 13. 수열의 극한 16. 함수의 극한 17. 극값 18. 넓이
확률과 통계	4	10. 조합 14. 분할 19. 확률 20. 확률분포

1 다음 실수의 대소 관계 중 틀린 것은?

① $3 < \sqrt{5}+1$　② $\sqrt{2}+1 > \sqrt{8}$

③ $3\sqrt{3}-1 < 2\sqrt{3}+1$　④ $2\sqrt{2}+1 > 4-2\sqrt{2}$

2 $|x-3| < k$가 $x^2+10 < 7x$이기 위한 충분조건일 때, 양수 k의 값의 범위는?

① $0 < k \le 1$　② $0 < k \le 3$

③ $1 \le k < 2$　④ $2 < k < 3$

3 부등식 $a^2x - a \geq 16x - 3$의 해가 없을 때, 상수 a 의 값은?

① -3
② -2
③ 3
④ 4

4 $a+b=3$, $b+c=2$, $c+a=1$일 때, $(a+b+c)(bc+ca+ab)-abc$ 의 값은?

① 4
② 5
③ 6
④ 7

5 두 원 $x^2+y^2-2ax-2y+1=0$, $x^2+y^2-2x-2ay+1=0$이 접할 때 상수 a의 값은?

① $1\pm\sqrt{2}$
② -1
③ 0
④ $-1\pm\sqrt{2}$

6 두 정점 $A(-2,\ 0)$, $B(1,\ 3)$에서의 거리의 비가 $1:2$인 점 $P(x,\ y)$가 그리는 도형의 길이는?

① 16π
② $2\sqrt{2}\pi$
③ 9π
④ $4\sqrt{2}\pi$

7 직선 $4x+3y=k$가 영역 $S=(\mathrm{x},\ \mathrm{y})|\mathrm{x}^2+\mathrm{y}^2\le 4$와 만나지 않도록 상수 k의 값의 범위는?

① $k>5$
② $|k|<5$
③ $|k|>5$
④ $|k|>10$

8 아래 표는 갑, 을 두 종류의 약품 각각 $10g$에 대한 가격과 A, B 두 성분의 함량을 나타낸 것이다. A, B 성분이 최저 $1g$, $1.5g$ 필요로 할 때, 그 비용을 최소로 하려면 갑, 을 두 약품을 각각 몇 g 사용하면 되겠는가?

	A	B	가격
갑	$2g$	$1g$	20원
을	$1g$	$3g$	30원

① 갑 : $2g$ 을 : $4g$
② 갑 : $4g$ 을 : $2g$
③ 갑 : $3g$ 을 : $4g$
④ 갑 : $4g$ 을 : $3g$

9 공집합이 아닌 실수들의 집합 X를 정의역으로 하는 함수 $f(x)=x^3-2x^2-2x$가 항등함수가 되도록 하는 집합 X의 개수는?

① 5
② 6
③ 7
④ 8

10 ${}_{2}C_{0}+{}_{3}C_{1}+{}_{4}C_{2}+{}_{5}C_{3}+\cdots+{}_{10}C_{8}$의 값은?

① 135
② 145
③ 155
④ 165

11 다음 보기의 로그의 성질 중 옳은 것을 모두 고른 것은? (단, $a>0$, $a\neq1$, $b>0$, $b\neq1$, $M>0$, $N>0$)

〈보기〉

㉠ $\log_a 1=0$

㉡ $\log_a M+\log_a N=\log_a(M+N)$

㉢ $(\log_a M)^p=p\log_a M$ (단, p는 실수)

㉣ $\log_a M=\dfrac{\log_b M}{\log_b a}$

㉤ $\log_a b=\dfrac{1}{\log_b a}$

① ㉠, ㉡, ㉢
② ㉠, ㉢, ㉤
③ ㉠, ㉣, ㉤
④ ㉡, ㉢, ㉤

12 다항함수 $f(x)$에 대하여, $f(1)=a+3$, $f(5)=2a-7$이다. 방정식 $f(x)=0$이 중근이 아닌 오직 하나의 실근을 가질 때, 그 실근이 열린구간 $(1,\ 5)$에 있도록 하는 정수 a의 최댓값을 M, 최솟값을 m라 할 때, $M-m$의 값은?

① 5
② 6
③ 7
④ 8

13 $\lim_{n\to\infty}\dfrac{1}{\sqrt{n^2+2n+3}-n+1}$ 의 값은?

① $\dfrac{1}{2}$ ② 1

③ $\dfrac{3}{2}$ ④ 2

14 자연수 n을 k개의 자연수로 분할하는 방법의 수를 기호로 $P(n, k)$로 나타낸다.
이때, $P(15, 5)=P(n, 1)+P(n, 2)+\cdots+P(n, k)$로 나타낼 수 있을 때, $n+k$의 값은?

① 15 ② 14

③ 13 ④ 12

15 $a_n=\log_3(1+\dfrac{1}{n})(n=1, 2, 3, \cdots)$으로 정의되는 수열 $\{a_n\}$에서 $\sum_{k=1}^{n}a_k=3$을 만족하는 n의 값은?

① 24 ② 25

③ 26 ④ 27

16 다항함수 $f(x)$가 $\lim_{x\to\infty}\dfrac{f(x)}{x^3}=0$, $\lim_{x\to0}\dfrac{f(x)}{x}=5$를 만족시킨다. 방정식 $f(x)=x$의 한 근이 -2일 때, $f(1)$의 값은?

① 6 ② 7

③ 8 ④ 9

17 함수 $f(x)=\frac{1}{3}ax^3-(b-1)x^2-(a-2)x-1$이 극값을 갖지 않을 때, 좌표평면에서 점 (a, b)가 나타내는 영역의 넓이는?

① π ② 2π
③ 3π ④ 4π

18 두 도형 $y=x^2-4x+5$ 와 $y=-x^2+6x-3$ 으로 둘러싸인 도형의 넓이는?

① 8 ② 4
③ 6 ④ 9

19 두 사건 A, B에 대하여 $\mathrm{P(A)}=\frac{1}{2}$, $\mathrm{P(B^C)}=\frac{2}{3}$ 이며 $\mathrm{P(B|A)}=\frac{1}{6}$ 일 때, $\mathrm{P(A^C|B)}$의 값은? (단, A^C은 A의 여사건이다.)

① $\frac{1}{2}$ ② $\frac{7}{12}$
③ $\frac{2}{3}$ ④ $\frac{3}{4}$

20 표는 확률변수 X의 확률분포를 나타낸 것이다.

X	0	1	2	3	합계
$\mathrm{P}(X=x)$	$\frac{2}{5}$	$20a^2$	$10a^2$	$3a$	1

확률변수 X의 평균을 $\frac{q}{p}$ 라 할 때, $p+q$ 의 값은? (단, p, q는 서로소인 자연수이다.)

① 21 ② 22
③ 23 ④ 24

수학

실전 모의고사 20회

정답 및 해설 P.239

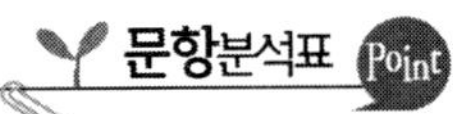

문항분석표 Point

내용 영역	문항 수	문항 번호(내용 요소)
수학 Ⅰ	7	2. 다항식 3. 복소수 4. 삼차방정식 5. 내분과 외분 6. 거리 7. 부등식의 영역 9. 평면도형
수학 Ⅱ	6	1. 집합 8. 함수 10. 역함수 11. 로그 14. 합의 기호 15. 군수열(이진법)
미적분 Ⅰ	5	12. 등비급수(순환소수) 13. 함수의 연속 16. 함수의 극한 17. 접선 18. 정적분
확률과 통계	2	19. 확률 20. 정규분포

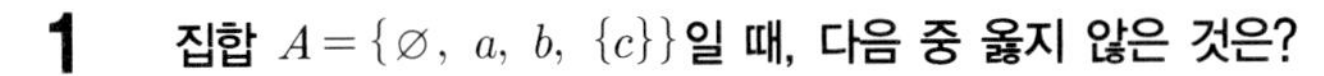

1 집합 $A=\{\varnothing,\ a,\ b,\ \{c\}\}$일 때, 다음 중 옳지 않은 것은?

① $\varnothing \in A$　　② $\{a,\ b\} \subset A$

③ $\{\varnothing,\ \{b\}\} \subset A$　　④ $\{a,\ b,\ \{c\}\} \subset A$

2 $\frac{1}{ab}+\frac{1}{bc}+\frac{1}{ca}=0$, $abc\neq0$일 때, $\frac{a^2+1}{bc}+\frac{b^2+1}{ca}+\frac{c^2+1}{ab}$의 값은?

① −3　　② −1

③ 0　　④ 3

3 등식 $\dfrac{-4+3i}{a+bi}=2+i$를 만족하는 실수 a, b에 대하여 $a+b$의 값은?

① −1
② 0
③ 1
④ 2

4 방정식 $x^3=1$의 한 허근을 w라고 할 때, 다음 중 옳지 않은 것은?

① $w^2+w+1=0$
② $(1+w)(1+w^2)=1$
③ $w^5+w^3+w+1=2$
④ $w^{2005}+w^{2003}=-1$

5 두 점 $A(-1,\ 1)$, $B(2,\ 1)$을 잇는 선분을 $2:1$로 내분하는 점과, $2:3$으로 외분하는 점과 원점으로 이루워지는 삼각의 넓이는?

① 2
② 4
③ 6
④ 8

6 두 점 $A(3,\ 2)$, $B(6,\ 4)$가 있다. 점 P가 x축 위를 움직일 때, $\overline{AP}+\overline{BP}$의 최솟값을 구하라.

① $3\sqrt{5}$
② 6
③ 8
④ $4\sqrt{5}$

7 연립부등식 $\begin{cases} x^2+y^2-2x-4y-4 \leqq 0 \\ y > x+1 \end{cases}$ 이 나타내는 영역의 넓이는?

① 7π

② $\dfrac{7}{2}\pi$

③ 9π

④ $\dfrac{9}{2}\pi$

8 다음 보기 중에서 함수의 그래프가 아닌 것은?

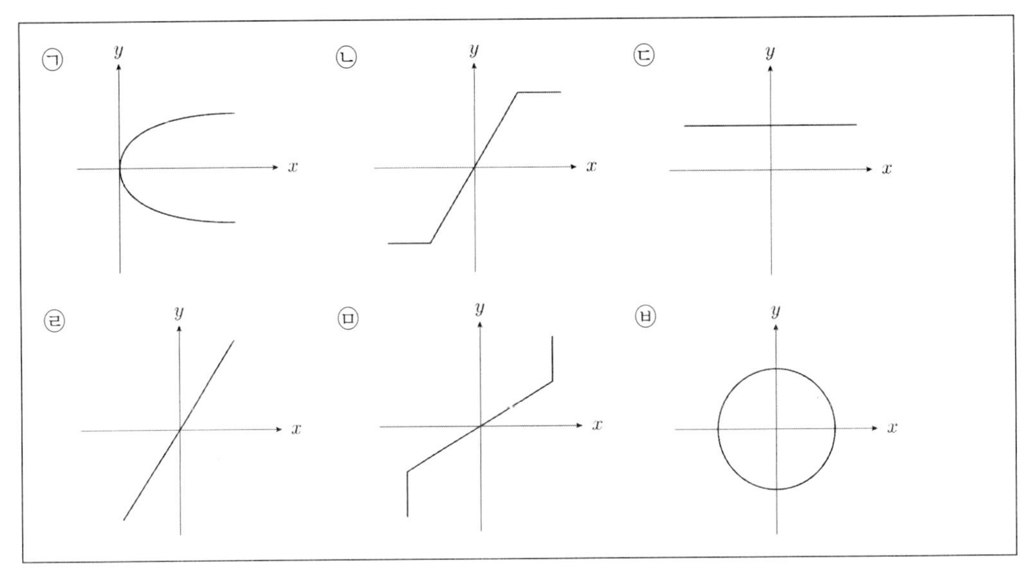

① ㉠, ㉤ ㉥

② ㉠, ㉡, ㉢

③ ㉡, ㉤, ㉥

④ ㉠, ㉡, ㉥

9 길이가 $30cm$ 이고 회전각이 직각인 자동차 유리창 닦이가 닦는 유리창의 넓이는? (단, 유리창은 평면이다.)

① $125\pi cm^2$

② $225\pi cm^2$

③ $325\pi cm^2$

④ $425\pi cm^2$

10 집합 $A=\{1,2,3,4\}$ 에서 A 로의 함수 중 역함수가 존재하는 함수의 개수는?

① 12
② 16
③ 18
④ 24

11 $\log_2 3 \log_3 5 \log_5 7 = x$를 만족할 때, $2^x + 2^{-x}$의 값은?

① $\frac{48}{7}$
② 7
③ $\frac{50}{7}$
④ $\frac{52}{7}$

12 순환소수의 합 $0.\dot{4}+0.2\dot{8}$을 분수로 나타내면 $\frac{b}{a}$(단, a, b는 서로소인 양의 정수)이다. 이때, $a+b$의 값은?

① 25
② 26
③ 27
④ 28

13 $f(x)=\begin{cases} \dfrac{\sqrt{x+3}+a}{x-1} & (x \neq 1) \\ b & (x=1) \end{cases}$로 정의된 함수 $f(x)$가 $x=1$에서 연속이다.이때, 두 실수 a, b의 합 $a+b$의 값은?

① -2
② $-\frac{7}{4}$
③ $\frac{7}{4}$
④ 2

14 $\sum_{k=n}^{2n}(2k+5)$의 값이 13의 배수가 되도록 자연수 n의 값을 정할 때, n의 값을 작은 것부터 크기 순으로 나열하면 $n_1,\ n_2,\ n_{3,}\cdots$이다. 이 때, n_1+n_2의 값은?

① 19　② 21
③ 23　④ 25

15 1이 두 번만 나타나는 이진법의 수를 작은 수부터 차례로 배열하여 얻은 수열 $11_{(2)},\ 101_{(2)},\ 110_{(2)},\ 1001_{(2)},\ 1010_{(2)},\ 1100_{(2)},\ 10001_{(2)},\ 10010_{(2)},\ \cdots$의 제 56항과 같은 수는?

① 2^9+1　② $2^{10}+2^9$
③ $2^{11}+1$　④ $2^{11}+2^{10}$

16 $\lim_{x\to 2}\frac{\sqrt{x+7}-3}{x-2}$의 값은?

① 1　② $\frac{1}{2}$
③ $\frac{1}{3}$　④ $\frac{1}{6}$

17 곡선 $y=x^3+2$ 위의 점 $\mathrm{P}(a,\ -6)$에서의 접선의 방정식을 $y=mx+n$이라 할 때, 세 수 $a,\ m,\ n$의 합은?

① 23　② 25
③ 28　④ 30

18 함수 $f(x)=x^2-2x$ 에 대하여 $\int_2^5 f(x)dx-\int_3^5 f(x)\,dx+\int_1^2 f(x)\,dx$ 의 값은?

① 2
② $\frac{4}{3}$
③ $\frac{1}{2}$
④ $\frac{2}{3}$

19 어느 산악회 전체 회원의 60%가 남성이다. 이 산악회에서 남성의 50%가 기혼이고 여성의 40%가 기혼이다. 이 산악회의 회원 중에서 임의로 뽑은 한 명이 기혼일 때, 이 회원이 여성일 확률은?

① $\frac{6}{23}$
② $\frac{8}{23}$
③ $\frac{10}{23}$
④ $\frac{12}{23}$

20 어느 음료 회사에서 생산되는 캔 음료 한 개의 용량의 평균은 355ml, 표준편차는 5ml인 정규분포를 따른다고 한다. 이 회사에서 생산된 캔 음료 중에서 임의로 100개를 추출할 때, 표본평균이 354ml 이상이고, 355.5ml 이하일 확률을 다음 표준정규분포표를 이용하여 구한 것은?

z	$P(0\le Z\le z)$
0.5	0.1915
1.0	0.3413
1.5	0.4332
2.0	0.4772

① 0.5328
② 0.7745
③ 0.8185
④ 0.8664

정답 및 해설

수학

9급 국가직 · 지방직 공무원시험대비
실전 모의고사

정답 및 해설

실전 모의고사 1회

Answer

1	2	3	4	5	6	7	8	9	10	11	12	13	14	15	16	17	18	19	20
④	②	④	③	②	①	②	③	②	③	③	③	①	③	②	②	③	②	①	④

1 $\{1\}$은 집합 A의 원소가 아니라 부분집합이다.

$\Rightarrow \{1\} \subset A$

2 $a<0$, $b<0$일 때,

$|a+b|>a+b$가 성립하지만 $ab>0$이므로

"$|a+b|>a+b$이면 $ab<0$이다"는 명제는 거짓이다.

3 $(x-1)(x+2)(x-3)(x+4)+24=(x^2+x-2)(x^2+x-12)+24$

$x^2+x=t$로 치환하면

$$(t-2)(t-12)+24=t^2-14t+48=(t-6)(t-8)$$
$$=(x^2+x-6)(x^2+x-8)$$
$$=(x+3)(x-2)(x^2+x-8)$$

4 $x=\dfrac{-1+\sqrt{3}i}{2}$에서 $(2x+1)^2=\sqrt{3}i$

각 변을 제곱하여 정리하면 $x^2+x+1=0$

각 변에 $x-1$을 곱하여 정리하면 $x^3=1$

따라서 $x^{100}+x^3+x^2+1=(x^3)^{33}x+x^3+x^2+1=x^2+x+1+1=1$

5 $x^2+4x-5=0$

$\Rightarrow (x+5)(x-1)=0$

$\Rightarrow x=-5,\ 1$

$\alpha=-5$, $\beta=1$이라 하면

$\dfrac{\beta}{\alpha-2}+\dfrac{\alpha}{\beta-2}=\dfrac{34}{7}$

6 직선의 방정식 표준형 $y=ax+b$에서
기울기 $a=-2$, y절편 $b=1$이므로
구하는 식은 $y=-2x+1$이다.

7 $\begin{cases} x+y=3 \text{-----}㉠ \\ y+z=5 \text{-----}㉡ \\ z+x=6 \text{-----}㉢ \end{cases}$에서 (㉠+㉡+㉢)÷2하면 $x+y+z=7$-----㉣
㉣−㉡에서 $x=2$, ㉣−㉢에서 $y=1$, ㉣−㉠에서 $z=4$
즉 $\alpha=2, \beta=1, \gamma=4$
따라서 $10\alpha+5\beta+\gamma=29$

8 y축 위의 점을 R(0, a)라 하면
$1^2+(2-a)^2=3^2+(4-a)^2$
$\Rightarrow a=5$
$\therefore$ R(0, 5)

9 아래 그림에서 원의 중심이 $C(3,4)$이므로 $\overline{OC}=5$, 반지름의 길이가 2이므로
직각삼각형 COT에서 $\overline{OT}=\sqrt{5^2-2^2}=\sqrt{21}$

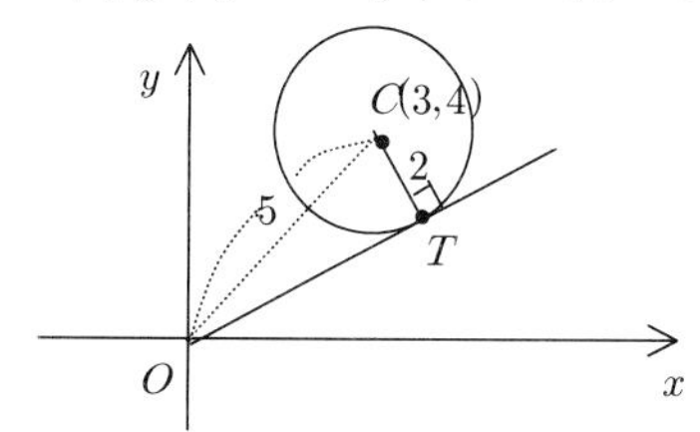

10 집합 A의 원소의 개수가 4개, 집합 B의 원소의 개수가 3개이므로
함수 f: A→B의 개수는 $3^4=81$(개)이다.
※ **함수의 정의** … 집합 A의 각 원소에 집합 B의 원소가 오직 하나만 대응할 때, 이 대응을 A에서 B로의 함수라고 하고, 기호로 f: A→B와 같이 나타낸다.

11 $(f\circ g)(x)=f\{g(x)\}=2(-x+k)-3=-2x+(2k-3)$
$(g\circ f)(x)=g\{f(x)\}=-(2x-3)+k=-2x+(k+3)$
그런데 $f\circ g=g\circ f$이므로 $2k-3=k+3$ $\therefore k=6 \Rightarrow g(x)=-x+6$
여기서 $g^{-1}(3)=x$라 하면 $g(x)=-x+6=3$ $\therefore x=3$
따라서 $g^{-1}(3)=x=3$

12 $f(x)=\frac{x-2}{x+2}=\frac{-4}{x+2}+1$이므로 $x=-1$일 때 최솟값 -3, $x=2$일 때 최댓값 0을 갖는다. 즉 $m=-3$, $M=0$

따라서 $M-m=3$

13 $3\log_5\sqrt[3]{2}=\log_5 2$, $\log_5\sqrt[4]{(-10)^2}=\frac{1}{2}\log_5 10$, $\frac{\log_3 8}{2\log_3 5}=\frac{3}{2}\log_5 2$이므로

$3\log_5\sqrt[3]{2}+\log_5\sqrt[4]{(-10)^2}-\frac{\log_3 8}{2\log_3 5}=\log_5 2+\frac{1}{2}\log_5 10-\frac{3}{2}\log_5 2$

$=\frac{1}{2}(\log_5 10-\log_5 2)=\frac{1}{2}\log_5 5=\frac{1}{2}$

14 전체 확률에서 모두 홀수의 눈이 나올 확률과 짝수의 눈이 한 번 나올 확률을 뺀다.

짝수의 눈이 나올 확률 : $\frac{1}{2}$

모두 홀수의 눈이 나올 확률 : $\left(\frac{1}{2}\right)^6=\frac{1}{64}$

짝수의 눈이 한 번 나올 확률 : ${}_6C_1\left(\frac{1}{2}\right)^5\left(\frac{1}{2}\right)^1=\frac{6}{64}$

따라서 구하는 확률은 $1-\left(\frac{1}{64}+\frac{6}{64}\right)=\frac{57}{64}$

15 $a_n=2n-3$에서 $a_{20}=37$이므로

$\therefore S_{20}=\frac{20(-1+37)}{2}=360$

16 초항이 1, 공비가 $-\frac{1}{2}$인 급수이므로

$\therefore S=\frac{1}{1-\left(-\frac{1}{2}\right)}=\frac{2}{3}$

17 전사건 $n(S)=4\times4=16$(가지)

2장을 뽑아 만들 수 있는 두 자리 정수 중 3의 배수일 사건 $n(A)=5$(가지)

$\therefore \mathrm{P}(A)=\frac{5}{16}$

18 접점을 $(a,\ a^3+3)$, $x=a$에서의 기울기는 $3a^2$

접선의 방정식은 $y=3a^2x-2a^3+3$이고

점 (0, 1)을 지나므로

$1=-2a^3+1 \Rightarrow a=1$

따라서 접점은 (1, 4)이고, 법선의 기울기는 $-\frac{1}{3}$이다.

그러므로 법선의 방정식은 $y-4=-\frac{1}{3}(x-1)$

$\therefore x+3y-13=0$

19 다항식 $f(x)$가 $(x-1)^2$으로 나누어떨어지면

$f(x)=(x-1)^2q(x)$

$f'(x)=2(x-1)q(x)+(x-1)^2q(x)$

$f(1)=0,\ f'(1)=0$

$f(x)=x^2-ax+\int_1^x g(t)dt$에서 $f'(x)=2x-a+g(x)$

각각 $x=1$을 대입하면

$0=1-a+0$

$0=2-a+g(1)$

$a=1,\ g(1)=-1$

나머지 정리에 의하여 $g(x)$를 $x-1$로 나눈 나머지는 $g(1)=-1$이다.

20 신뢰구간의 길이 $2\cdot\frac{k\sigma}{\sqrt{n}}$ (신뢰도 95% → $k=1.96$, 신뢰도 99% → $k=2.58$)

$\frac{2k\cdot 1}{\sqrt{4}}=2$에서 $k=2$이고 $\frac{2\cdot 2\cdot 1}{\sqrt{n}}=0.5$

$\therefore n=64$

정답 및 해설

실전 모의고사 2회

Answer

1	2	3	4	5	6	7	8	9	10	11	12	13	14	15	16	17	18	19	20
④	①	②	②	③	②	②	②	①	③	②	④	②	②	④	④	③	①	③	④

1 해가 $x<-1$ 또는 $x>4$이고 이차항의 계수가 1인 이차부등식은

$(x+1)(x-4)>0 \Rightarrow x^2-3x-4>0$

양변에 -1을 곱하면 $-x^2+3x+4<0$

$\therefore a=-1$

2 $\{(A\cap B)\cup(B-A)\}\cup A$

$=\{(A\cap B)\cup(B\cap A^c)\}\cup A$

$=\{B\cap(A\cup A^c)\}\cup A$

$=\{B\cap U\}\cup A$

$=B\cup A$

$=A$

$\therefore B\subset A$이고 $A\cap B=B$이다.

3 $A\cup X=A$이므로 $X\subset A$ ⋯ ㉠

$(A\cap B)\cup X=X$이므로 $(A\cap B)\subset X$ ⋯ ㉡

㉠, ㉡에서 $(A\cap B)\subset X\subset A$이고, $A\cap B=\{3,\ 5,\ 7\}$이므로

집합 X는 3, 5, 7을 반드시 원소로 갖는 집합 A의 부분집합이다.

따라서 그 개수는 $2^{5-3}=2^2=4$(개)이다.

4 점 $P(7,\ -3)$의 직선 $2y-x+3=0$에 대한 대칭점의 좌표를 $P'(a,\ b)$라 하면

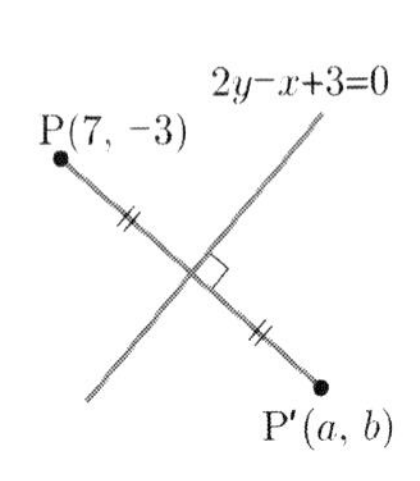

선분 PP′은 직선 $2y-x+3=0$과 수직이므로 $\dfrac{b+3}{a-7}\cdot\dfrac{1}{2}=-1$ ⋯ ㉠

또, $\overline{PP'}$의 중점 $\left(\dfrac{a+7}{2},\ \dfrac{b-3}{2}\right)$이 직선 $2y-x+3=0$ 위에 있으므로

$2\cdot\dfrac{b-3}{2}-\dfrac{a+7}{2}+3=0$ ⋯ ㉡

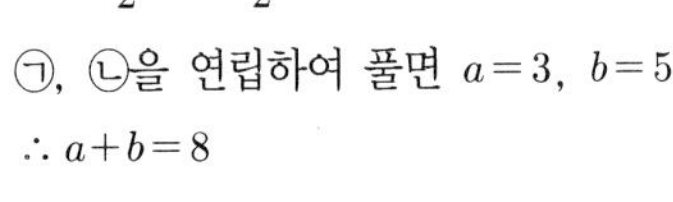

㉠, ㉡을 연립하여 풀면 $a=3,\ b=5$

$\therefore a+b=8$

5 $3x+4y-2=0$을 x축 방향으로 4만큼 평행이동하면

$3(x-4)+4y-2=0$

$\Rightarrow 3x-12+4y-2=0$

$\Rightarrow 3x+4y-14=0$

$\Rightarrow 3x+4(y-3)-2=0$

따라서 y축 방향으로 3만큼 평행이동한 것과 같다.

6 $f\circ f$가 항등함수 $\Leftrightarrow$ $(f\circ f)(x)=x$

$f(f(x))=x$

$a(ax+b)+b=x$

$a^2x+ab+b=x$

$a^2=1$, $ab+b=0$

$a=1$, $b=0$

$\therefore a+b=1$

7 원 $(x-2)^2+(y-3)^2=10$ 위의 점 (5, 4)에서의 접선의 방정식은

$(5-2)(x-2)+(4-3)(y-3)=10$

$3(x-2)+y-3=10$

$3x+y=19$

$\therefore a+c=3+19=22$

8 $f(40)=f(f(40+10))=f(f(50))$

$f(f(50))=f(50-3)=f(47)$

$f(47)=f(f(47+10))=f(f(57))$

$f(f(57))=f(57-3)=f(54)$

$f(54)=54-3=51$

9 $f(x)=ax+b$이므로 $f(x^2)=ax^2+b$

$f(x^2)$을 $f(x)$로 나눈 몫을 $Q(x)$라 하면

$ax^2+b=(ax+b)Q(x)$

$ab\neq 0$이므로 $x=-\frac{b}{a}$를 대입하면 $a\left(-\frac{b}{a}\right)^2+b=0$

$\therefore a+b=0$

역으로 $a+b=0$이면

$f(x^2)=ax^2-a=a(x-1)(x+1)=(x+1)(ax+b)=(x+1)f(x)$

따라서 $f(x^2)$은 $f(x)$로 나누어떨어진다.

즉, 구하는 필요충분조건은 $a+b=0$이다.

10 내분점 : $P\left(\frac{3\times3+2\times(-2)}{3+2},\ \frac{3\times6+2\times1}{3+2}\right)=P(1,\ 4)$

외분점 : $Q\left(\frac{1\times3-2\times(-2)}{1-2},\ \frac{1\times6-2\times1}{1-2}\right)=Q(-7,\ -4)$

따라서 선분 PQ의 중점의 좌표는

$\left(\frac{1+(-7)}{2},\ \frac{4+(-4)}{2}\right)=(-3,\ 0)$

11 원의 반지름을 r라 하면 중심의 좌표는 $(r,\ r)$이 된다.

$(x-r)^2+(y-r)^2=r^2$이 (3, 3)을 지나므로

$(3-r)^2+(3-r)^2=r^2$

$r^2+2r+18=0$의 두 근을 α, β라 하면

$\alpha+\beta=12,\ \alpha\beta=18$

두 원의 중심이 $(\alpha,\ \alpha)$, $(\beta,\ \beta)$이므로

$\therefore\ \sqrt{(\alpha-\beta)^2+(\alpha-\beta)^2}=\sqrt{2\{(\alpha-\beta)^2-4\alpha\beta\}}=\sqrt{2(12^2-4\times18)}=12$

12 $4x^2+7x+k=0$의 두 근이 n과 α이므로 $n+\alpha=-\frac{7}{4}=-2+\frac{1}{4}$

$\therefore n=-2,\ \alpha=\frac{1}{4}$ 따라서 $n\alpha=\frac{k}{4}=(-2)\times\frac{1}{4}=-\frac{1}{2}$, 즉 $k=-2$

13 $\log700=\log(7\times10^2)=2+\log7$

$\log700$의 정수부분은 2이고 소수부분은 $\log7$이다.

$\Rightarrow\alpha=\log7$

$\therefore\ 100^{\alpha}=100^{\log7}=(10^2)^{\log7}=10^{2\log7}=10^{\log7^2}=10^{\log49}=49^{\log10}=49$

14 $\begin{cases}ax-4y=0 \text{------} ㉠\\(1-a)x+ay=0 \text{---} ㉡\end{cases}$에서 ㉠$\times a+$㉡$\times4$하면 $(a^2-4a+4)x=0$

(i) $a\neq2$이면 $x=y=0$

(ii) $a=2$이면 $0\times x=0$이므로 근이 무수히 많다.

따라서 $x=0,\ y=0$ 이외의 해를 가질 때 $a=2$

15 $a_1=3,\ a_{n+1}-2a_n-1=0(n=1,2,3,\cdots)$에서 $a_{n+1}+1=2(a_n+1)$

$\therefore\{a_n+1\}$은 첫째항 $a_1+1=4$, 공비 2인 등비수열이다.

$\therefore a_n+1=4\times2^{n-1}$, 즉 $a_n=4\times2^{n-1}-1$

따라서 $\sum_{k=1}^{5}a_k=\sum_{k=1}^{5}(4\times2^{k-1}-1)=\frac{4(2^5-1)}{2-1}-5=119$

16 $\sqrt{n^2+6n+4}-n=\frac{(\sqrt{n^2+6n+4}-n)(\sqrt{n^2+6n+4}+n)}{\sqrt{n^2+6n+4}+n}$

$=\frac{(n^2+6n+4)-n^2}{\sqrt{n^2+6n+4}+n}$

$\therefore \lim_{n\to\infty}(\sqrt{n^2+6n+4}-n)=\lim_{n\to\infty}\frac{6n+4}{\sqrt{n^2+6n+4}+n}$

$=\lim_{n\to\infty}\frac{6+\frac{4}{n}}{\sqrt{1+\frac{6}{n}+\frac{4}{n^2}}+1}$

$=\frac{6+0}{\sqrt{1}+1}=\frac{6}{2}=3$

17 $y=f'(x)$의 그래프로부터 $f(x)$의 증감표를 만들면 다음과 같다.

x	$\cdots$	0	$\cdots$	2	$\cdots$
$f'(x)$	$-$	0	$+$	0	$-$
$f(x)$	↘	극소	↗	극대	↘

즉, $x=0$에서 극소, $x=2$에서 극대이므로 $y=f(x)$의 그래프는 다음 그림과 같다.

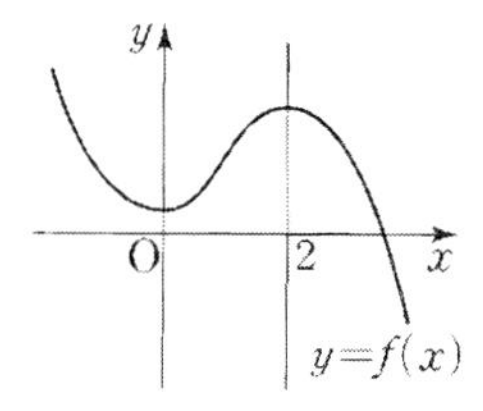

① $f(x)$는 구간 $(-1,\ 0)$에서 $f'(x)<0$이므로 감소한다. ⇒ 거짓

② $f(x)$는 구간 $(1,\ 2)$에서 $f'(x)>0$이므로 증가한다. ⇒ 거짓

③ $f(x)$는 $x=0$에서 극소이다. ⇒ 참

④ $f(x)$는 $x=1$에서 증가상태에 있으므로 극대도 아니고 극소도 아니다. ⇒ 거짓

18 $\lim_{n\to\infty}\frac{2}{n^4}\{(n+2)^3+(n+4)^3+\cdots+(3n)^3\}=\lim_{n\to\infty}\frac{2}{n^4}\{(n+2)^3+(n+4)^3+\cdots+(n+2n)^3\}$

$=\lim_{n\to\infty}\frac{2}{n^4}\sum_{k=1}^{n}(n+2k)^3=\lim_{n\to\infty}\sum_{k=1}^{n}\frac{(n+2k)^3}{n^3}\cdot\frac{2}{n}$

$=\lim_{n\to\infty}\sum_{k=1}^{n}\left(\frac{n+2k}{n}\right)^3\cdot\frac{2}{n}=\lim_{n\to\infty}\sum_{k=1}^{n}\left(1+\frac{2}{n}k\right)^3\cdot\frac{2}{n}$

$=\int_1^3 x^3dx=\left[\frac{1}{4}x^4\right]_1^3$

$=\frac{81}{4}-\frac{1}{4}=20$

19 정사면체를 두 번 던질 때 생기는 모든 경우의 수는 $4\times4=16$(가지)

(ⅰ) $x+2y=6$을 만족시키는 순서쌍 $(x,\ y)$는 $(0,\ 3)$, $(2,\ 2)$의 2가지이므로

$x+2y=6$일 확률은 $\frac{2}{16}$

(ⅱ) $x+y>4$를 만족시키는 순서쌍 $(x,\ y)$는 $(2,\ 3)$, $(3,\ 2)$, $(3,\ 3)$의 3가지이므로

$x+y>4$일 확률은 $\frac{3}{16}$

(ⅰ), (ⅱ)에 의해 구하는 확률은 $\frac{2}{16}+\frac{3}{16}=\frac{5}{16}$

20 $\mathrm{B}\left(50,\ \frac{1}{10}\right)$

$\mathrm{E}(\mathrm{X})=50\times\frac{1}{10}=5$

$\mathrm{V}(\mathrm{X})=50\times\frac{1}{10}\times\frac{9}{10}=\frac{9}{2}$

정답 및 해설

실전 모의고사 3회

Answer

1	2	3	4	5	6	7	8	9	10	11	12	13	14	15	16	17	18	19	20
④	①	③	②	③	④	①	③	④	④	③	②	②	①	④	①	④	③	③	①

1 '$x \le -2$ 또는 $1 < x \le 3$' ⇔ '$x \le -2$ 또는 ($1 < x$이고 $x \le 3$)'

이것의 부정은

'$x > -2$이고 ($1 \ge x$ 또는 $x > 3$)'

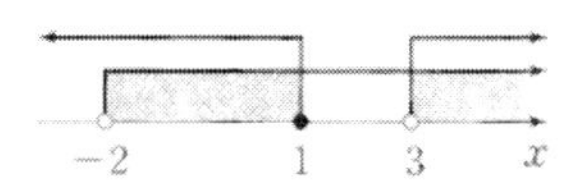

$\therefore -2 < x \le 1$ 또는 $x > 3$

2 (ⅰ) x가 유리수이면 $2-x$도 유리수이므로

$f(x) = 2-x$

$f(2-x) = 2-(2-x) = x$

$\therefore f(x)+f(2-x) = 2$

(ⅱ) x가 무리수이면 $2-x$도 무리수이므로

$f(x) = x$

$f(2-x) = 2-x$

$\therefore f(x)+f(2-x) = 2$

(ⅰ), (ⅱ)에서 $f(x)+f(2-x) = 2$

3 아래 그림에서

(ⅰ) $n=1$일 때, $y=x-[x]$와 $y=x$의 그래프의 교점이 무수히 많으므로 방정식의 근도 무수히 많다.

(ⅱ) $n=2$일 때, $y=x-[x]$와 $y=\frac{x}{2}$의 그래프의 교점이 $x=0$ 1개이므로 방정식의 근은 1개이다.

(ⅲ) n이 3이상의 자연수일 때, $y=x-[x]$와 $y=\frac{x}{n}$의 그래프의 교점은 $x=0$과 $1<x<2$, $\cdots$, $n-2<x<n-1$에 각각 1개씩 존재하므로 방정식의 근은 $n-1$개이다.

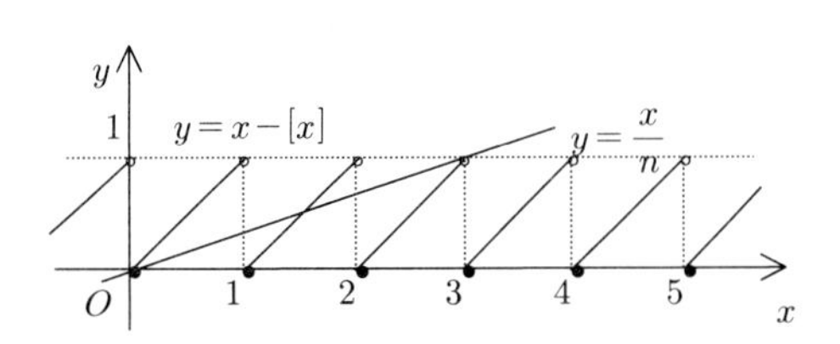

따라서 100개의 근이 존재하도록 하는 n은 $n=101$

4 3개의 공 가운데 흰 공이 1개, 빨간 공이 2개인 사건을 A,
3개 모두 빨간 공인 사건을 B라 하면

$$\mathrm{P(A)}=\frac{{}_5\mathrm{C}_1\times{}_3\mathrm{C}_2}{{}_8\mathrm{C}_3}=\frac{15}{56}$$

$$\mathrm{P(B)}=\frac{{}_3\mathrm{C}_3}{{}_8\mathrm{C}_3}=\frac{1}{56}$$

그런데 두 사건 A, B는 서로 배반사건이므로

$$\therefore \mathrm{P(A\cup B)=P(A)+P(B)}=\frac{15}{56}+\frac{1}{56}=\frac{16}{56}=\frac{2}{7}$$

5 복소수가 서로 같을 조건에 의하여

$x-2=1,\ y+1=2$

$x=3,\ y=1$

$\therefore x+y=3+1=4$

6 $y=\frac{-3x+1}{x-1}=\frac{-3(x-1)-2}{x-1}=-\frac{2}{x-1}-3$

점근선의 방정식은 $x=1,\ y=-3$이다.
따라서 정의역은 $\{x|x\neq1$인 실수$\}$이고,
치역은 $\{y|y\neq-3$인 실수$\}$이다.

$a=1,\ b=-3$

$\therefore a+b=-2$

7

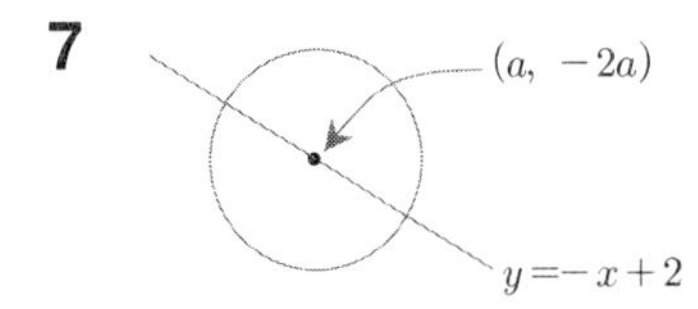

위의 그림과 같이 직선 $y=-x+2$가 원 $(x-a)^2+(y+2a)^2=4$의 중심 $(a,\ -2a)$를 지나면
주어진 원은 직선에 의하여 이등분되므로 $-2a=-a+2$

$\therefore a=-2$

8 $\log 3^{100}=100\log 3=47.71$이므로 3^{100}은 48자리 정수, 즉 $n=48$이다.

또, $0.6990=1-\log 2=\log 5<0.71<\log 6=\log 2+\log 3=0.7781$이므로 최고 자리의 수는 5, 즉 $a=5$이다.

따라서 $a+n=5+48=53$

9 $\lim_{x\to 1}\frac{x^n+ax-3}{x-1}=10$에서 $\lim_{x\to 1}(x-1)=0$이므로 $\lim_{x\to 1}(x^n+ax-3)=a-2=0$

$\therefore\ a=2$

여기서 $f(x)=x^n+2x$라 하면 $f(1)=3$, $f'(x)=nx^{n-1}+2$이므로

$$\lim_{x\to 1}\frac{x^n+ax-3}{x-1}=\lim_{x\to 1}\frac{x^n+2x-3}{x-1}=\lim_{x\to 1}\frac{f(x)-f(1)}{x-1}=f'(1)=n+2=10$$

따라서 $a=2,\ n=8 \Rightarrow a+n=2+8=10$

10 $$\left\{\left(\frac{4}{9}\right)^{-\frac{2}{3}}\right\}^{\frac{9}{4}}=\left\{\left(\frac{2}{3}\right)^2\right\}^{-\frac{2}{3}\times\frac{9}{4}}=\left\{\left(\frac{2}{3}\right)^2\right\}^{-\frac{3}{2}}=\left(\frac{2}{3}\right)^{2\times\left(-\frac{3}{2}\right)}=\left(\frac{2}{3}\right)^{-3}=\left(\frac{3}{2}\right)^3=\frac{27}{8}$$

11 $y=x^2-2x+k$로 놓을 때, 모든 실수 x에 대하여 $y>0$이 항상 성립하려면

이차방정식 $x^2-2x+k=0$의 실근이 존재하지 않아야 한다.

따라서 판별식을 D라고 하면

$\frac{D}{4}=(-1)^2-k<0$

$1-k<0$

$\therefore\ k>1$

12 $m=np$, $\sigma=\sqrt{npq}$에서 $np=\frac{7}{8}$, $\sqrt{npq}=\frac{7}{8}$이므로

$\sqrt{\frac{7}{8}\times q}=\frac{8}{7} \Rightarrow q=\frac{7}{8}$

$p=1-q$이므로

$\therefore\ p=\frac{1}{8}$

13 $g^{-1}(x)=f(x)$이므로 $y=g(x)$라 하면

$y=\frac{2x+1}{x-1}$에서 $x=\frac{y+1}{y-2}$

x와 y를 서로 바꾸면 $y=\frac{x+1}{x-2}$

$f(x)=g^{-1}(x)=\frac{x+1}{x-2}$

$\therefore\ (f\circ f)(3)=f(f(3))=f(4)=\frac{5}{2}$

14 $f(x)$를 $x+3$으로 나눈 나머지는 $f(-3)$이다.

따라서 $f(x)=(x-2)Q(x)+1$이라고 하면

$f(-3)=-5Q(-3)+1$

또한 $Q(x)$를 $x+3$로 나누었을 때의 나머지는 -1이므로

$Q(-3)=-1$

$\therefore f(-3)=5+1=6$

15 일반항 $a_n=3\cdot2^{2n+1}$에 $n=1$, $n=2$를 각각 대입하면

$a_1=3\cdot2^3=24$, $a_2=3\cdot2^5=96$이므로

첫째 항 $a=24$, 공비 $r=\dfrac{a_2}{a_1}=\dfrac{96}{24}=4$이다.

$\therefore a+r=24+4=28$

[다른 풀이]

$2n+1=2(n-1)+3$이므로

$a_n=3\cdot2^{2n+1}=3\cdot2^{2(n-1)+3}=3\cdot2^3\cdot(2^2)^{n-1}=24\cdot4^{n-1}$

첫째 항이 a, 공비가 r인 등비수열의 일반항이 $a_n=ar^{n-1}$이므로

위의 수열은 첫째 항이 24이고 공비가 4인 등비수열이 된다.

$\therefore a+r=24+4=28$

16 $\int f(t)dt=F(t)$라 하면 $F'(t)=f(t)$

$$\int_2^x f(t)dt=\Big[F(t)\Big]_2^x=F(x)-F(2)$$

$$\lim_{x\to2}\frac{1}{x-2}\int_2^x f(t)dt=\lim_{x\to2}\frac{F(x)-F(2)}{x-2}=F'(2)=f(2)$$

$f(x)=x^3+x^2-3x+4$

$\therefore f(2)=8+4-6+4=10$

17 주어진 수열의 합에서 공비를 알 수 있도록 고치면

$$\sum_{n=1}^{\infty}\frac{2^n+3^n}{4^n}=\sum_{n=1}^{\infty}\left\{\left(\frac{1}{2}\right)^n+\left(\frac{3}{4}\right)^n\right\}$$

$$=\frac{\frac{1}{2}}{1-\frac{1}{2}}+\frac{\frac{3}{4}}{1-\frac{3}{4}}$$

$$=1+3=4$$

18 $\left(x^2+\frac{2}{x}\right)^6$ 의 전개식의 일반항은

$${}_6\mathrm{C}_r(x^2)^r\left(\frac{2}{x}\right)^{6-r}={}_6\mathrm{C}_r 2^{6-r}x^{3r-6}$$

$\frac{1}{x^3}$ 의 계수는 $x^{3r-6}=x^{-3}$에서 $r=1$일 때이므로

$\therefore {}_6\mathrm{C}_1\times 2^5=6\times 32=192$

19 $f(x)$의 그래프를 그리면 다음 그림과 같다.

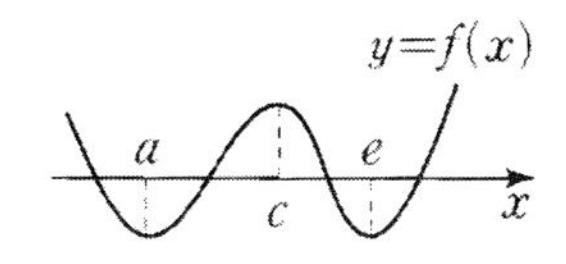

여기에서 극솟값 $f(a)$, $f(e)$와 극댓값 $f(c)$의 값은 정해지지 않았지만,
$y=f(x)$가 x축과 서로 다른 4개의 점에서 만나기 위해서는
극댓값은 0보다 크고, 극솟값들은 둘 다 0보다 작아야만 한다.
$\therefore f(a)<0,\ f(c)>0,\ f(e)<0$

20 $\int_0^x f(t)dt=-2x^3+4x$의 양변을 x에 대하여 미분하면

$\Rightarrow f(x)=-6x^2+4$

$\Rightarrow f'(x)=-12x$

$\Rightarrow f'(1)=-12$

$$\begin{aligned}\therefore \lim_{h\to 0}\frac{f(1+h)-f(1-h)}{h}&=\lim_{h\to 0}\frac{f(1+h)-f(1)-\{f(1-h)-f(1)\}}{h}\\&=\lim_{h\to 0}\left\{\frac{f(1+h)-f(1)}{h}+\frac{f(1-h)-f(1)}{-h}\right\}\\&=2f'(1)\\&=-24\end{aligned}$$

실전 모의고사 4회

Answer

1	2	3	4	5	6	7	8	9	10	11	12	13	14	15	16	17	18	19	20
①	②	③	④	④	①	②④	①	④	①	①	④	③	②	②	①	②	③	④	①

1

$$\log_2\left(4^{\frac{3}{4}}\cdot\sqrt{2^5}\right)^{\frac{1}{2}}=\log_2\left(2^{\frac{3}{2}}\cdot 2^{\frac{5}{2}}\right)^{\frac{1}{2}}=\log_2\left(2^{\frac{8}{2}}\right)^{\frac{1}{2}}$$
$$=\log_2 2^2=2\log_2 2$$
$$=2$$

2 $A^c\cap B^c=(A\cup B)^c$

$n(A\cup B)=n(U)-n(A^c\cap B^c)=60-12=48$

이때, $n(A\cup B)=n(A)+n(B)-n(A\cap B)$ 이므로

$$n(A\cap B)=n(A)+n(B)-n(A\cup B)$$
$$=35+27-48$$
$$=14$$

3

$$\lim_{x\to 2}\frac{\sqrt{x-1}-1}{x-2}=\lim_{x\to 2}\frac{(\sqrt{x-1}-1)(\sqrt{x-1}+1)}{(x-2)(\sqrt{x-1}+1)}=\lim_{x\to 2}\frac{1}{\sqrt{x-1}+1}=\frac{1}{2}$$

4 $x^2+x+1=a(x-1)^2+b(x-1)+c\cdots$ ㉠

㉠의 양변에 $x=1$을 대입하면 $c=3$

㉠의 양변에 $x=2,\ 0$을 차례로 대입하면 $a+b+c=7,\ a-b+c=1$

$\Rightarrow a=1,\ b=3,\ c=3$

$\therefore a^2+b^2+c^2=1+9+9=19$

5 점 A는 점 C를 x축 방향으로 2만큼, y축 방향으로 -1만큼 이동한 점이므로, 점 A가 그리는 도형은 $y=x^2$의 그래프를 x축 방향으로 2만큼, y축 방향으로 -1만큼 평행이동한 것이다.

$\therefore$ 점 A가 그리는 도형의 방정식은 $y+1=(x-2)^2$ 즉 $y=x^2-4x+3$

따라서 $a=1, b=-4, c=3 \Rightarrow a+b+c=0$

6 주어진 이차방정식이 중근을 가지므로

$\frac{D}{4}=(a+i)^2-(b-4i)=0$

$(a^2-1-b)+(2a+4)i=0$

a, b가 실수이므로

$a^2-1-b=0$, $2a+4=0$

$a=-2$, $b=3$

$\therefore a+b=1$

7 $\lim_{n\to\infty}\sum_{k=1}^{n}\frac{2-a}{n}\left\{a+\frac{(2-a)k}{n}\right\}^2$에 대하여

(ⅰ) $\frac{k}{n}$를 x로 바꾸는 경우

$\frac{1}{n}\to dx$이고 적분구간은 $[0,\ 1]$이므로

$$\lim_{n\to\infty}\sum_{k=1}^{n}\frac{2-a}{n}\left\{a+\frac{(2-a)k}{n}\right\}^2=(2-a)\sum_{k=1}^{n}\left\{a+\frac{(2-a)k}{n}\right\}^2\cdot\frac{1}{n}=(2-a)\int_0^1\{a+(2-a)x\}^2dx$$

(ⅱ) $\frac{(2-a)k}{n}$를 x로 바꾸는 경우

$\frac{2-a}{n}\to dx$이고 적분구간은 $[0,\ 2-a]$이므로

$$\lim_{n\to\infty}\sum_{k=1}^{n}\frac{2-a}{n}\left\{a+\frac{(2-a)k}{n}\right\}^2=\lim_{n\to\infty}\sum_{k=1}^{n}\left\{a+\frac{(2-a)k}{n}\right\}^2\cdot\frac{2-a}{n}=\int_a^{2-a}(a+x)^2dx\ \cdots ④$$

(ⅲ) $a+\frac{(2-a)k}{n}$를 x로 바꾸는 경우

$\frac{2-a}{n}\to dx$이고 적분구간은 $[a,\ 2]$이므로

$$\lim_{n\to\infty}\sum_{k=1}^{n}\frac{2-a}{n}\left\{a+\frac{(2-a)k}{n}\right\}^2=\lim_{n\to\infty}\sum_{k=1}^{n}\left\{a+\frac{(2-a)k}{n}\right\}^2\cdot\frac{2-a}{n}=\int_a^2x^2dx\ \cdots ②$$

따라서 (ⅰ), (ⅱ), (ⅲ)에서 주어진 극한값을 정적분으로 바르게 나타낸 것은 ②, ④이다.

8 $f'(x)=4x^3+2x$이고 $f'(1)=6$

$$\lim_{x\to1}\frac{f(x)-f(1)}{x^2-1}=\lim_{x\to1}\frac{f(x)-f(1)}{x-1}\cdot\frac{1}{x+1}=f'(1)\cdot\frac{1}{2}=3$$

9 시각이 $t=t_1$일 때의 위치 $s(t_1)$은 $s(t_1)=\int_0^{t_1}v(t)dt$이므로

구하는 시각을 $t=t_k$라 하면 원점으로 되돌아왔을 때의 위치는 $s(t_k)=0$이다.

따라서 $s(t_k)=0$을 만족하는 t_k의 값은

주어진 그래프에서 t축의 위쪽 부분의 넓이와 아래쪽 부분의 넓이가 같아질 때이다.

속도의 그래프와 t축이 이루는 각각의 도형의 넓이를 구하면

(+)=3, (+)=3, (−)=2, (−)=4, (−)=2

$\Rightarrow 3+3+(-2)+(-4)=0$

따라서 물체가 최초로 원점으로 되돌아오는 것은 출발하고 나서 8초 후이다.

10 이차함수 $y=-2x^2+kx+k+2$의 그래프가 x축과 접하므로

$-2x^2+kx+k+2=0$

$D=k^2-4\cdot(-2)\cdot(k+2)$

$=k^2+8k+16$

$=(k+4)^2=0$

$k=-4$일 때,

$y=-2x^2-4x-2$

$=-2(x^2+2x+1)$

$=-2(x+1)^2$

따라서 접점의 x좌표는 -1이다.

11 8개의 팀을 (4팀, 4팀)으로 나누는 경우의 수는 ${}_8C_4\cdot{}_4C_4\cdot\frac{1}{2!}=35$

4팀을 (2팀, 2팀)으로 나누는 경우의 수는 ${}_4C_2\cdot{}_2C_2\cdot\frac{1}{2!}=3$

또 4팀을 (2팀, 2팀)으로 나누는 경우의 수는 ${}_4C_2\cdot{}_2C_2\cdot\frac{1}{2!}=3$

$\therefore 35\times3\times3=315$

12 분모가 같은 것끼리 군수열로 나누면

$\left(\frac{1}{1}\right), \left(\frac{3}{3}, \frac{2}{3}, \frac{1}{3}\right), \left(\frac{5}{5}, \frac{4}{5}, \frac{3}{5}, \frac{2}{5}, \frac{1}{5}\right), \cdots, \left(\frac{27}{27}, \frac{26}{27}, \cdots, \boldsymbol{\frac{4}{27}}, \cdots, \frac{1}{27}\right), \cdots$

$\frac{1}{25}$ 까지의 모든 항수는 169(개)$(=1+3+5+\cdots+25)$

따라서 $\frac{4}{27}$는 $169+24=193$(번째 항)

13 $f(x)=a(x+2)\ (0\le x\le 2)$에서 $f(0)=2a$, $f(2)=4a$이므로

$f(x)=a(x+2)$의 그래프는 오른쪽 그림과 같다.

그래프에서 색칠한 부분의 넓이가 1이므로

$\frac{1}{2}(2a+4a)\times2=1$

$6a=1$

$\therefore a=\frac{1}{6}$

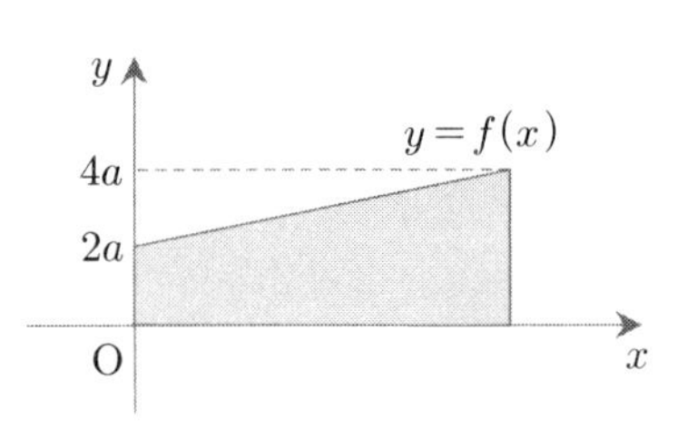

14 □ABCD가 마름모이므로

두 대각선 AC, BD는 서로 다른 것을 수직이등분한다.

즉, $\overline{AC}$의 중점의 좌표와 $\overline{BD}$의 중점의 좌표가 같으므로

$\left(\frac{a+7}{2}, \frac{1+3}{2}\right)=\left(\frac{b+3}{2}, \frac{-1+5}{2}\right)$

$\Rightarrow b=a+4$

또한, $\overline{AD}=\overline{DC}$이므로

$\sqrt{(a-3)^2+4^2}=\sqrt{(3-7)^2+(5-3)^2}$

$a^2-6a+5=0$

$\Rightarrow a=1,\ b=5$ 또는 $a=5,\ b=9$

따라서 $a+b$의 값은 6 또는 14이다.

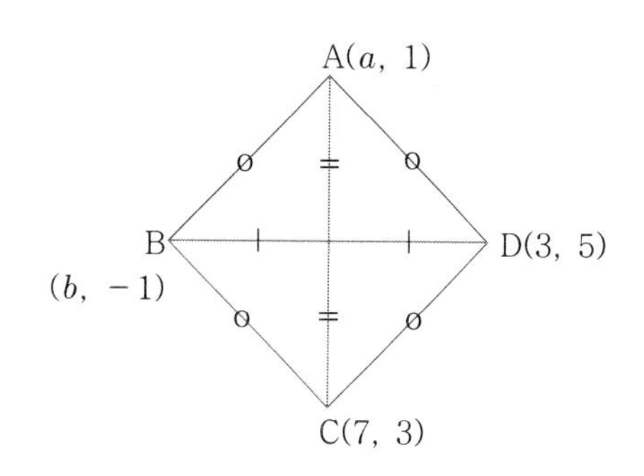

15 정의역의 원소 x에 대하여 $x \to x$의 대응이어야 하므로

항등함수인 것은 ㉡뿐이다.

16 A지점에서 출발하여 P지점을 거쳐서 B지점까지 최단 거리로 가려면,

A지점에서 P지점까지 최단거리로 간 다음 다시 P지점에서 B지점까지 최단거리로 가면 된다.

따라서 최단거리로 가는 방법의 수는 $\frac{3!}{2!1!}\times\frac{4!}{2!2!}=18$

17 함수 $f(x)=x^3-x^2+x$는

구간 $[0,1]$에서 연속이고 $(0,1)$에서 미분가능하므로 평균값 정리의 조건을 만족한다.

$\therefore \frac{f(1)-f(0)}{1-0}=f'(c)$인 c가 구간 $(0,1)$에서 적어도 하나 존재한다.

그런데 $f(0)=0,\ f(1)=1,\ f'(x)=3x^2-2x+1$이므로 $f'(c)=3c^2-2c+1=1$

$\therefore f'(c)=3c^2-2c+1=1$

따라서 $c=\frac{2}{3}$

18 $3a_{n+1}=2a_n-5 \cdots$ ㉠

㉠에서 $n=1$일 때, $3a_2=2a_1-5$이고 $a_1=1$이므로 $a_2=-1$

㉠은 모든 자연수 n에 대하여 성립하므로

n에 $n+1$을 대입하면 $3a_{n+2}=2a_{n+1}-5 \cdots$ ㉡

㉡−㉠을 하면

$$\begin{array}{rl} & 3a_{n+2}=2a_{n+1}-5 \\ -) & 3a_{n+1}=2a_n-5 \\ \hline & 3(a_{n+2}-a_{n+1})=2(a_{n+2}-a_n) \end{array}$$

여기에서 $a_{n+1}-a_n=b_n$이라 하면 $3b_{n+1}=2b_n \Rightarrow b_{n+1}=\frac{2}{3}b_n$

수열 $\{b_n\}$은 첫째 항이 $b_1=a_2-a_1=-1-1=-2$이고,

공비가 $\frac{2}{3}$ 인 등비수열이므로 $b_n=(-2)\left(\frac{2}{3}\right)^{n-1}$

$$a_n=1+\sum_{k=1}^{n-1}(-2)\left(\frac{2}{3}\right)^{k-1}$$

$$=1+\frac{(-2)\left\{1-\left(\frac{2}{3}\right)^{n-1}\right\}}{1-\frac{2}{3}}$$

$$=-5+6\left(\frac{2}{3}\right)^{n-1}$$

$$\therefore \lim_{n\to\infty}a_n=\lim_{n\to\infty}\left\{-5+6\left(\frac{2}{3}\right)^{n-1}\right\}=-5+0=-5$$

19 $\sum_{k=1}^{10}(2k-3)^2=\sum_{k=1}^{10}(4k^2-12k+9)$

$$=4\sum_{k=1}^{10}k^2-12\sum_{k=1}^{10}k+\sum_{k=1}^{10}9$$

$$=4\times\frac{10\times11\times21}{6}-12\times\frac{10\times11}{2}+90$$

$$=970$$

20 $\int_2^x f(t)dt=x^2+ax+2$에 $x=2$를 대입하면

$$\int_2^2 f(t)dt=2^2+2a+2$$

$0=2a+6 \Rightarrow a=-3$

또한 주어진 식의 양변을 x에 대하여 미분하면 $f(x)=2x+a$

즉, $f(x)-2x-3$이므로

$\therefore f(2)=2\cdot2-3=1$

정답 및 해설

실전 모의고사 5회

Answer

1	2	3	4	5	6	7	8	9	10	11	12	13	14	15	16	17	18	19	20
②	④	④	①	②	②	③	④	③	①	②	④	③	③	①	④	③	①	①	③

1 $(x+2i)(y-i)=(xy+2)+(2y-x)i=4+3i$

$xy+2=4,\ 2y-x=3$

두 식을 연립하면 $\begin{cases} x=-4 \\ y=-\dfrac{1}{2} \end{cases}$ 또는 $\begin{cases} x=1 \\ y=2 \end{cases}$이다.

그런데 x, y는 정수이므로 $x=1,\ y=2$

$\therefore x-y=-1$

2 $-1 \le x < 2$이면 $x+1 \ge 0,\ x-2<0$이므로

$\sqrt{(x+1)^2}=x+1,\ \sqrt{(x-2)^2}=-(x-2)$

$\therefore \sqrt{(x+1)^2}-\sqrt{(x-2)^2}=(x+1)+(x-2)=2x-1$

3 $x+a-2>0$이 모든 양수 x에 대하여 성립해야 하므로 $a-2 \ge 0$에서 A는 $a \ge 2$

$x^2+2ax+4a>0$이 모든 실수 x에 대하여 성립해야 하므로

$D=4a^2-4a<0$에서 $a(a-4)<0$

B는 $0<a<4$

따라서 $A \cap B$는 $2 \le a < 4$이다.

4 원 $x^2+y^2-2x+4y-3=0$은 $(x-1)^2+(y+2)^2=8$이므로

중심이 (1, −2)이고 반지름의 길이가 $2\sqrt{2}$인 원이다.

또 원의 중심 (1, −2)에서 직선 $y=x+3$, 즉 $x-y+3=0$ 사이의 거리는 $\dfrac{|1+2+3|}{\sqrt{1^2+1^2}}=3\sqrt{2}$이므로

원 위의 점에서 직선 $y=x+3$에 이르는 최단거리는 $3\sqrt{2}-2\sqrt{2}=\sqrt{2}$이다.

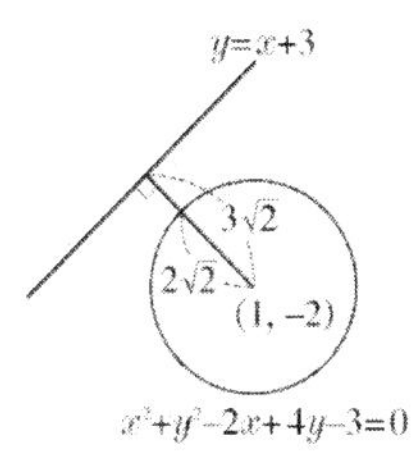

5 $f\circ f$가 항등함수 $\Leftrightarrow (f\circ f)(x)=x$

$f(f(x))=x$

$a(ax+b)+b=x$

$a^2x+ab+b=x$

$a^2=1,\ ab+b=0$

$a=1,\ b=0$

$\therefore a+b=1$

6 원 $(x-2)^2+(y-3)^2=10$ 위의 점 $(5,\ 4)$에서의 접선의 방정식은

$(5-2)(x-2)+(4-3)(y-3)=10$

$3(x-2)+y-3=10$

$3x+y=19$

$\therefore a+c=3+19=22$

7 주어진 함수식에서 $f(0)=2,\ f(1)=0,\ f(2)=1$이므로

$f^2(0)=(f\circ f)(0)=f(f(0))=f(2)=1$

$f^3(0)=(f\circ f^2)(0)=f(f^2(0))=f(1)=0$

$f^4(0)=(f\circ f^3)(0)=f(f^3(0))=f(0)=2$

$f^5(0)=(f\circ f^4)(0)=f(f^4(0))=f(2)=1$

$f^6(0)=(f\circ f^5)(0)=f(f^5(0))=f(1)=0$

$\vdots$

따라서 $f^n(0)$의 함숫값은 2, 1, 0의 값이 반복되므로

$f^n(0)$에서 $n=3k$ (k는 자연수)일 때 $f^{3k}(0)=0$이다.

$\therefore f^{100}(0)=f(f^{3\times 33}(0))=f(0)=2$

8 주어진 다항식을 $(x-1)^2$으로 나누었을 때의 몫을 $Q(x)$라 하면

$x^{1993}-1993x^2+ax-b=(x-1)^2Q(x)$

$(x-1)^2$으로 나누어떨어지므로 $x-1$로도 나누어떨어진다.

$$
\begin{array}{r|l}
 & x^{1992}+x^{1991}+\ \cdots\cdots\ +x^2-1992x+(a-1992) \\ \hline
x-1 & x^{1993} \qquad\qquad\qquad -1993x^2 \quad +ax-b \\
 & \underline{x^{1993}-x^{1992}} \\
 & x^{1992} \\
 & \underline{x^{1992}-x^{1991}} \\
 & \vdots \\
 & \underline{\vdots} \\
 & x^3-1993x^2 \\
 & \underline{x^3 \qquad -x^2} \\
 & -1992x^2 \quad +ax \\
 & \underline{-1992x^2+1992x} \\
 & (a-1992)x-b \\
 & \underline{(a-1992)x-(a-1992)} \\
 & -b+a-1992
\end{array}
$$

나누어떨어진다고 하였으므로 나머지가 0이 되어야 한다.

$-b+a-1992=0 \Rightarrow b=a-1992$

주어진 다항식을 다시 나타내면

$(x-1)(x^{1992}+x^{1991}+\cdots+x^3+x^2-1992x+b)=(x-1)(x-1)Q(x)$

$x^{1992}+x^{1991}+\cdots+x^3+x^2-1992x+b)=(x-1)Q(x)$

양변에 $x=1$을 대입하면

$1991-1992+b=0 \Rightarrow b=1$

$b=a-1992$이므로 $a=1993$

$\therefore a+b=1993+1=1994$

9 정사면체를 두 번 던질 때 생기는 모든 경우의 수는 $4\times4=16$(가지)

$x+y>4$를 만족시키는 순서쌍 (x, y)는 $(2, 3)$, $(3, 2)$, $(3, 3)$의 3가지이므로

$x+y>4$일 확률은 $\frac{3}{16}$

10 $(A-B)\cup(A\cap B)=(A\cap B^c)\cup(A\cap B)=A\cap(B^c\cup B)=A\cap U=A$

11 $x^3+ax^2+bx+4=0$의 한 근이 $1+i$이므로 다른 한 근은 $1-i$이다.

나머지 한 근을 γ라 하면 근과 계수의 관계에서

$$\begin{cases}(1+i)+(1-i)+\gamma=-a\\(1+i)(1-i)+(1+i)\gamma+(1-i)\gamma=b\\(1+i)(1-i)\gamma=-4\end{cases}$$

$\therefore \gamma=-2,\ a=0,\ b=-2$

따라서 $a+b=-2$

12 $\sum_{k=1}^{n}a_k=S_n=2n^2$이므로 $a_n=S_n-S_{n-1}=2n^2-2(n-1)^2=4n-2\ (n\geq2)$

이때, $a_1=2=S_1$이므로 $a_n=4n-2\ (n\geq1)$

$\therefore \sum_{k=1}^{10}a_{2k}=\sum_{k=1}^{10}(8k-2)=8\times\frac{10\times(10+1)}{2}-2\times10=420$

13 $(n^2-1)a_n=b_n$라 하면 $a_n=\dfrac{1}{n^2-1}\times b_n$이고 $\lim_{n\to\infty}b_n=2006$이다.

$$\begin{aligned}\lim_{n\to\infty}\left(\frac{1}{2}n^2+1\right)a_n &= \lim_{n\to\infty}\left(\frac{1}{2}n^2+1\right)\cdot\frac{b_n}{n^2-1}\\ &= \lim_{n\to\infty}\frac{\frac{1}{2}n^2+1}{n^2-1}\cdot b_n\\ &= \lim_{n\to\infty}\frac{\frac{1}{2}n^2+1}{n^2-1}\cdot\lim_{n\to\infty}b_n\\ &= \frac{1}{2}\times 2006\\ &= 1003\end{aligned}$$

14 $10<x<100$이므로 $\log x=1+\alpha(0<\alpha<1)$라 하면

$\log\sqrt{x}=\dfrac{1}{2}(1+\alpha)$, $\log x^2=2+2\alpha$

그런데 $\dfrac{1}{2}<\dfrac{1}{2}(1+\alpha)<1$, $0<2\alpha<2$이므로 $\log\sqrt{x}$의 소수부분은 $\dfrac{1}{2}(1+\alpha)$,

$\log x^2$의 소수부분은 $0<\alpha<\dfrac{1}{2}$일 때 2α, $\dfrac{1}{2}\le\alpha<1$일 때 $2\alpha-1$

(i) $0<\alpha<\dfrac{1}{2}$일 때 $2\alpha=\dfrac{1}{2}(1+\alpha)$ $\therefore \alpha=\dfrac{1}{3}$

(ii) $\dfrac{1}{2}\le\alpha<1$일 때 $2\alpha-1=\dfrac{1}{2}(1+\alpha)$ $\therefore \alpha=1$(성립하지 않음.)

$\therefore \log x=1+\dfrac{1}{3}=\dfrac{4}{3}$ 즉 $x=10^{\frac{4}{3}}$ 즉 $x^3=10^4=10000$

따라서 $\dfrac{x^3}{10000}=1$

15 $\lim_{x\to\infty}\dfrac{f(x)}{x^2-x}=1$이 되려면 $f(x)$는 최고차항의 계수가 1인 이차식이어야 한다.

$f(x)=x^2+ax+b$라 하면 $\lim_{x\to 2}\dfrac{f(x)}{x-2}=3$으로 수렴하므로

$x\to 2$일 때 (분모)$\to 0$이므로 (분자)$\to 0$이어야 한다.

$\lim_{x\to 2}f(x)=4+2a+b=0$

$b=-2a-4$

$\lim_{x\to 2}\dfrac{x^2+ax-2a-4}{x-2}=\lim_{x\to 2}\dfrac{(x-2)(x+2+a)}{x-2}=4+a=3$

$a=-1$, $b=-2$

$f(x)=x^2-x-2$

$\therefore f(1)=-2$

16 $f(x)=(x^2-1)(2x+1)$

$f'(x)=2x(2x+1)+2(x^2-1)$

$f'(1)=2\times3=6$

17 주어진 직육면체의 모든 모서리 길이의 합이 36이므로

가로와 세로의 길이를 x, 높이를 y라 하면 $8x+4y=36$이고,

부피 $V=x^2y=x^2(9-2x)$이므로 $V'=-6x(x-3)$에서 $x=3$일 때 직육면체의 부피가 최대가 된다.

따라서 부피의 최댓값은 $3\times3\times3=27$이다.

18 $\int_0^1 f(x)dx=\int_0^1 (6x^2+2ax)dx=\left[2x^3+ax^2\right]_0^1=2+a$

$f(1)=6+2a$

$2+a=6+2a$

$\therefore a=-4$

19 X는 이항분포 $\mathrm{B}(n,\ p)$를 따른다.

$\mathrm{E}(X)=np=1$

$\mathrm{V}(X)=np(1-p)=\frac{9}{10}$

$1-p=\frac{9}{10}$

$p=\frac{1}{10}$, $n=10$

$$\begin{aligned}\therefore \mathrm{P}(X<2)&=\mathrm{P}(X=0)+\mathrm{P}(X=1)\\&={}_{10}\mathrm{C}_0\left(\frac{9}{10}\right)^{10}+{}_{10}\mathrm{C}_1\left(\frac{1}{10}\right)\left(\frac{9}{10}\right)^9\\&=\frac{19}{10}\times\left(\frac{9}{10}\right)^9\end{aligned}$$

20 $a+\frac{1}{3}+a+\frac{1}{6}=1$

$\therefore a=\frac{1}{4}$

정답 및 해설

실전 모의고사 6회

Answer

1	2	3	4	5	6	7	8	9	10	11	12	13	14	15	16	17	18	19	20
④	②	③	④	②	①	③	①	③	①	②	②	④	②	③	②	②	②	③	①

1 $(A\cup B)\cup(A^c\cup B^c)^c=(A\cup B)\cup(A\cap B)$

$=A\cup B$

$=\{1,\ 3,\ 4,\ 5,\ 6,\ 7\}$

따라서 구하는 집합의 원소의 개수는 6(개)이다.

2 명제 'p이면 $\sim q$이다.'가 거짓임을 보이려면

집합 P의 원소 중에서 Q^c의 원소가 아닌 것을 찾으면 된다.

따라서 반례는 $P\cap(Q^c)^c=P\cap Q$의 원소인 b이다.

3 $f(x)$를 $(x-1)(x+3)$으로 나누었을 때 나머지를 $R(x)=ax+b$라 하면

$f(x)=(x-1)(x+3)Q(x)+ax+b$

$\therefore \begin{cases} f(1)=a+b=5 \\ f(-3)=-3a+b=1 \end{cases}$ 즉 $a=1,\ b=4$

따라서 $R(x)=x+4$, 즉 $R(6)=6+4=10$

4 $a(1+i)+b(1-i)=(a+b)+(a-b)i$

이것이 순허수이려면 $a+b=0,\ a-b\neq 0$이어야 한다.

5 $x=k,\ y=2k(k\neq 0)$로 놓으면

$\dfrac{xy}{x^2-y^2}=\dfrac{k\cdot 2k}{k^2-4k^2}=\dfrac{2k^2}{-3k^2}=-\dfrac{2}{3}$

6 주어진 방정식의 두 근을 α, $\alpha+4$라 하면 근과 계수의 관계에 의하여

$\alpha+(\alpha+4)=2k$ …… ㉠

$\alpha(\alpha+4)=k-2$ …… ㉡

㉠에서 $\alpha=k-2$이므로 ㉡에 대입하면

$(k-2)(k+2)=k-2$

$k^2-4=k-2$

$k^2-k-2=0$

$(k+1)(k-2)=0$

$k=-1$ 또는 $k=2$

따라서 모든 실수 k의 값의 합은 $-1+2=1$이다.

7 $A(x_1,\ y_1)$, $B(x_2,\ y_2)$, $C(x_3,\ y_3)$이라 하면

$\overline{AB}$를 $2:1$로 내분하는 점이 $P(1,\ 3)$이므로

$\frac{2x_2+x_1}{2+1}=1$, $\frac{2y_2+y_1}{2+1}=3$

$2x_2+x_1=3$, $2y_2+y_1=9$ …… ㉠

$\overline{BC}$를 $2:1$로 내분하는 점이 $Q(5,\ -1)$이므로

$\frac{2x_3+x_2}{2+1}=5$, $\frac{2y_3+y_2}{2+1}=-1$

$2x_3+x_2=15$, $2y_3+y_2=-3$ …… ㉡

$\overline{CA}$를 $2:1$로 내분하는 점이 $R(4,\ 4)$이므로

$\frac{2x_1+x_3}{2+1}=4$, $\frac{2y_1+y_3}{2+1}=4$

$2x_1+x_3=12$, $2y_1+y_3=12$ …… ㉢

㉠, ㉡, ㉢을 연립하여 풀면

$3(x_1+x_2+x_3)=30$, $3(y_1+y_2+y_3)=18$

$x_1+x_2+x_3=10$, $y_1+y_2+y_3=6$

따라서 $\frac{x_1+x_2+x_3}{3}=\frac{10}{3}$, $\frac{y_1+y_2+y_3}{3}=2$이므로

삼각형 ABC의 무게중심의 좌표는 $(\frac{10}{3},\ 2)$이다.

[다른 풀이]

삼각형 ABC의 무게중심은 삼각형 PQR의 무게중심과 일치하므로

$\frac{1+5+4}{3}=\frac{10}{3}$, $\frac{3-1+4}{3}=2$

$\therefore (\frac{10}{3},\ 2)$

8 $y=f(x)$의 그래프가 점 $(5,\ -1)$을 지나므로 $5a+b=-1$ ⋯⋯ ㉠

또, $y=f(x)$의 역함수의 그래프가 점 $(3,\ 2)$를 지나므로 $y=f(x)$의 그래프는 점 $(2,\ 3)$을 지난다.

$\Rightarrow 2a+b=3$ ⋯⋯ ㉡

㉠, ㉡을 연립하여 풀면 $a=-\frac{4}{3}$, $b=\frac{17}{3}$

$\therefore a+b=\frac{13}{3}$

9 $\sin 1°=\sin(90°-89°)=\cos 89°$

$\sin 2°=\sin(90°-88°)=\cos 88°$

⋮

$\sin 44°=\sin(90°-46°)=\cos 46°$

$\therefore \sin^2 1°+\sin^2 2°+\cdots+\sin^2 89°+\sin^2 90°$

$=(\sin^2 1°+\sin^2 89°)+(\sin^2 2°+\sin^2 88°)+\cdots+(\sin^2 44°+\sin^2 46°)+\sin^2 45°+\sin^2 90°$

$=(\cos^2 89°+\sin^2 89°)+(\cos^2 88°+\sin^2 88°)+\cdots+(\cos^2 46°+\sin^2 46°)+\sin^2 45°+\sin^2 90°$

$=44+\frac{1}{2}+1=\frac{91}{2}$

10 $x=a+1,\ y=b+1,\ z=c+1$라 하면, $x+y+z=7$을 만족하는 양의 정수인 해의 개수는 $a+b+c=4$인 음이 아닌 정수의 해의 개수와 같다.

∴구하는 해의 개수는 a, b, c 중에서 중복을 허용하여 4개 택하는 중복조합의 수와 같다.

따라서 ${}_3H_4={}_{3+4-1}C_4={}_6C_4={}_6C_2=15$

11 A, B가 당첨제비를 뽑는 사건을 각각 A, B라 하면 $B=(A\cap B)\cup(A^c\cap B)$

그런데 $A\cap B,\ A^c\cap B$는 배반사건이므로

$P(B)=P(A\cap B)+P(A^c\cap B)$

$=P(A)P(B\mid A)+P(A^c)P(B\mid A^c)$

$=\frac{2}{10}\times\frac{1}{9}+\frac{8}{10}\times\frac{2}{9}=\frac{1}{5}$

12 $\left(\frac{1}{3}\right)^{20}$에 상용로그를 취하면

$\log\left(\frac{1}{3}\right)^{20}=\log 3^{-20}=(-20)\times\log 3$

$=(-20)\times 0.4771=-9.542$

$=\overline{10}.458$

$\log\left(\frac{1}{3}\right)^{20}$은 정수부분이 -10이고 소수부분이 0.458이다.

따라서 소수점 아래 10번째 자리에서 처음으로 0이 아닌 수가 나타난다.

13 수열의 합과 일반항과의 관계에 의하여

$a_n = S_n - S_{n-1} = 2n^2 + 4n - \{2(n-1)^2 + 4(n-1)\}$

$= 2n^2 + 4n - (2n^2 - 2) = 4n + 2 \ (n \geq 2)$

$a_n = 4n + 2 = 198 \Rightarrow n = 49$

따라서 198은 제49항이다.

14 점화식 $a_{n+1} = \frac{n+1}{n} a_n$ 에서 $n = 1, 2, 3, \cdots, 9$를 차례로 대입하면

$n=1$일 때, $a_2 = \frac{2}{1} a_1$

$n=2$일 때, $a_3 = \frac{3}{2} a_2$

$n=3$일 때, $a_4 = \frac{4}{3} a_3$

⋮

$n=9$일 때, $a_{10} = \frac{10}{9} a_9$

위의 등식을 각 변끼리 곱하면

$a_{10} = \frac{2}{1} \times \frac{3}{2} \times \frac{4}{3} \times \cdots \times \frac{10}{9} \times a_1 = 10 \times a_1 = 10 \times 2 = 20$

[다른 풀이]

$na_{n+1} - (n+1)a_n = 0$ ······ ㉠

이 모든 자연수 n에 대하여 성립하므로 n대신 $n+1$을 대입하면

$(n+1)a_{n+2} - (n+2)a_{n+1} = 0$ ······ ㉡

㉡-㉠을 하면

$(n+1)a_{n+2} - 2(n+1)a_{n+1} + (n+1)a_n = 0$

이 식의 양변을 $n+1$로 나누면

$a_{n+2} - 2a_{n+1} + a_n = 0$

따라서 수열 $\{a_n\}$은 등차수열이고, 공차는 $a_2 - a_1 = \frac{2}{1} a_1 - a_1 = a_1 = 2$이다.

즉, $a_n = 2 + (n-1) \times 2 = 2n$

$\therefore a_{10} = 2 \times 10 = 20$

15 $\frac{2^{n-1} + 3^n}{2^{2n}} = \frac{1}{4}\left(\frac{1}{2}\right)^{n-1} + \frac{3}{4}\left(\frac{3}{4}\right)^{n-1}$이므로

$$\sum_{n=1}^{\infty} \frac{2^{n-1} + 3^n}{2^{2n}} = \sum_{n=1}^{\infty} \left\{ \frac{1}{4}\left(\frac{1}{2}\right)^{n-1} + \frac{3}{4}\left(\frac{3}{4}\right)^{n-1} \right\} = \frac{\frac{1}{4}}{1 - \frac{1}{2}} + \frac{\frac{3}{4}}{1 - \frac{3}{4}} = \frac{7}{2}$$

16 (ⅰ) $|x|<1$일 때, $\lim_{n\to\infty}x^{n-1}=\lim_{n\to\infty}x^n=0$이므로 $f(x)=\lim_{n\to\infty}\frac{x^n+2x+a}{x^{n-1}+1}=2x+a$

(ⅱ) $|x|>1$일 때, $\lim_{n\to\infty}\frac{1}{x^n}=0$이므로 $f(x)=\lim_{n\to\infty}\frac{x+\frac{2}{x^{n-2}}+\frac{a}{x^{n-1}}}{1+\frac{1}{x^{n-1}}}=x$

(ⅲ) $x=1$일 때, $f(x)=\frac{3+a}{2}$

그런데 $x=1$에서 연속이므로 $f(1)=\lim_{x\to1}f(x)$

$f(1)=1=2+a=\frac{3+a}{2}$

$\therefore a=-1$

17 $\lim_{h\to0}\frac{f(a-3h)-f(a)}{h}=\lim_{h\to0}\frac{f(a-3h)-f(a)}{-3h}\cdot(-3)$

$=f'(a)\cdot(-3)$

$=-3f'(a)$

18 $\int_{-1}^{1}(5x^4+4x^3+3x^2+2x+1)dx=\int_{-1}^{1}(5x^4+3x^2+1)dx+\int_{-1}^{1}(4x^3+2x)dx$

$=2\int_{0}^{1}(5x^4+3x^2+1)dx$

$=2\Big[x^5+x^3+x\Big]_0^1$

$=2(1+1+1)$

$=6$

19

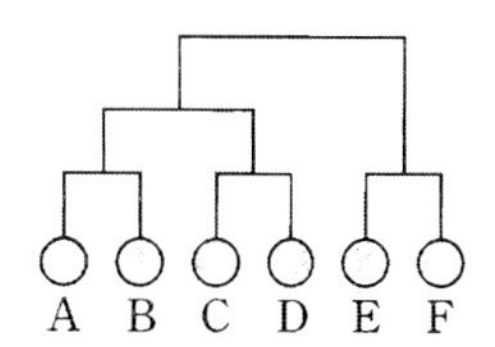

6개의 팀 중 E, F에 오는 팀을 정하는 방법의 수는 ${}_6C_2=15$(가지)

나머지 4팀을 (A, B), (C, D)로 나누는 방법의 수는

${}_4C_2\times{}_2C_2\times\frac{1}{2!}=6\times1\times\frac{1}{2}=3$(가지)

따라서 구하는 방법의 수는 $15\times3=45$(가지)

[다른 풀이]

먼저 6개의 팀을 (4팀, 2팀)으로 나누는 방법의 수는 ${}_6C_4\times{}_2C_2=15$(가지)

나누어진 4팀을 (2팀, 2팀)으로 나누는 방법의 수는 ${}_4C_2\times{}_2C_2\times\frac{1}{2!}=6\times1\times\frac{1}{2}=3$(가지)

따라서 구하는 방법의 수는 $15\times3=45$(가지)

20 확률변수 X가 이항분포 $\mathrm{B}\left(100,\ \frac{1}{5}\right)$을 따르므로

$\sigma(X)=\sqrt{npq}=\sqrt{100\times\frac{1}{5}\times\frac{4}{5}}=4$

$\therefore\ \sigma(3X-4)=3\sigma(X)=3\times4=12$

정답 및 해설

실전 모의고사 7회

Answer

1	2	3	4	5	6	7	8	9	10	11	12	13	14	15	16	17	18	19	20
④	②	②	③	③	②	④	④	④	④	②	④	④	③	④	④	④	③	②	④

1 집합 $P(A)$는 집합 A의 모든 부분집합을 원소로 가지므로

$n(P(A))=2^3=8$

따라서 집합 $P(A)$의 부분집합의 개수는 $2^8=256$

2 주어진 등식의 양변에 $x=1$를 대입하면

$3=c$ ······ ㉠

양변에 $x=0$를 대입하면

$1=-1+a-b+c$

$a-b+c=2$ ······ ㉡

양변에 $x=2$를 대입하면

$7=1+a+b+c$

$a+b+c=6$ ······ ㉢

㉠, ㉡, ㉢을 연립하여 풀면 $a=1,\ b=2,\ c=3$

$\therefore abc=6$

3 $2x^2-x-3=0$에서 $x=\frac{3}{2},\ x=-1$

$x=\frac{3}{2}$이 공통근이면 $a=\frac{1}{2}$(정수 아님.)

$x=-1$이 공통근이면 $a=-2$이고

$x^2-2x-3=0$의 근은 $3,\ -1$이므로 공통근은 $x=-1$의 1개

따라서 $a=-2,\ \alpha=-1 \Rightarrow a+\alpha=-3$

4 $1<3-\sqrt{3}<2$이므로 $n=1,\ \alpha=2-\sqrt{3}$

$\alpha=2-\sqrt{3}$에서 $(\alpha-2)^2=3$, 즉 $\alpha^2-4\alpha+1=0$

따라서 $\alpha^3-4\alpha^2+2n=\alpha(\alpha^2-4\alpha+1)-\alpha+2n=-\alpha+2n=\sqrt{3}$

5 $xy-x-2y-2=0$

$xy-x-2y+2=4$

$x(y-1)-2(y-1)=4$

$(x-2)(y-1)=4$

x, y가 자연수이므로 $x-2\geq-1$, $y-1\geq 0$

(ⅰ) $x-2=1$, $y-1=4$일 때, $x=3$, $y=5$

(ⅱ) $x-2=2$, $y-1=2$일 때, $x=4$, $y=3$

(ⅲ) $x-2=4$, $y-1=1$일 때, $x=6$, $y=2$

따라서 순서쌍 (x, y)는 $(3, 5)$, $(4, 3)$, $(6, 2)$의 3개다.

6 피타고라스의 정리에 의하여

$\overline{BC}=\sqrt{6^2+8^2}=10$

$\overline{BM}=5$

또한 점 M이 $\overline{BC}$의 중점이므로 중선정리에 의하여

$\overline{AB}^2+\overline{AC}^2=2(\overline{AM}^2+\overline{BM}^2)$

$8^2+6^2=2(\overline{AM}^2+5^2)$

$\therefore \overline{AM}=5$

[다른 풀이]

피타고라스의 정리에 의하여 $\overline{BC}=10$이고,

직각삼각형의 빗변의 중점은 삼각형의 외심이므로

$\therefore \overline{AM}=\overline{BM}=\overline{CM}=5$

7 오른쪽 그림과 같이 주어진 원과 직선의 교점을 A, B라 하면 $\overline{AB}=4$

원의 중심 O에서 직선 $x-2y+k=0$에 내린 수선의 발을 H라 하면

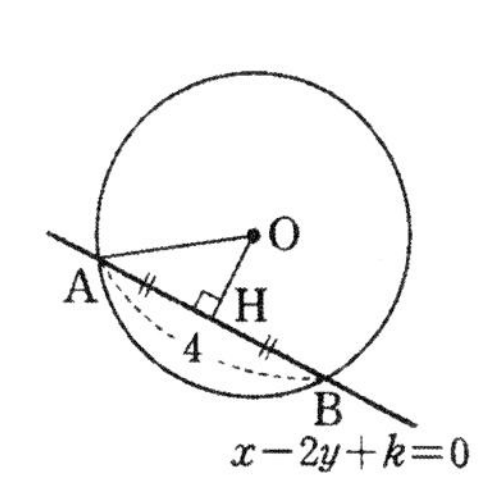

$\overline{AH}=\frac{1}{2}\overline{AB}=\frac{1}{2}\cdot 4=2$

직각삼각형 OAH에서

$\overline{OH}=\sqrt{\overline{OA}^2-\overline{AH}^2}=\sqrt{3^2-2^2}=\sqrt{5}$ …… ㉠

또, 원의 중심 $O(0, 0)$과 직선 $x-2y+k=0$ 사이의 거리가 $\overline{OH}$이므로

$\overline{OH}=\frac{|k|}{\sqrt{1^2+(-2)^2}}=\frac{|k|}{\sqrt{5}}$ …… ㉡

㉠, ㉡에서 $\frac{|k|}{\sqrt{5}}=\sqrt{5}$, $|k|=5$

$\therefore k=\pm 5$

8 $y=\dfrac{2x-1}{x-2}=\dfrac{2(x-2)+3}{x-2}=\dfrac{3}{x-2}+2$

따라서 주어진 분수함수의 그래프의 점근선의 방정식은 $x=2$, $y=2$

그래프는 점근선의 교점 (2, 2)에 대하여 대칭이므로 $a=2$, $b=2$

$\therefore ab=4$

9 $\log_{12}30=\dfrac{\log_2 30}{\log_2 12}=\dfrac{\log_2(2\times3\times5)}{\log_2(2^2\times3)}=\dfrac{1+\log_2 3+\log_2 5}{2+\log_2 3}=\dfrac{2+a+b}{2+a}$

10 (ⅰ) 1쌍의 부부를 한 묶음으로 보고 원순열의 수를 생각하면

$(3-1)!=2$(가지)

(ⅱ) 3쌍의 부부끼리 자리를 바꾸는 경우를 생각하면

$2!\times2!\times2!=8$(가지)

(ⅰ), (ⅱ)에서 구하는 방법의 수는 $2\times8=16$(가지)

11 $2x^2-2nx+n=0$의 두 근이 α_n, β_n이므로 $\alpha_n+\beta_n=n$, $\alpha_n\beta_n=\dfrac{n}{2}$

$\alpha_n{}^2+\beta_n{}^2=(\alpha_n+\beta_n)^2-2\alpha_n\beta_n=n^2-n=n(n-1)$

$\therefore$ $n\geq2$일 때, $\dfrac{1}{\alpha_n{}^2+\beta_n{}^2}=\dfrac{1}{n(n-1)}=\dfrac{1}{n-1}-\dfrac{1}{n}$

$\therefore \displaystyle\sum_{k=2}^{n}\frac{1}{\alpha_k{}^2+\beta_k{}^2}=\sum_{k=2}^{n}\left(\frac{1}{k-1}-\frac{1}{k}\right)$

$=\left(\dfrac{1}{1}-\dfrac{1}{2}\right)+\left(\dfrac{1}{2}-\dfrac{1}{3}\right)+\left(\dfrac{1}{3}-\dfrac{1}{4}\right)+\left(\dfrac{1}{4}-\dfrac{1}{5}\right)+\cdots+\left(\dfrac{1}{n-1}-\dfrac{1}{n}\right)=1-\dfrac{1}{n}$

따라서 $\displaystyle\sum_{n=2}^{\infty}\frac{1}{\alpha_n{}^2+\beta_n{}^2}=\lim_{n\to\infty}\left(1-\frac{1}{n}\right)=1$

12 $4^x=(2^2)^x=2^{2x}=5$, $8^x=(2^3)^x=2^{3x}$ 이므로

$\dfrac{8^x+8^{-x}}{2^x+2^{-x}}$ 의 분모, 분자에 2^x을 곱하면

$\dfrac{8^x+8^{-x}}{2^x+2^{-x}}=\dfrac{2^x(2^{3x}+2^{-3x})}{2^x(2^x+2^{-x})}=\dfrac{2^x\cdot2^{3x}+2^x\cdot2^{-3x}}{2^x\cdot2^x+2^x\cdot2^{-x}}$

$=\dfrac{2^{x+3x}+2^{x-3x}}{2^{x+x}+2^{x-x}}=\dfrac{2^{4x}+2^{-2x}}{2^{2x}+2^0}=\dfrac{(2^{2x})^2+(2^{2x})^{-1}}{2^{2x}+1}$

$=\dfrac{5^2+\dfrac{1}{5}}{5+1}=\dfrac{\dfrac{126}{5}}{6}=\dfrac{21}{5}$

[다른 풀이]

$$\frac{8^x+8^{-x}}{2^x+2^{-x}}=\frac{2^{3x}+2^{-3x}}{2^x+2^{-x}}=\frac{(2^x+2^{-x})(2^{2x}-1+2^{-2x})}{2^x+2^{-x}}$$

$$=2^{2x}-1+2^{-2x}=5-1+\frac{1}{5}=\frac{21}{5}$$

13 $\log x$와 $\log x^3$의 소수부분이 같으므로

$\log x^3-\log x=3\log x-\log x=2\log x=$(정수)

그런데 $10<x<1000$이므로 $\log 10<\log x<\log 1000$

$1<\log x<3 \Rightarrow 2<2\log x<6$

이때, $2\log x$가 정수이므로

$2\log x=3,\ 4,\ 5$에서 $\log x=\frac{3}{2},\ \log x=2,\ \log x=\frac{5}{2}$

$x=10^{\frac{3}{2}},\ 10^2,\ 10^{\frac{5}{2}}$

따라서 구하는 x의 값들의 곱은

$10^{\frac{3}{2}}\times 10^2\times 10^{\frac{5}{2}}=10^{\frac{3}{2}+2+\frac{5}{2}}=10^6$

14 $-2<x<y<16$이라 하면

$-2,\ x,\ y$는 등차수열, $x,\ y,\ 16$은 등비수열을 이룬다.

따라서 x는 -2와 y의 등차중항이므로 $x=\frac{-2+y}{2}$ ⋯ ㉠

또한 y는 x와 16의 등비중항이므로 $y^2=16x$ ⋯ ㉡

㉠과 ㉡을 연립하면 $y^2=16\left(\frac{-2+y}{2}\right)=-16+8y$

$y^2-8y+16=0$

$y=4$를 ㉠에 대입하면 $x=1$

$\therefore x+y=5$

15

$$\lim_{n\to\infty}\frac{3^{n+1}+a\cdot 2^{2n}}{4^n+b\cdot 3^n}=\lim_{n\to\infty}\frac{3\cdot 3^n+a\cdot 4^n}{4^n+b\cdot 3^n}=\lim_{n\to\infty}\frac{3\left(\frac{3}{4}\right)^n+a}{1+b\left(\frac{3}{4}\right)^n}=\frac{a+a}{1+0}=a$$

$\Rightarrow a=3$

$$\lim_{n\to\infty}\frac{3^{n+1}+a\cdot 2^n}{2^{n+2}+b\cdot 3^n}=\lim_{n\to\infty}\frac{3\cdot 3^n+a\cdot 2^n}{4\cdot 2^n+b\cdot 3^n}=\lim_{n\to\infty}\frac{3+a\left(\frac{2}{3}\right)^n}{4\left(\frac{2}{3}\right)^n+b}=\frac{3+0}{0+b}=\frac{3}{b}$$

$\frac{3}{b}=3$에서 $b=1$

따라서 $a=3,\ b=1$이므로 $a+b=4$

16 $\lim_{x\to\infty}\frac{2x^2+x+1}{f(x)}$의 값이 1이므로 $f(x)$는 이차항의 계수가 2인 이차식이다.

또, $\lim_{x\to 2}\frac{x^2-x-2}{f(x)}=\frac{1}{2}$에서 $x\to 2$일 때 (분자)→0이므로 (분모)→0이다.

즉, $\lim_{x\to 2}f(x)=f(2)=0$

따라서 이차식 $f(x)=2(x-2)(x-\alpha)$ (α는 상수)로 놓을 수 있으므로

$\lim_{x\to 2}\frac{x^2-x-2}{2(x-2)(x-\alpha)}=\lim_{x\to 2}\frac{(x-2)(x+1)}{2(x-2)(x-\alpha)}=\frac{3}{2(2-\alpha)}$

이때, $\frac{3}{2(2-\alpha)}=\frac{1}{2}$이므로 $\alpha=-1$

$f(x)=2(x-2)(x+1)=2x^2-2x-4$

따라서 일차항의 계수는 -2이다.

17 $f(x)$가 증가함수이므로 $f(x)$의 모든 점에서의 접선의 기울기 $f'(x)\geq 0$이다.

따라서 $f'(x)=x^2+2ax+(3a-2)\geq 0$이고,

모든 실수 x에 대하여 성립하기 위한 조건은 $D\leq 0$이어야 하므로

$\frac{D}{4}=a^2-(3a-2)\leq 0$

$a^2-3a+2\leq 0$

$(a-1)(a-2)\leq 0$

$\therefore 1\leq a\leq 2$

18 $y=x^3-x^2-2x=x(x+1)(x-2)$에서

x축과의 교점의 x좌표는 $x=-1,\ 0,\ 2$이므로

그래프는 오른쪽 그림과 같다.

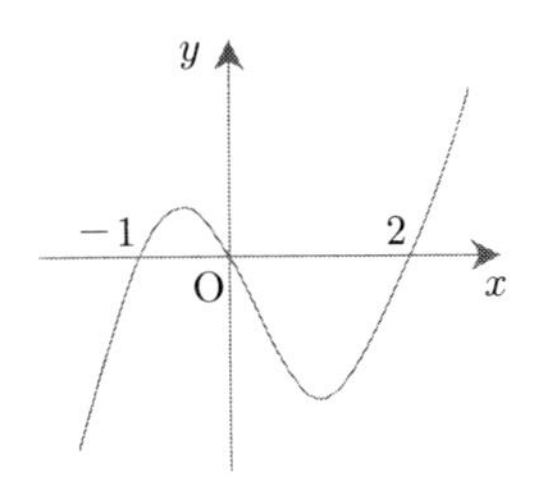

따라서 구하는 넓이를 S라 하면

$S=\int_{-1}^{2}(x^3-x^2-2x)dx$

$=\int_{-1}^{0}(x^3-x^2-2x)dx-\int_{0}^{2}(x^3-x^2-2x)dx$

$=\left[\frac{1}{4}x^4-\frac{1}{3}x^3-x^2\right]_{-1}^{0}-\left[\frac{1}{4}x^4-\frac{1}{3}x^3-x^2\right]_{0}^{2}$

$=\frac{5}{12}+\frac{8}{3}$

$=\frac{37}{12}$

19

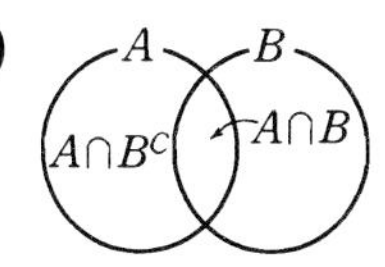

$\mathrm{P}(A\cap B)=\mathrm{P}(A)-\mathrm{P}(A\cap B^c)=\frac{1}{3}-\frac{1}{5}=\frac{2}{15}$

$\therefore \mathrm{P}(B|A)=\frac{\mathrm{P}(A\cap B)}{\mathrm{P}(A)}=\frac{\frac{2}{15}}{\frac{1}{3}}=\frac{2}{5}$

20

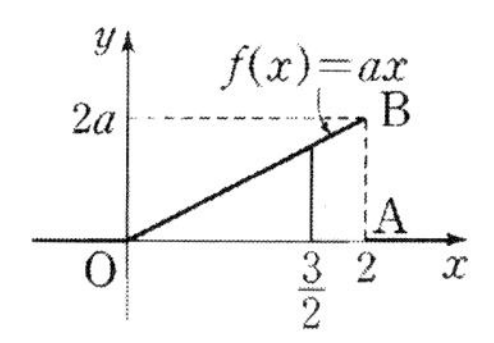

$f(x)=ax$에서 $f(2)=2a$이고,

$\triangle OAB=1$이므로 $\frac{1}{2}\times 2\times 2a=1$

$a=\frac{1}{2}$, $f(x)=\frac{1}{2}x$

$f(\frac{3}{2})=\frac{1}{2}\times\frac{3}{2}=\frac{3}{4}$이므로

$\therefore \mathrm{P}(0\le X\le\frac{3}{2})=\frac{1}{2}\times\frac{3}{2}\times\frac{3}{4}=\frac{9}{16}$

정답 및 해설

실전 모의고사 8회

Answer

1	2	3	4	5	6	7	8	9	10	11	12	13	14	15	16	17	18	19	20
④	③	③	②	①	④	③	①	④	③	④	①	③	③	②	①	④	④	③	②

1 $n(X\cup Y)=n(X)+n(Y)-n(X\cap Y)$에서

$$n(X\cap Y)=n(X)+n(Y)-n(X\cup Y)$$
$$=14+8-n(X\cup Y)$$
$$=22-n(X\cup Y)$$

이때, $n(X\cup Y)$의 최댓값이 20, 최솟값이 14이므로

$M=8,\ m=2$

$\therefore M-m=6$

2 (ⅰ) $a+2b+3c=0$일 때,

$2b+3c=-a$

$$\frac{2b+3c}{a}=\frac{-a}{a}=-1$$

$k=-1$

(ⅱ) $a+2b+3c\neq 0$일 때,

가비의 리에 의하여

$$\frac{2b+3c}{a}=\frac{3c+a}{2b}=\frac{a+2b}{3c}=\frac{2(a+2b+3c)}{a+2b+3c}=2$$

$k=2$

(ⅰ), (ⅱ)에서 구하는 모든 k의 값의 합은 $-1+2=1$

3 $$x=\frac{\sqrt{2}-1}{\sqrt{2}+1}=\frac{(\sqrt{2}-1)^2}{(\sqrt{2}+1)(\sqrt{2}-1)}=3-2\sqrt{2}$$

$x+y=6,\ xy=1$

$\therefore x^2+xy+y^2=(x+y)^2-xy=36-1=35$

4 $x^2+x+1=0$의 양변에 $x-1$을 곱하면

$(x-1)(x^2+x+1)=0$

$x^3=1$

ω는 $x^2+x+1=0$과 $x^3=1$의 근이므로

$\omega^2+\omega+1=0$, $\omega^3=1$

$\omega^{100}+\omega^{99}+\omega^{98}+\omega^{97}+\cdots+\omega+1$

$=(\omega^3)^{33}\cdot\omega+\omega^{97}(\omega^2+\omega+1)+\omega^{94}(\omega^2+\omega+1)+\cdots+\omega(\omega^2+\omega+1)+1$

$=\omega+1$

따라서 $a=1$, $b=1$이므로 $a+b=2$

5 x, y가 실수이므로 코시-슈바르츠의 부등식에 의하여

$(3^2+4^2)(x^2+y^2)\ge(3x+4y)^2$

그런데 $3x+4y=5$이므로 $25(x^2+y^2)\ge 25$

$x^2+y^2\ge 1$ (단, 등호는 $\frac{x}{3}=\frac{y}{4}$일 때 성립)

따라서 x^2+y^2의 최솟값은 1이다.

6 직선 $x+ay+1=0$과 직선 $2x-by+1=0$이 수직이므로 $1\cdot 2+a\cdot(-b)=0$

$ab=2$ …… ㉠

또한, 직선 $x+ay+1=0$과 직선 $x-(b-3)y-1=0$이 평행하므로

$\frac{1}{1}=\frac{-b+3}{a}\ne\frac{-1}{1}$

$a=-b+3$

$a+b=3$ …… ㉡

㉠, ㉡에 의하여

$a^3+b^3=(a+b)^3-3ab(a+b)=3^3-3\cdot 2\cdot 3=9$

7 $a>0$이므로 함수 f가 일대일대응이 되려면

$f(-3)=1$, $f(3)=13$

$f(x)=ax+b$이므로

$-3a+b=1$, $3a+b=13$

위의 두 식을 연립하여 풀면

$a=2$, $b=7$

$\therefore a+b=9$

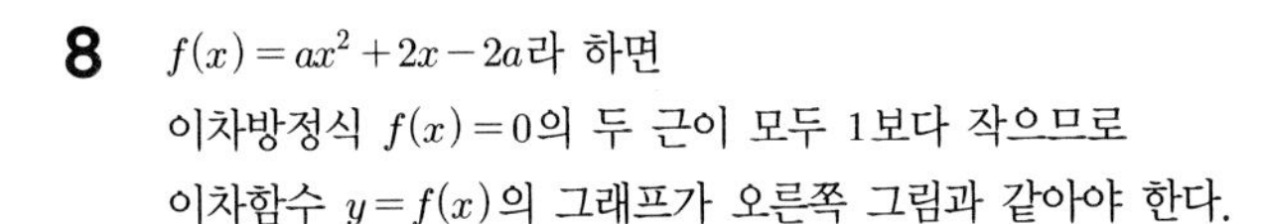

8 $f(x)=ax^2+2x-2a$라 하면

이차방정식 $f(x)=0$의 두 근이 모두 1보다 작으므로

이차함수 $y=f(x)$의 그래프가 오른쪽 그림과 같아야 한다.

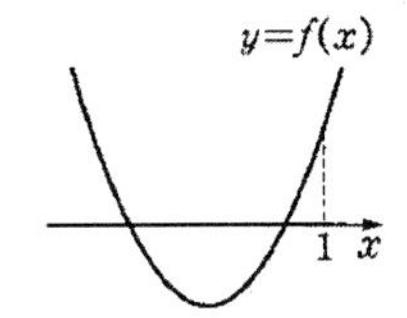

(1) 이차방정식 $f(x)=0$의 판별식을 D라 하면

$\frac{D}{4}=1-a(-2a)\geq 0$

$1+2a^2\geq 0$

a가 실수이므로 항상 성립한다.

(2) $f(1)=a+2-2a>0$

$a<2$

(3) 이차함수 $y=f(x)$의 그래프의 축의 방정식이 $x=-\frac{1}{a}$이므로 $-\frac{1}{a}<1$

$a>-1$

이상에서 구하는 a의 값의 범위는 $0<a<2\,(\because a>0)$

$\therefore \alpha+\beta=2$

9 $f(x)=\frac{a^x+a^{-x}}{a^x-a^{-x}}=\frac{a^{2x}+1}{a^{2x}-1}=2$이므로 $a^{2x}=3$

$\therefore f(3x)=\frac{a^{3x}+a^{-3x}}{a^{3x}-a^{-3x}}=\frac{a^{6x}+1}{a^{6x}-1}=\frac{(a^{2x})^3+1}{(a^{2x})^3-1}=\frac{27+1}{27-1}=\frac{14}{13}$

따라서 $p=13,\ q=14 \Rightarrow p+q=27$

10 A에서 B로의 함수의 개수 p는 $p={}_4\Pi_3=4^3=64$

$f(a)<f(b)<f(c)$인 함수의 개수 q는 $q={}_4C_3=4$

따라서 $p-q=64-4=60$

11 그림에서 $f(a)=b,\ f(b)=c,\ f(c)=d$이므로

$(f\circ f\circ f)(a)=(f\circ f)\{f(a)\}=(f\circ f)(b)$
$=f\{f(b)\}=f(c)=d$

12 $\log A$의 정수부분을 n, 소수부분을 α라 하면

$\log A=n+\alpha$ (단, n은 정수, $0\leq\alpha<1$)

그런데 n과 α는 이차방정식 $3x^3-7x+k=0$의 두 근이므로 근과 계수의 관계에 의하여

$n+\alpha=\frac{7}{3}$ …… ㉠

$n\alpha=\frac{k}{3}$ …… ㉡

㉠에서 $\frac{7}{3}=2+\frac{1}{3}$이므로 $n=2,\ \alpha=\frac{1}{3}$

따라서 ㉡에서 $k=3n\alpha=3\times2\times\frac{1}{3}=2$

13 주어진 수열 $\frac{1}{1}$, $\frac{1}{2}$, $\frac{2}{2}$, $\frac{1}{3}$, $\frac{2}{3}$, $\frac{3}{3}$, …을

$\left(\frac{1}{1}\right)$, $\left(\frac{1}{2}, \frac{2}{2}\right)$, $\left(\frac{1}{3}, \frac{2}{3}, \frac{3}{3}\right)$, …과 같이 군수열로 묶으면

제 n군은 $\left(\frac{1}{n}, \frac{2}{n}, \cdots, \frac{n-1}{n}, \frac{n}{n}\right)$이 된다.

제 n군은 첫째항이 $\frac{1}{n}$, 항의 개수가 n개, 공차가 $\frac{1}{n}$인 등차수열을 이룬다.

$\frac{7}{10}$은 제10군의 제7항이므로 원래의 수열에서 $\frac{7}{10}$은 $(1+2+\cdots+9+7)$번째 항이 된다.

따라서 $\sum_{k=1}^{9} k+7=\frac{9 \cdot 10}{2}+7=52$이므로 $\frac{7}{10}$은 주어진 수열의 제52항이다.

14 등차수열의 합 $S_n=\frac{n\{2\times 3+(n-1)\times 2\}}{2}=n(n+2)$

$$\therefore \lim_{n\to\infty}\sum_{k=1}^{n}\frac{1}{S_k}$$

$$=\lim_{n\to\infty}\sum_{k=1}^{n}\frac{1}{k(k+1)}=\lim_{n\to\infty}\sum_{k=1}^{n}\frac{1}{2}\left(\frac{1}{k}-\frac{1}{k+1}\right)$$

$$=\lim_{n\to\infty}\frac{1}{2}\left\{\left(\frac{1}{1}-\frac{1}{3}\right)+\left(\frac{1}{2}-\frac{1}{4}\right)+\left(\frac{1}{3}-\frac{1}{5}\right)+\cdots+\left(\frac{1}{n-1}-\frac{1}{n+1}\right)+\left(\frac{1}{n}-\frac{1}{n+2}\right)\right\}$$

$$=\lim_{n\to\infty}\frac{1}{2}\left(\frac{1}{1}+\frac{1}{2}-\frac{1}{n+1}-\frac{1}{n+2}\right)$$

$$=\frac{3}{4}$$

15

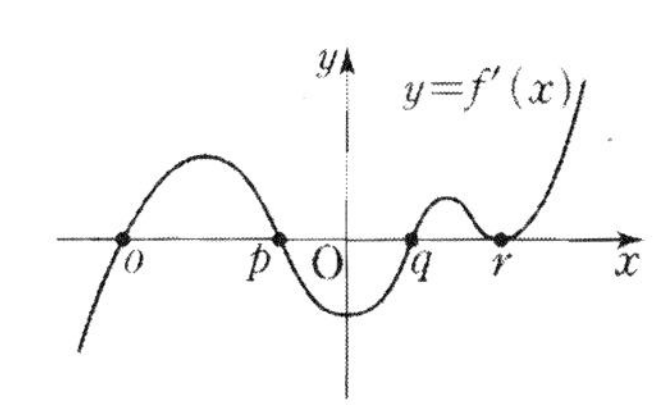

위의 그림과 같이

함수 $y=f'(x)$의 그래프가 x축과 만나는 점의 x좌표를 왼쪽부터 차례로 o, p, q, r이라 하면

$x=p$의 좌우에서 $f'(x)$의 부호가 양에서 음으로 바뀌므로

함수 $f(x)$는 $x=p$에서 극댓값을 가지고,

$x=o$, $x=q$의 좌우에서 $f'(x)$의 부호가 음에서 양으로 바뀌므로

함수 $f(x)$는 $x=o$, $x=q$에서 극솟값을 가진다.

또, $x=r$의 좌우에서는 $f'(x)$의 부호가 바뀌지 않으므로 극값을 갖지 않는다.

따라서 함수 $y=f(x)$의 극소점의 개수는 2개다.

16 $\sum_{n=1}^{\infty}\left(\frac{a_n}{n}-\frac{2n+1}{n}\right)$이 수렴하므로 $\lim_{n\to\infty}\left(\frac{a_n}{n}-\frac{2n+1}{n}\right)=0$ 즉 $\lim_{n\to\infty}\frac{a_n}{n}=2$

따라서 $\lim_{n\to\infty}\frac{3n-2a_n}{n+a_n}=\lim_{n\to\infty}\frac{3-\frac{2a_n}{n}}{1+\frac{a_n}{n}}=\frac{3-4}{1+2}=-\frac{1}{3}$

17 $\lim_{n\to\infty}\frac{1}{n^3}\{(3n-1)^2+(3n-2)^2+\cdots+(3n-n)^2\}$

$=\lim_{n\to\infty}\frac{1}{n^3}\sum_{k=1}^{n}(3n-k)^2=\lim_{n\to\infty}\sum_{k=1}^{n}\frac{(3n-k)^2}{n^2}\cdot\frac{1}{n}$

$=\lim_{n\to\infty}\sum_{k=1}^{n}\left(\frac{3n-k}{n}\right)^2\cdot\frac{1}{n}=\lim_{n\to\infty}\sum_{k=1}^{n}\left\{3+\frac{(-1)}{n}k\right\}^2\cdot\frac{(-1)}{n}\cdot(-1)$

$=-\int_3^2 x^2dx=\int_2^3 x^2dx$

$=\left[\frac{1}{3}x^3\right]_2^3=9-\frac{8}{3}$

$=\frac{19}{3}$

18 $y=x(x+1)(x-a)$이 x축과의 교점의 x좌표는 $x=-1,\ 0,\ a$

또한, x축과의 두 부분의 넓이가 같으므로 $\int_{-1}^{a}f(x)dx=0$이다.

$\int_{-1}^{a}x(x+1)(x-a)dx=\int_{-1}^{a}\{x^3-(a-1)x^2-ax\}dx$

$=\left[\frac{1}{4}x^4-\frac{1}{3}(a-1)x^3-\frac{1}{2}ax^2\right]_{-1}^{a}$

$=\frac{1}{4}a^4-\frac{1}{3}(a-1)a^3-\frac{1}{2}a^3-\left\{\frac{1}{4}+\frac{1}{3}(a-1)-\frac{1}{2}a\right\}$

$=-\frac{1}{12}a^4-\frac{1}{6}a^3+\frac{1}{6}a+\frac{1}{12}$

$=-\frac{1}{12}(a^4+2a^3-2a-1)$

$=-\frac{1}{12}(a+1)^3(a-1)=0$

$\therefore a=1\ (\because a>0)$

19 갑이 파란 공을 꺼내는 사건을 A라 하면

$P(A)=\frac{5}{8}$

갑이 파란 공을 꺼내는 사건을 B라 하면

$P(B)=\frac{4}{7}$

따라서 구하는 확률은

$P(A\cap B)=P(A)P(B|A)=\frac{5}{8}\times\frac{4}{7}=\frac{5}{14}$

20 확률변수 X는 이항분포 $B(72,\ \frac{1}{6})$을 따른다.

따라서 X의 기댓값 $E(X)$는

$E(X)=72\times\frac{1}{6}=12$

실전 모의고사 9회

Answer

1	2	3	4	5	6	7	8	9	10	11	12	13	14	15	16	17	18	19	20
③	④	①	③	①	④	④	④	③	④	④	③	③	②	③	④	④	①	③	②

1
$$\begin{aligned} A_3 \cap (A_4 \cup A_6) &= (A_3 \cap A_4) \cup (A_3 \cap A_6) \\ &= A_{12} \cup A_6 \\ &= A_6 \end{aligned}$$

2 나머지정리에 의하여 $f(1)=-1$, $f(-2)=-7$

다항식 $f(x)$를 x^2+x-2로 나누었을 때의 몫을 $Q(x)$, 나머지를 $R(x)=ax+b$ (a, b는 상수)라 하면

$$\begin{aligned} f(x) &= (x^2+x-2)Q(x)+ax+b \\ &= (x-1)(x+2)Q(x)+ax+b \end{aligned}$$

식의 양변에 $x=1$, $x=-2$을 각각 대입하면

$f(1)=a+b$, $f(-2)=-2a+b$

$\Rightarrow a+b=-1$, $-2a+b=-7$

위의 두 식을 연립하여 풀면 $a=2$, $b=-3$

따라서 $R(x)=2x-3$이므로 $R(2)=1$

3
$$\begin{aligned} x^4+3x^2+4 &= (x^4+4x^2+4)-x^2 \\ &= (x^2+2)^2-x^2 \\ &= (x^2+x+2)(x^2-x+2) \end{aligned}$$

$\therefore abcd=-4$

4 $2x^2+3[x]=x$에서

(i) $-2<x<-1$일 때, $[x]=-2$이므로

$2x^2-6=x$, $2x^2-x-6=0$, $(x-2)(2x+3)=0$

$x=-\dfrac{3}{2}$ 또는 $x=2$

그런데 $-2<x<-1$이므로 $x=-\dfrac{3}{2}$

(ii) $-1 \le x < 0$일 때, $[x]=-1$이므로

$2x^2-3=x$, $2x^2-x-3=0$, $(x+1)(2x-3)=0$

$x=-1$ 또는 $x=\frac{3}{2}$

그런데 $-1 \le x < 0$이므로 $x=-1$

(i), (ii)에서 주어진 방정식의 해는 $x=-\frac{3}{2}$ 또는 $x=-1$

5 $ax^2+bx+10<0$의 해가 $x<-1$ 또는 $x>5$이므로 $a>0$

해가 $x<-1$ 또는 $x>5$이고 이차항의 계수가 1인 이차부등식은 $(x+1)(x-5)>0$

즉, $x^2-4x-5>0$

양변에 a를 곱하면 $ax^2-4ax-5a>0$

이 부등식이 $ax^2+bx+c>0$과 같으므로 $b=-4a$, $c=-5a$

이를 $ax^2-2cx+6b<0$에 대입하면

$ax^2+10ax-24a<0$

$x^2+10x-24<0$

$(x+12)(x-2)<0$

$-12<x<2$

따라서 정수 x의 최댓값은 1이다.

6 주어진 조건에서 $\overline{AP}:\overline{BP}=2:1$이므로

$\overline{AP}=2\overline{BP} \Rightarrow \overline{AP}^2=4\overline{BP}^2$

점 P의 좌표를 $(x,\ y)$로 놓으면 $(x-2)^2+(y-1)^2=4\{(x+4)^2+(y-7)^2\}$

$x^2+y^2+12x-18y+85=0 \Rightarrow (x+6)^2+(y-9)^2=32$

따라서 원의 반지름은 $\sqrt{32}=4\sqrt{2}$

7 모든 실수 x에 대하여 $x^2-kx-1>x-2k$

즉, $x^2-(k+1)x+2k-1>0$이 성립하므로

이차방정식 $x^2-(k+1)x+2k-1=0$의 판별식을 D라 하면

$D=(k+1)^2-4(2k-1)<0$

$k^2+2k+1-8k+4<0$

$k^2-6k+5<0$

$(k-1)(k-5)<0$

$\therefore 1<k<5$

8 그림에서 그래프는 $y=\sqrt{ax}\ (a>0)$의 그래프를 x축 방향으로 -2만큼, y축 방향으로 1만큼 평행이동한 것이므로 $y-1=\sqrt{a(x+2)}$

그런데 점 $(0,\ 3)$을 지나므로 $3-1=\sqrt{a(0+2)}\ \Rightarrow a=2$

$\therefore y-1=\sqrt{2(x+2)}\ \Rightarrow y=\sqrt{2x+4}+1$

따라서 $a=2,\ b=4,\ c=1\ \Rightarrow a+b+c=7$

9 X에서 Y로의 함수의 개수는 집합 Y의 원소 $a,\ b,\ c,\ d$를 중복을 허락하여 일렬로 배열하는 방법의 수와 같다.

$m={}_4\Pi_3=4^3=64$

한편, $x_1\neq x_2$인 $x_1,\ x_2\in X$에 대하여 $g(x_1)\neq g(x_2)$를 만족하는 함수 g의 개수는

집합 X의 원소 1, 2, 3에 대응되는 집합 Y의 원소가 서로 달라야 하므로

$a,\ b,\ c,\ d$에서 3개를 택하여 일렬로 배열하는 방법의 수와 같다.

$n={}_4P_3=4\times3\times2=24$

$\therefore m+n=64+24=88$

10 A군이 문제를 맞게 풀 확률이 $p=\frac{2}{3}$이므로 틀릴 확률은 $q=\frac{1}{3}$이다.

A군이 합격하기 위해서는 네 문제 또는 다섯 문제를 맞게 풀어야 하므로 합격할 확률은 독립시행의 확률에서 ${}_5C_4(\frac{2}{3})^4(\frac{1}{3})+{}_5C_5(\frac{2}{3})^5=\frac{112}{243}$

11 $\log x$와 $\log x^3$의 소수부분이 같으므로

$\log x^3-\log x=3\log x-\log x=2\log x=$(정수)

그런데 $10<x<1000$이므로 $\log 10<\log x<\log 1000$

$1<\log x<3\Rightarrow 2<2\log x<6$

이때, $2\log x$가 정수이므로

$2\log x=3,\ 4,\ 5$에서 $\log x=\frac{3}{2},\ \log x=2,\ \log x=\frac{5}{2}$

$x=10^{\frac{3}{2}},\ 10^2,\ 10^{\frac{5}{2}}$

따라서 구하는 x의 값들의 곱은

$10^{\frac{3}{2}}\times10^2\times10^{\frac{5}{2}}=10^{\frac{3}{2}+2+\frac{5}{2}}=10^6$

12 $S(4,2)$는 원소의 개수가 4개인 집합을 서로소인 2개의 부분집합으로 분할하는 방법의 수를 나타낸다.

(ⅰ) 두 집합의 원소의 개수가 1개, 3개인 경우는 ${}_4C_3=4$

(ⅱ) 두 집합의 원소의 개수가 2개, 2개인 경우는 $\frac{{}_4C_2}{2}=3$

따라서 $S(4,2)$의 값은 $4+3=7$

13 $\sum_{j=1}^{10} a_j b_k = b_k \sum_{j=1}^{10} a_j$

$= (2^k - 4)\sum_{j=1}^{10}(2j-4)$

$= (2^k - 4) \times \left(\frac{2 \cdot 10 \cdot 11}{2} - 40\right)$

$= 70(2^k - 4)$

$\therefore \sum_{k=1}^{5}\left(\sum_{j=1}^{10} a_j b_k\right) = 70\sum_{k=1}^{5}(2^k - 4)$

$= 70 \times \frac{2 \cdot (2^5 - 1)}{2-1} - 70 \times 5 \times 4$

$= 4340 - 1400$

$= 2940$

14 수열 $\{a_n\}$이 모든 자연수 n에 대하여 $n < a_n < n+1$이므로

$a < a_1 < 2$

$2 < a_2 < 3$

$\vdots$

$n < a_n < n+1$

위의 식을 각 변끼리 더하면

$\sum_{k=1}^{n} k < \sum_{k=1}^{n} a_k < \sum_{l=1}^{n}(k+1)$

$\frac{n(n+1)}{2} < \sum_{k=1}^{n} a_k < \frac{n(n+1)}{2} + n$

$\frac{n(n+1)}{2} < \sum_{k=1}^{n} a_k < \frac{n(n+3)}{2}$

$\frac{2}{n(n+3)} < \frac{1}{\sum_{k=1}^{n} a_k} < \frac{2}{n(n+1)}$

$\frac{2n^2}{n^2+3n} < \frac{n^2}{a_1 + a_2 + \cdots + a_n} < \frac{2n^2}{n^2+n}$

$\lim_{n\to\infty}\frac{2n^2}{n^2+3n} \le \lim_{n\to\infty}\frac{n^2}{a_1+a_2+\cdots+a_n} \le \lim_{n\to\infty}\frac{2n^2}{n^2+n}$

$\lim_{n\to\infty}\frac{2n^2}{n^2+3n} \le \lim_{n\to\infty}\frac{2}{1+\frac{3}{n}} = 2$

$\lim_{n\to\infty}\frac{2n^2}{n^2+n} \le \lim_{n\to\infty}\frac{2}{1+\frac{1}{n}} = 2$

$\lim_{n\to\infty}\frac{n^2}{a_1+a_2+\cdots+a_n} = 2$

15 ㉠ $\lim_{x \to 1-0} f(x) = \lim_{x \to 1+0} f(x) = 2$이다.

따라서 $\lim_{x \to 1} f(x) = 2$로 존재한다.

㉡ $f(1) = 1$이다.

㉢ $\lim_{x \to 1} f(x) \neq f(1)$이므로 $x = 1$에서 불연속이다.

따라서 옳은 것은 ㉠, ㉡으로 2개다.

16 $f(x+y) = f(x) + f(y) + 3xy$가 임의의 실수 x, y에 대하여 성립하므로 $x=0$, $y=0$을 대입하면

$f(0) = 2f(0)$에서 $f(0) = 0$이므로

$$f'(0) = \lim_{h \to 0} \frac{f(0+h) - f(0)}{h}$$

$$= \lim_{h \to 0} \frac{f(h)}{h} = 6$$

$$f'(2) = \lim_{h \to 0} \frac{f(2+h) - f(2)}{h}$$

$$= \lim_{h \to 0} \frac{f(2) + f(h) + 3 \cdot 2 \cdot h - f(2)}{h}$$

$$= \lim_{h \to 0} \frac{f(h) + 6h}{h}$$

$$\therefore \lim_{h \to 0} \frac{f(h)}{h} + 6 = 6 + 6 = 12$$

17 함수 $f(x) = x^2\ (x \geq 0)$의 역함수가 $g(x)$이므로

$y = f(x)$의 그래프와 $y = g(x)$의 그래프는 직선 $y = x$에 대하여 대칭이다.

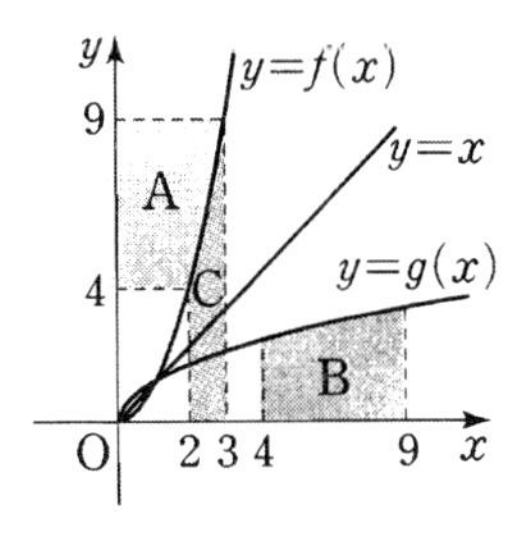

위의 그림에서 (A의 넓이)=(B의 넓이)이므로

$$\int_2^3 f(x)dx + \int_4^9 g(x)dx = (C\text{의 넓이}) + (B\text{의 넓이})$$

$$= (C\text{의 넓이}) + (A\text{의 넓이})$$

$$= 3 \times 9 - 2 \times 4$$

$$= 19$$

18 $xf(x)=3x^4-x^2+1+\int_1^x f(t)dt$에 $x=1$을 대입하면

$1\cdot f(1)=3-1+1+\int_1^1 f(t)dt$

$f(1)=3$

또한, 주어진 등식의 양변을 x에 대하여 미분하면

$f(x)+xf'(x)=12x^3-2x+f(x)$

$f'(x)=12x^2-2$

$f(x)=\int f'(x)dx=4x^3-2x+C$

그런데 $f(1)=3$이므로 $f(1)=4-2+C=3$에서 $C=1$

$f(x)=4x^3-2x+1$

$\therefore f(0)=1$

19 (i) $x\geq 0$, $y\geq 0$, $z\geq 0$, $x+y+z=12$에서

$m={}_3\mathrm{H}_{12}={}_{14}\mathrm{C}_{12}={}_{14}\mathrm{C}_2=91$(개)

(ii) $x\geq 1$, $y\geq 1$, $z\geq 1$, $x+y+z=12$에서 $x-1=a$, $y-1=b$, $z-1=c$라 놓으면

$a\geq 0$, $b\geq 0$, $c\geq 0 \Rightarrow a+b+c=9$

$n={}_3\mathrm{H}_9={}_{11}\mathrm{C}_9={}_{11}\mathrm{C}_2=55$(개)

$\therefore m+n=91+55=146$(개)

20 신뢰도가 95%인 신뢰구간의 길이는 $2\times1.96\times\frac{\sigma}{\sqrt{n}}$이므로

$2\times1.96\times\frac{\sigma}{\sqrt{n}}\leq\frac{\sigma}{5}$

$\Rightarrow \sqrt{n}\geq 19.6$

$\Rightarrow n\geq 384.16$

따라서 n은 자연수이므로 최소한의 표본의 크기는 385이다.

정답 및 해설

실전 모의고사 10회

Answer

1	2	3	4	5	6	7	8	9	10	11	12	13	14	15	16	17	18	19	20
③	③	①	①	③	②	②	②	④	③	④	④	④	③	④	③	③	①	④	③

1 ① $p:|x+y|=|x|+|y| \Leftrightarrow q:x \geq 0,\ y \geq 0$

[⇒의 반례] $x=-1,\ y=-1$

② $p:x^2=y^2 \Leftrightarrow q:x=y$

[⇒의 반례] $x=-1,\ y=1$

③ $p:x^2>y^2 \Leftrightarrow q:|x|>|y|$

④ $p:x^2+y^2>0 \Leftrightarrow q:x+y>0$

[⇒의 반례] $x=2,\ y=-4$

따라서 p가 q이기 위한 필요충분조건인 것은 ③이다.

2 $$\frac{1}{2-\frac{1}{1-\frac{1}{x}}}=\frac{1}{2-\frac{1}{\frac{2x-1}{x}}}=\frac{1}{2-\frac{x}{2x-1}}=\frac{1}{\frac{4x-2-x}{2x-1}}=\frac{2x-1}{3x-2}$$

$\frac{2x-1}{3x-2}=\frac{ax+b}{3x+c}$가 x에 대한 항등식이므로

$a=2,\ b=-1,\ c=-2$

$\therefore a^2+b^2+c^2=4+1+4=9$

3 방정식 $2x^2-3x+6=0$의 두 근이 $\alpha,\ \beta$이므로

근과 계수의 관계에 의하여 $\alpha+\beta=\frac{3}{2},\ \alpha\beta=3$

한편, $\frac{1}{\alpha},\ \frac{1}{\beta}$의 합과 곱을 구하면

$$\frac{1}{\alpha}+\frac{1}{\beta}=\frac{\alpha+\beta}{\alpha\beta}=\frac{\frac{3}{2}}{3}=\frac{1}{2},\quad \frac{1}{\alpha}\cdot\frac{1}{\beta}=\frac{1}{\alpha\beta}=\frac{1}{3}$$

따라서 $\frac{1}{\alpha},\ \frac{1}{\beta}$을 두 근으로 하는 이차방정식은 $x^2-\frac{1}{2}x+\frac{1}{3}=0$

즉, $6x^2-3x+2=0$이므로 $a=-3,\ b=2$

$\therefore a+b=-1$

4 주어진 이차방정식의 두 근을 α, β라 하면 두 근의 부호가 서로 달라야 하므로

$\alpha\beta=2a-4<0 \Rightarrow a<2$

따라서 a의 값이 될 수 있는 것은 1이다.

5 $x>-1$에서 $x+1>0$이므로 산술평균과 기하평균의 관계에 의하여

$x+\dfrac{9}{x+1}=x+1+\dfrac{9}{x+1}-1\geq 2\sqrt{(x+1)\cdot\dfrac{9}{x+1}}-1=2\cdot3-1=5$

등호는 $x+1=\dfrac{9}{x+1}$일 때 성립하므로 $(x+1)^2=9$

$\Rightarrow x+1=3\,(\because x+1>0) \Rightarrow x=2$

따라서 $x+\dfrac{9}{x+1}$는 $x=2$일 때 최솟값 5를 가지므로

$m=5,\ n=2$

$\therefore m+n=7$

6 주어진 원의 방정식을 표준형으로 변형하면

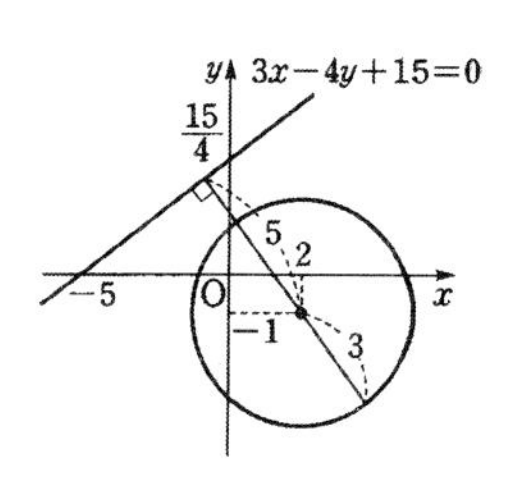

$(x-2)^2+(y+1)^2=9$

원의 중심 $(2,\ -1)$과 직선 $3x-4y+15=0$ 사이의 거리는

$\dfrac{|3\cdot2-4\cdot(-1)+15|}{\sqrt{3^2+(-4)^2}}=\dfrac{25}{5}=5$

원의 반지름의 길이가 3이므로

$M=5+3=8,\ m=5-3=2$

$\therefore M+m=10$

7 두 점 $(1,\ -3)$, $(2,\ 1)$이 직선 $x+2y+k=0$에 대하여 서로 반대쪽에 있으므로

$(1-6+k)(2+2+k)<0$

$(k-5)(k+4)<0$

$\therefore -4<k<5$

8 두 함수가 서로 역함수이므로 두 함수의 그래프의 교점은 곡선 $y=\sqrt{x-1}+1$과 직선 $y=x$의 교점과 같다.

$\sqrt{x-1}+1=x$

$\sqrt{x-1}=x-1$

양변을 제곱하면

$x-1=x^2-2x+1$

$x^2-3x+2=0$

$(x-1)(x-2)=0$

$x=1$ 또는 $x=2$

따라서 주어진 두 함수의 그래프는 점 $(1,\ 1)$, $(2,\ 2)$에서 만나므로

두 점 사이의 거리는 $\sqrt{(2-1)^2+(2-1)^2}=\sqrt{2}$

9 $a(x+1)^2+b(x+1)+c=2x^2-3x+7$이 x에 대한 항등식이므로

$x=-1$을 대입하면 $c=12$

$x=0$을 대입하면 $a+b+c=7$

$x=1$을 대입하면 $4a+2b+c=6$

따라서 $a=2,\ b=-7,\ c=12 \Rightarrow a-b+c=21$

10 $A=\{x \mid |x-2|<k\}=\{x \mid -k+2<x<k+2\}$
$B=\{x \mid x^2-2x-8\le 0\}=\{x \mid -2\le x\le 4\}$

그런데 $A\cap B=B$이면 $B\subset A$이므로 $\begin{cases}-k+2<-2\\ k+2>4\end{cases} \Rightarrow k>4$

따라서 양의 정수 k의 최솟값은 5

11 $2^x=5^y=6^z=10$에서 $\dfrac{1}{x}=\log_{10}2,\ \dfrac{1}{y}=\log_{10}5,\ \dfrac{1}{z}=\log_{10}6$이므로

$\dfrac{1}{x}+\dfrac{1}{y}+\dfrac{1}{z}=\log_{10}2+\log_{10}5+\log_{10}6=\log_{10}60$

따라서 $10^{\frac{1}{x}+\frac{1}{y}+\frac{1}{z}}=10^{\log_{10}60}=60$

12 6명의 가족을 3명씩 두 집단으로 나누는 방법의 수는 $\dfrac{{}_6C_3\times{}_3C_3}{2}=10$이고,

부모를 같은 집단에 속하는 경우의 수는 부모를 제외한 나머지 4명의 가족 중 1명만 부모가 포함된 집단에 속하게 하면 되므로 4가지이다.

따라서 부모가 같은 집단에 속할 확률은 $\dfrac{4}{10}=\dfrac{2}{5}$

13 $\displaystyle\sum_{k=1}^{255}\log_2\left(1+\frac{1}{k}\right)=\sum_{k=1}^{255}\log_2\left(\frac{k+1}{k}\right)$

$\displaystyle=\sum_{k=1}^{255}\{\log_2(k+1)-\log_2k\}$

$=(\log_2 2-\log_2 1)+(\log_2 3-\log_2 2)+\cdots+(\log_2 256-\log_2 255)$

$=\log_2 256-\log_2 1=\log_2 2^8=8$

14 $3a_{n+1}=2a_n-5$ …… ㉠

㉠에서 $n=1$일 때, $3a_2=2a_1-5$이고, $a_1=1$이므로 $a_2=-1$

㉠은 모든 자연수 n에 대하여 성립하므로

n에 $n+1$을 대입하면 $3a_{n+2}=2a_{n+1}-5$ …… ㉡

㉡−㉠을 하면

$$\begin{array}{r} 3a_{n+2}=2a_{n+1}-5 \\ -\underline{)\ 3a_{n+1}=2a_n-5} \\ 3(a_{n+2}-a_{n+1})=2(a_{n+2}-a_n) \end{array}$$

여기에서 $a_{n+1}-a_n=b_n$이라 하면

$3b_{n+1}=2b_n \Rightarrow b_{n+1}=\frac{2}{3}b_n$

수열 $\{b_n\}$은 첫째항이 $b_1=a_2-a_1=-1-1=-2$이고

공비가 $\frac{2}{3}$인 등비수열이므로 $b_n=(-2)\left(\frac{2}{3}\right)^{n-1}$

$$a_n=1+\sum_{k=1}^{n-1}(-2)\left(\frac{2}{3}\right)^{k-1}$$

$$=1+\frac{(-2)\left\{1-\left(\frac{2}{3}\right)^{n-1}\right\}}{1-\frac{2}{3}}$$

$$=-5+6\left(\frac{2}{3}\right)^{n-1}$$

$$\therefore \lim_{n\to\infty}a_n=\lim_{n\to\infty}\left\{-5+6\left(\frac{2}{3}\right)^{n-1}\right\}$$

$$=-5+0$$

$$=-5$$

15 $x\to2$일 때, (분모)$\to0$이므로 (분자)$\to0$이어야 한다.

즉, $\lim_{x\to2}(\sqrt{ax+b}-2)=0$에서 $\sqrt{2a+b}-2=0$

$2a+b=4\cdots$ ㉠

주어진 식의 분자를 유리화 하면

$$\lim_{x\to2}\frac{\sqrt{ax+b}-2}{x-2}=\lim_{x\to2}\frac{(\sqrt{ax+b}-2)(\sqrt{ax+b}+2)}{(x-2)(\sqrt{ax+b}+2)}$$

$$=\lim_{x\to2}\frac{ax+b-4}{(x-2)(\sqrt{ax+b}+2)}$$

$$=\lim_{x\to2}\frac{ax+(4-2a)-4}{(x-2)(\sqrt{ax+b}+2)}$$ ($\because$ ㉠에서 $b=4-2a$)

$$=\lim_{x\to2}\frac{a(x-2)}{(x-2)(\sqrt{ax+b}+2)}$$

$$=\lim_{x\to2}\frac{a}{\sqrt{a+b}+2}$$

$$=\frac{a}{\sqrt{4}+2}$$ ($\because$ ㉠에서 $2a+b=4$)

$$=\frac{a}{4}$$

이때, $\frac{a}{4}=1$이므로 $a=4$

㉠에서 $b=-4$

$\therefore a-b=8$

16

$$\lim_{n\to\infty} n^2\left\{f\left(\frac{3}{n}\right)-f(0)\right\}^2=\lim_{n\to\infty}\left\{\frac{f\left(\frac{3}{n}\right)-f(0)}{\frac{1}{n}}\right\}^2$$

$$=\lim_{n\to\infty}\left\{\frac{f\left(\frac{3}{n}\right)-f(0)}{\frac{1}{n}}\cdot 3\right\}^2$$

$\frac{1}{n}=h$라 놓으면 $n\to\infty$이므로 $h\to 0$이다.

$$\lim_{h\to 0}\left\{\frac{f(3h)-f(0)}{3h}\cdot 3\right\}^2=9\left\{\lim_{h\to 0}\frac{f(3h)-f(0)}{3h}\right\}^2$$

$$=9\{f'(0)\}^2$$

이때, $f'(x)=4x+\frac{1}{3}$에서 $f'(0)=\frac{1}{3}$

$\therefore 9\{f'(0)\}^2=9\left(\frac{1}{3}\right)^2=1$

17 $f(x)$가 역함수를 갖기 위해서는 실수 전체의 집합에서 $f(x)$는 증가함수 또는 감소함수이어야 한다.
그런데 $f(x)$의 최고차항의 계수가 양수이므로 $f(x)$는 증가함수이어야 한다.
즉, 모든 실수 x에 대하여 $f'(x)\geq 0$이어야 하므로

$f'(x)=3x^2+2ax+a$

$\frac{D}{4}=a^2-3a\leq 0$

$a(a-3)\leq 0$

$\therefore 0\leq a\leq 3$

18

$$\int_0^1\frac{x^3}{x+1}dx-\int_1^0\frac{1}{t+1}dt=\int_0^1\frac{x^3}{x+1}dx+\int_0^1\frac{1}{t+1}dt$$

$$=\int_0^1\frac{x^3}{x+1}dx+\int_0^1\frac{1}{x+1}dx$$

$$=\int_0^1\frac{x^3+1}{x+1}dx$$

$$=\int_0^1(x^2-x+1)dx$$

$$=\left[\frac{1}{3}x^3-\frac{1}{2}x^2+x\right]_0^1=\frac{5}{6}$$

19 $v(t)=8-2t$에서

$1 \le t \le 4$일 때, $v(t) \ge 0$, $4 \le t \le 6$일 때 $v(t) \le 0$

따라서 점 P가 실제로 움직인 거리는

$$\begin{aligned}\int_0^6 |v(t)|dt &= \int_0^6 |8-2t|dt \\ &= \int_0^4 (8-2t)dt + \int_4^6 (2t-8)dt \\ &= \left[8t-t^2\right]_0^4 + \left[t^2-8t\right]_4^6 \\ &= 16+4=20(\mathrm{m})\end{aligned}$$

20 불량품의 개수를 확률변수 X라 하면 X는 이항분포 $B(2500,\ 0.02)$를 따르므로

$E(X)=2500\times0.02=50$, $V(X)=2500\times0.02\times0.98=7^2$

이때, n이 충분히 크므로 X는 $N(50,\ 7^2)$을 따른다.

$$\begin{aligned}P(36 \le X \le 64) &= P\left(\frac{36-50}{7} \le Z \le \frac{64-50}{7}\right) \\ &= P(-2 \le Z \le -2) \\ &= 2P(0 \le Z \le 2)\end{aligned}$$

$\therefore\ 2\times0.4772=0.9544$

실전 모의고사 11회

Answer

1	2	3	4	5	6	7	8	9	10	11	12	13	14	15	16	17	18	19	20
①	③	④	②	②	②	③	③	②	③	④	②	④	③	③	①	②	④	③	②

1 $f\circ h=g$에서 $f\{h(x)\}=g(x)$, 즉 $2h(x)-3=-4x+7$

$\therefore\ h(x)=-2x+5$

따라서 $h(3)=(-2)\times3+5=-1$

2 $\sim q$는 $\sim p$이기 위한 충분조건이므로 $\sim q\Rightarrow\ \sim p$

$Q^C\subset P^C$ … ㉠

r는 q이기 위한 필요조건이므로 $q\Rightarrow r$

$Q\subset R$ … ㉡

㉠에서 $P\subset Q$ … ㉢

($\because$ 명제가 참이면, 대우도 참이다.)

㉡, ㉢에서 삼단논법에 의해

$P\subset Q\subset R\Rightarrow R^c\subset Q^c\subset P^c$

따라서 보기 중 반드시 참이라 할 수 없는 것은 ③ $P^c\subset R^c$이다.

3 $x^2+x=X$라고 하면

$$\begin{aligned}(x^2+x)^2+x^2+x-6&=X^2+X-6\\&=(X+3)(X-2)\\&=(x^2+x+3)(x^2+x-2)\\&=(x^2+x+3)(x+2)(x-1)\end{aligned}$$

4 $280=2^3\times5\times7$이므로 280의 양의 약수의 개수는 $(3+1)(1+1)(1+1)=16$(개)

이 중 2의 배수가 아닌 약수는 5×7의 약수이므로 개수는 $(1+1)(1+1)=4$(개)

따라서 구하는 2의 배수의 개수는 $16-4=12$(개)

5 $f(x)=\lim_{n\to\infty}\frac{x^{n+1}+1}{x^n+1}$

(ⅰ) $|x|<1$일 때,

$\lim_{n\to\infty}x^n=\lim_{n\to\infty}x^{n+1}=0 \Rightarrow f(x)=\frac{0+1}{0+1}=1$

(ⅱ) $|x|>1$일 때,

$\lim_{n\to\infty}|x^n|=\infty,\ \lim_{n\to\infty}|x^{n+1}|=\infty \Rightarrow f(x)=\lim_{n\to\infty}\frac{x+\frac{1}{x^n}}{1+\frac{1}{x^n}}=x$

(ⅲ) $x=1$일 때,

$\lim_{n\to\infty}x^n=\lim_{n\to\infty}x^{n+1}=1 \Rightarrow f(x)=\frac{1+1}{1+1}=1$

(ⅳ) $x=-1$일 때,

$f(x)$는 정의되지 않는다.

6 $2<\sqrt{5}<3$

$$\begin{aligned}|1-a|+|2-a|+|3-a|+|4-a|&=|1-\sqrt{5}|+|2-\sqrt{5}|+|3-\sqrt{5}|+|4-\sqrt{5}|\\&=-1+\sqrt{5}-2+\sqrt{5}+3-\sqrt{5}-\sqrt{5}+4\\&=4\end{aligned}$$

7 점 C의 좌표를 C$(a,\ b)$라 하면

△ABC의 무게중심 G의 좌표가 $(1,\ 3)$이므로

$\left(\frac{-1+1+a}{3},\ \frac{2+5+b}{3}\right)=(1,\ 3)$

$a=3,\ b=2$

따라서 점 C의 좌표는 C$(3,\ 2)$이다.

8 $x^2-4x+3=0 \Rightarrow (x-1)(x-3)=0$이므로

곡선 $y=x^2-4x+3$과 x축의 교점의 x좌표는

$x=1$ 또는 $x=3$이다.

따라서 구하는 넓이는

$\int_0^1(x^2-4x+3)dx-\int_1^2(x^2-4x+3)dx$

$=\left[\frac{1}{3}x^3-2x^2+3x\right]_0^1-\left[\frac{1}{3}x^3-2x^2+3x\right]_1^2$

$=\frac{4}{3}+\frac{2}{3}=2$

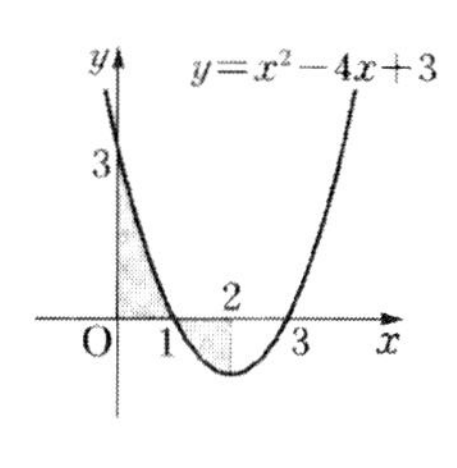

9 주어진 조건에서 $a_1=12$, $a_{n+1}=\frac{1}{4}(a_n+4)=\frac{1}{4}a_n+1$

$a_{n+1}-\frac{4}{3}=\frac{1}{4}\left(a_n-\frac{4}{3}\right)$

따라서 수열 $\left\{a_n-\frac{4}{3}\right\}$는 첫째항이 $a_1-\frac{4}{3}=\frac{32}{3}$, 공비가 $\frac{1}{4}$인 등비수열이다.

$a_n-\frac{4}{3}=\frac{32}{3}\cdot\left(\frac{1}{4}\right)^{n-1}$

$a_n=\frac{32}{3}\cdot\left(\frac{1}{4}\right)^{n-1}+\frac{4}{3}$

$\therefore \lim_{n\to\infty}a_n=\lim_{n\to\infty}\left\{\frac{32}{3}\cdot\left(\frac{1}{4}\right)^{n-1}+\frac{4}{3}\right\}=\frac{4}{3}$

10 공무원을 선호하는 표본비율 $\hat{p}=\frac{225}{300}=\frac{3}{4}$이므로 $\hat{q}=\frac{1}{4}$ 또 $n=300$

그런데 신뢰도 95%일 때 모비율 p의 신뢰구간의 길이는 $2\times1.96\sqrt{\frac{\hat{p}\hat{q}}{n}}$

따라서 $2\times1.96\sqrt{\frac{\hat{p}\hat{q}}{n}}=2\times1.96\sqrt{\frac{\frac{3}{4}\times\frac{1}{4}}{300}}=2\times1.96\times\frac{1}{40}=0.098$

11 $f(x)$가 모든 실수 x에 대하여 연속이려면 $x=1$에서 연속이어야 하므로

$\lim_{x\to1}f(x)=f(1)$

$\lim_{x\to1}\frac{x^2+x+a}{x-1}=b$ …… ㉠

$x\to1$일 때 (분모)$\to0$이고 극한값이 존재하므로 (분자)$\to0$이다.

$\lim_{x\to1}(x^2+x+a)=0$

$2+a=0$

$a=-2$를 ㉠에 대입하면

$b=\lim_{x\to1}\frac{x^2+x-2}{x-1}$

$=\lim_{x\to1}\frac{(x-1)(x+2)}{x-1}$

$=\lim_{x\to1}(x+2)$

$=3$

$\therefore a^2+b^2=4+9=13$

12 $\sqrt{a}\sqrt{b}=-\sqrt{ab}$에서 $a<0$, $b<0$ ⋯⋯ ㉠

$b<0$이고 $\frac{\sqrt{c}}{\sqrt{b}}=\sqrt{\frac{c}{b}}$ 이므로 $b<0$, $c<0$ ⋯⋯ ㉡

㉠, ㉡에서 $a<0$, $b<0$, $c<0$이므로

$a+b<0$, $b+c<0$

$$\therefore \sqrt{(a+b)^2}-|b+c|+|2c|=|a+b|-|b+c|+|2c|$$
$$=-(a+b)-\{-(b+c)\}-2c$$
$$=-a-c$$

13 구입시 노트북의 가격을 A만 원, 월이율 1%, 1년마다의 복리, 20개월 동안 예금할 때의 원리합계는

$A(1+0.01)^{20}=1.22A$(만 원) ⋯⋯ ㉠

8월부터 매월 1일 10만 원씩 20회에 걸쳐 지급한다면 지급하게 되는 총 금액은

월이율 1%, 1개월마다의 복리로 매월 말에 10만 원씩 20개월 동안 적립한 금액의 원리합계와 같다.

$10+10\times(1+0.01)+\cdots+10\times(1+0.01)^{19}=\frac{10(1.01^{20}-1)}{1.01-1}=\frac{10\times0.22}{1.01}=220$(만 원) ⋯⋯ ㉡

㉠, ㉡의 금액이 일치해야 하므로

$1.22A=220$

$A=\frac{220}{1.22}=180.32\times\times\times$(만 원)

따라서 구입시 노트북의 가격은 약 180만 원이다.

14 모든 실수 x에 대하여 $x^2-2kx+9\neq0$이 성립하려면

$x^2-2kx+9>0$이어야 하므로 판별식 $D<0$가 성립해야 한다.

$\frac{D}{4}=k^2-9=(k+3)(k-3)<0$

$-3<k<3$

따라서 정수 k는 -2, -1, 0, 1, 2이므로 모두 5개다.

15 서로 다른 두 개의 주사위를 동시에 던질 때 나오는 모든 경우의 수는 $6\times6=36$(가지)

이때 한 주사위의 눈의 수가 다른 주사위 눈의 수의 배수가 되는 경우의 수는

(1, 1), (1, 2), (1, 3), (1, 4), (1, 5), (1, 6)

(2, 1), (2, 2), (2, 4), (2, 6)

(3, 1), (3, 3), (3, 6)

(4, 1), (4, 2), (4, 4)

(5, 1), (5, 5)

(6, 1), (6, 2), (6, 3), (6, 6)

총 22(가지)이다.

따라서 구하는 확률은 $\frac{22}{36}=\frac{11}{18}$

16 원의 중심의 좌표를 $(a,\ b)$라 하면 x축에 접하는 원의 방정식은 $(x-a)^2+(y-b)^2=b^2$이다.
이 원이 두 점 $(4,\ -1)$, $(5,\ -2)$를 지나므로 x, y의 좌표를 각각 위의 식에 대입한다.
$(4,\ -1)$ ➡ $(4-a)^2+(-1-b)^2=b^2$ ······ ㉠
$(5,\ -2)$ ➡ $(5-a)^2+(-2-b)^2=b^2$ ······ ㉡
㉠－㉡을 하면 $b=a-6$ ······ ㉢
㉢을 ㉠에 대입하면 $(4-a)^2+(5-a)^2=(a-6)^2$
$a^2-6a+5=0 \Rightarrow (a-1)(a-5)=0$
$a=1$ 또는 $a=5$
이를 ㉢에 대입하면 $b=-5$ 또는 $b=-1$
구하는 원의 중심의 좌표는 $(1,\ -5)$ 또는 $(5,\ -1)$이므로
중심 사이의 거리는 $\sqrt{(5-1)^2+(-1+5)^2}=4\sqrt{2}$

17 $A=\sqrt[3]{\sqrt{6}}=\sqrt[6]{6}=6^{\frac{1}{6}}$

$B=\sqrt[3]{2}=2^{\frac{1}{3}}$

$C=\sqrt[4]{\sqrt[3]{10}}=\sqrt[12]{10}=10^{\frac{1}{12}}$

A, B, C의 지수의 분모의 최소공배수인 12로 통분하여 지수를 같게 변형한다.

$A=6^{\frac{1}{6}}=6^{\frac{2}{12}}=(6^2)^{\frac{1}{12}}=36^{\frac{1}{12}}$

$B=2^{\frac{1}{3}}=2^{\frac{4}{12}}=(2^4)^{\frac{1}{12}}=16^{\frac{1}{12}}$

$C=10^{\frac{1}{12}}$

지수가 같을 때 밑이 큰 수가 크므로 $10^{\frac{1}{12}}<16^{\frac{1}{12}}<36^{\frac{1}{12}}$
$\therefore C<B<A$

18 $100<x<1000$의 각 변에 상용로그를 취하면
$\log 10^2<\log x<\log 10^3 \Rightarrow 2<\log x<3$
따라서 $\log x$의 정수부분은 2이므로 소수부분을 α라 하면
$\log x=2+\alpha\,(0<\alpha<1)$

$\log\frac{1}{x}=-\log x=-2-\alpha=-3+(1-\alpha)$

$0<\alpha<1 \Rightarrow 0<1-\alpha<1$

따라서 $\log\frac{1}{x}$의 소수부분은 $1-\alpha$이다.

$\log x$의 소수부분이 $\log\frac{1}{x}$의 소수부분의 2배이므로

$\alpha=2(1-\alpha) \Rightarrow \alpha=\frac{2}{3}$

$\therefore \log x+\log x^2+\log x^3=6\log x=6\left(2+\frac{2}{3}\right)=16$

19 $v(t)=2t-t^2=0 \Rightarrow t(2-t)=0$

$t=0$ 또는 $t=2$

따라서 점 P는 출발한 지 2초 후에 운동 방향을 바꾸므로 구하는 거리는

$$\int_0^4 |2t-t^2|dt = \int_0^2 (2t-t^2)dt + \int_2^4 (t^2-2t)dt$$

$$= \left[t^2 - \frac{1}{3}t^3\right]_0^2 + \left[\frac{1}{3}t^3 - t^2\right]_2^4$$

$$= \frac{4}{3} + \frac{20}{3} = 8$$

20 주어진 급수의 제 n항을 a_n이라 하면

$$a_n = \log\left\{1 - \frac{1}{(n+1)^2}\right\}$$

$$= \log\frac{(n+1)^2-1}{(n+1)^2}$$

$$= \log\frac{n(n+2)}{(n+1)^2}$$

$$= \log\left(\frac{n}{n+1} \cdot \frac{n+2}{n+1}\right)$$

급수의 첫째항부터 제 n항까지의 부분합을 S_n이라 하면

$$S_n = \sum_{k=1}^{n} a_k$$

$$= \sum_{k=1}^{n} \log\left(\frac{k}{k+1} \cdot \frac{k+2}{k+1}\right)$$

$$= \log\left(\frac{1}{2} \cdot \frac{3}{2}\right) + \log\left(\frac{2}{3} \cdot \frac{4}{3}\right) + \cdots + \log\left(\frac{n}{n+1} \cdot \frac{n+2}{n+1}\right)$$

$$= \log\left(\frac{1}{2} \cdot \frac{3}{2} \cdot \frac{2}{3} \cdot \frac{4}{3} \cdot \cdots \cdot \frac{n}{n+1} \cdot \frac{n+2}{n+1}\right)$$

$$= \log\left(\frac{1}{2} \cdot \frac{n+2}{n+1}\right)$$

$$\sum_{n=1}^{\infty} a_n = \lim_{n\to\infty} S_n$$

$$= \lim_{n\to\infty} \log\left(\frac{1}{2} \cdot \frac{n+2}{n+1}\right)$$

$$= \log\frac{1}{2}$$

$$= -\log 2$$

정답 및 해설

실전 모의고사 12회

Answer

1	2	3	4	5	6	7	8	9	10	11	12	13	14	15	16	17	18	19	20
②	③	②	①	④	①	②	④	④	③	③	③	②	②	④	③	④	③	①	②

1 $\{1,\ 2,\ 3\}\cap X=\varnothing$이므로

집합 X는 원소 1, 2, 3을 포함하지 않는다.

집합 X는 원소 1, 2, 3을 포함하지 않는다.

집합 A의 부분집합이므로 집합 X의 개수는 $2^{5-3}=4$(개)이다.

2 $y=\frac{4}{3}x-1$을 정리하면 $4x-3y-3=0$이므로, 구하는 거리는 점 $A(5,-1)$에서 직선 $4x-3y-3=0$까지의 거리이다.

따라서 $\frac{|20+3-3|}{\sqrt{4^2+3^2}}=4$

3 $(x+y):(y+z):(z+x)=3:5:4$이므로 $\frac{x+y}{3}=\frac{y+z}{5}=\frac{z+x}{4}$

$\frac{x+y}{3}=\frac{y+z}{5}=\frac{z+x}{4}=k\,(k\neq0)$로 놓으면 $\begin{cases} x+y=3k \cdots\cdots ㉠ \\ y+z=5k \cdots\cdots ㉡ \\ z+x=4k \cdots\cdots ㉢ \end{cases}$

㉠+㉡+㉢을 하면 $2(x+y+z)=12k$

$x+y+z=6k$ ⋯⋯ ㉣

㉣−㉡, ㉣−㉢, ㉣−㉠을 하면 $x=k,\ y=2k,\ z=3k$

$\therefore \frac{(x+y+z)^3}{x^3+y^3+z^3}=\frac{(k+2k+3k)^3}{(k)^3+2k^3+(3k)^3}=6$

4 $x^2+y^2+2kx+4ky+6k^2-4k+3=0$

$(x^2+2kx+k^2)+(y^2+4ky+4k^2)=-k^2+4k-3$

$(x+k)^2+(y+2k)^2=-k^2+4k-3$ ⋯⋯ ㉠

㉠이 원을 나타내려면 (반지름의 길이)$^2>0$

$-k^2+4k-3>0$

$k^2-4k+3<0$

$(k-1)(k-3)<0$

$\therefore 1<k<3$

5 이차함수의 그래프가 모든 사분면을 지나는 경우는 다음 그림과 같이 두 가지의 경우이다.

(i)

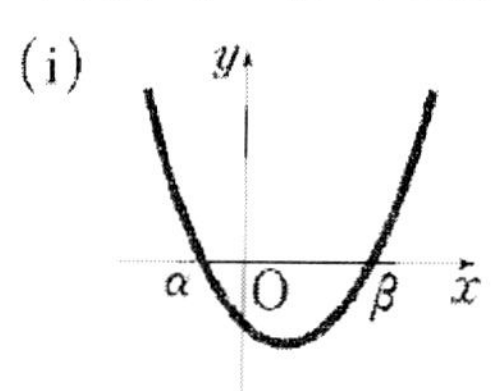

(ii)

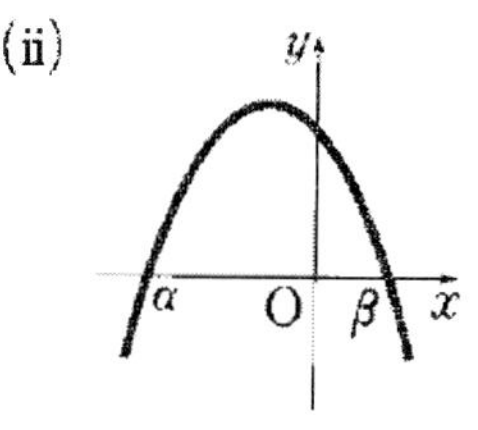

이차함수 $y=ax^2+bx+c$의 두 x절편을 각각 α, β라 하면

α, β는 이차방정식 $ax^2+bx+c=0$의 두 근이므로 근과 계수와의 관계에 의해

(두 근의 곱)$=\alpha\beta=\frac{c}{a}<0$

$\therefore ac<0$

6 방정식 $\sqrt{x-1}=x+k$가 서로 다른 두 실근을 갖기 위해서는

$y=\sqrt{x-1}$의 그래프와 직선 $y=x+k$가 서로 다른 두 점에서 만나면 된다.

아래 그림에서 $y=\sqrt{x-1}$와 직선 $y=x+k$의 그래프는 접하는 직선보다 아래쪽, (1, 0)을 지나는 직선을 포함하여 윗부분에서 만나면 된다.

(i) 점 (1, 0)을 지날 때, $0=1+k$에서 $k=-1$

(ii) 접하는 경우 $x-1=x^2+2kx+k^2$, 즉 $x^2+(2k-1)x+(k^2+1)=0$에서

$D=(2k-1)^2-4(k^2+1)=-4k-3=0$에서 $k=-\frac{3}{4}$

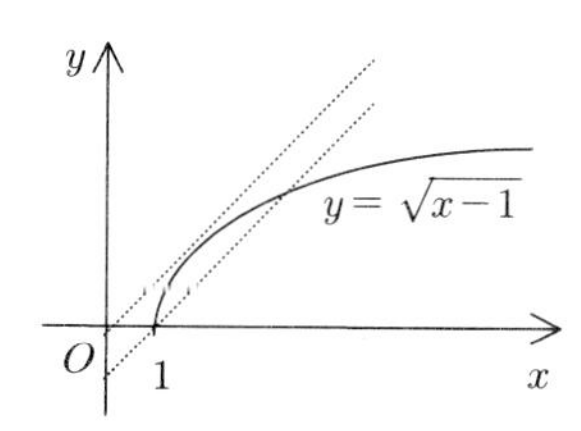

$\therefore -1\le k<-\frac{3}{4}$

따라서 $a=-1,\ b=-\frac{3}{4} \Rightarrow 4(a+b)=-7$

7 $-x^2+4x+5<0$

$\Rightarrow x^2-4x+5>0$

$\Rightarrow (x+1)(x-5)>0$

$A=\{x|x<-1$ 또는 $x>5\}$ …… ㉠

$x^2+ax-b=0$의 두 근을 α, $\beta\,(a\le\beta)$라 하면

$x^2+ax-b=(x-\alpha)(x-\beta)\le 0$ …… ㉡

$\alpha\le x\le\beta$

$B=\{x|\alpha\le x\le\beta\}$ …… ㉢

$A\cap B=\{x|5<x\le 6\}$이 되려면 $-1\le a\le 5$, $\beta=6$

$A\cup B=\{x|x$는 실수$\}$가 되려면 $\alpha=-1$, $\beta=6$

이를 ㉡에 대입하면

$x^2+ax-b=(x+1)(x-6)\le 0$

$x^2-5x-6\le 0$

$a=-5$, $b=6$이므로

$\therefore a+b=1$

8 마지막 자리의 수는 홀수이므로 1, 3 두 가지 경우가 있고, 앞의 세 자리는 네 숫자 중에서 3개 택하는 중복순열의 수이므로 ${}_4\Pi_3=64$

따라서 가능한 비밀번호의 개수는 $2\times 64=128$

9 ㉠ n이 한없이 커짐에 따라 $2n-3$의 값도 한없이 커지므로 양의 무한대로 발산한다.

㉡ n이 한없이 커짐에 따라 $\{(-1)^n\}$은 -1, 1의 값을 번갈아 갖는다.

따라서 진동, 즉 발산한다.

㉢ n이 한없이 커짐에 따라 $1-n^2$의 값은 한없이 작아지므로 음의 무한대로 발산한다.

10 $h(t)=10+20t-5t^2$을 완전제곱의 형태로 변형한다.

$h(t)=-5(t^2-4t+4-4)+10$

$\quad\;\;=-5(t-2)^2+30$

따라서 $t=2$(초)일 때 $h(t)$의 최댓값은 30(m)가 된다.

11 $\log_3(x-2)+\log_3(x+6)=\log_3(x^2+4x-12)=2$이므로

$x^2+4x-12=3^2 \Rightarrow x^2+4x-21=0 \;\therefore x=-7,\ x=3$

그런데 진수의 조건에서 $x>2$이므로 $x=3$

12 첫째항이 a, 공차가 d인 등차수열의 일반항을 a_n이라 하면

$a_n = a+(n-1)d$ …… ㉠

주어진 조건에서 $a_5 = 5$이므로 $a+4d=5$ …… ㉡

또한 $a_7 = a+6d$, $a_{15} = a+14d$이므로

$a_7 : a_{15} = 3:5$

$a+6d : a+14d = 3:5$

$3(a+14d) = 5(a+6d)$

$2a = 12d$

$a = 6d$ …… ㉢

㉡, ㉢을 연립하여 a, d의 값을 구하면 $a=3$, $d=\frac{1}{2}$

이를 ㉠에 대입하여 일반항 a_n을 구하면 $a_n = 3+(n-1)\cdot\frac{1}{2} = \frac{1}{2}n+\frac{5}{2}$

이때, 23을 제 n항이라 하면 $a_n = \frac{1}{2}n+\frac{5}{2} = 23$

$\therefore n = 41$

따라서 23은 등차수열 $\{a_n\}$의 제41항이다.

13 $P(A^c \cup B^c) = P((A\cap B)^c) = \frac{5}{6}$

$P(A\cap B) = 1 - P((P\cap B)^c) = 1-\frac{5}{6} = \frac{1}{6}$

$\therefore P(A\cup B) = P(A)+P(B)-P(A\cap B) = \frac{1}{3}+\frac{1}{2}-\frac{1}{6} = \frac{2}{3}$

14 $a = 3^x \cdot 3^2 \Rightarrow 3^x = \frac{a}{9}$

$b = 2^x \cdot 2 \Rightarrow 2^x = \frac{b}{2}$

$\therefore 12^x = (2^2\cdot 3)^x = 2^{2x}\cdot 3^x = (2^x)^2\cdot 3^x$

$= \left(\frac{b}{2}\right)^2 \cdot \frac{a}{9} = \frac{ab^2}{36}$

15 $a_1=1,\ a_{n+1}-a_n=n+1$이므로

$$a_n=1+\sum_{k=1}^{n-1}(k+1)=1+\frac{n(n-1)}{2}+n-1=\frac{n(n+1)}{2}$$

$$\sum_{k=1}^{n}\frac{1}{a_k}=\sum_{k=1}^{n}\frac{2}{k(k+1)}=2\sum_{k=1}^{n}\left(\frac{1}{k}-\frac{1}{k+1}\right)$$

$$=2\left\{\left(\frac{1}{1}-\frac{1}{2}\right)+\left(\frac{1}{2}-\frac{1}{3}\right)+\cdots+\left(\frac{1}{n}-\frac{1}{n+1}\right)\right\}$$

$$=2\left(1-\frac{1}{n+1}\right)$$

$$\therefore \lim_{n\to\infty}\sum_{k=1}^{n}\frac{1}{a_k}=\lim_{n\to\infty}2\left(1-\frac{1}{n+1}\right)=2$$

16 함수 $g(x)$가 $x=1$에서 연속이므로

$$g(1)=\lim_{x\to1}g(x)=\lim_{x\to1}\frac{f(x-1)}{x^2-1}=\lim_{x\to1}\frac{f(x-1)}{(x+1)(x-1)}=\lim_{x\to1}\frac{f(x-1)}{x-1}\cdot\lim_{x\to1}\frac{1}{x+1}$$

$x-1=t$라고 하면 $x\to1$일 때 $t\to0$이므로 $\lim_{x\to1}\frac{f(x-1)}{x-1}=\lim_{t\to0}\frac{f(t)}{t}=\frac{1}{2}$

$$\therefore g(1)=\frac{1}{2}\cdot\frac{1}{2}=\frac{1}{4}$$

17 두 곡선 $y=x^3-2x$, $y=x^2$의 교점의 x좌표는

$x^3-2x=x^2$

$x^3-x^2-2x=0$

$x(x+1)(x-2)=0$

$x=-1$ 또는 $x=0$ 또는 $x=2$

따라서 구하는 넓이는

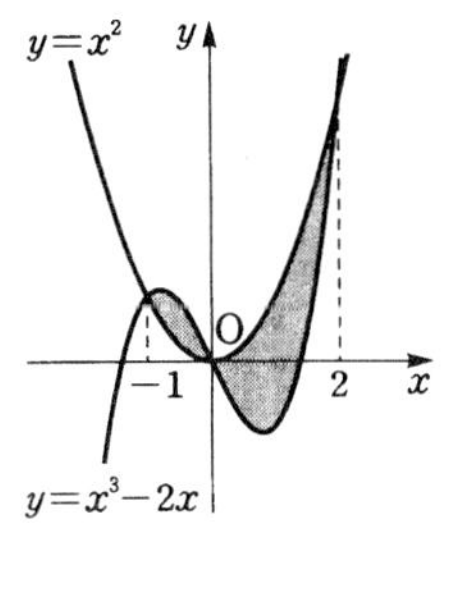

$$\int_{-1}^{0}\{(x^3-2x)-x^2\}dx+\int_{0}^{2}\{x^2-(x^3-2x)\}dx$$

$$=\int_{-1}^{0}(x^3-x^2-2x)dx+\int_{0}^{2}(-x^3+x^2+2x)dx$$

$$=\left[\frac{1}{4}x^4-\frac{1}{3}x^3-x^2\right]_{-1}^{0}+\left[-\frac{1}{4}x^4+\frac{1}{3}x^3+x^2\right]_{0}^{2}$$

$$=\frac{5}{12}+\frac{8}{3}=\frac{37}{12}$$

18 t초 후의 정사각형의 한 변의 길이는 $(5+0.5t)$cm 이므로

정사각형의 넓이를 $S\text{cm}^2$라고 하면 $S=(5+0.5t)^2$

$$\frac{dS}{dt}=2(5+0.5t)\times0.5=5+0.5t$$

따라서 $t=10$일 때의 넓이의 변화율은

$5+0.5\times10=10(\text{cm}^2/초)$

19 $a=E(Y)=E\left(\frac{X-100}{4}\right)=\frac{1}{4}E(X)-25=\frac{1}{4}\times 120-25=5$

$b=E(Y^2)=V(Y)+\{E(Y)\}^2=V\left(\frac{X-100}{4}\right)+5^2$

$=\left(\frac{1}{4}\right)^2 V(X)+25=\frac{1}{16}\times 48+25=28$

$\therefore a+b=5+28=33$

20 ㉠ (반례) $a_n=n,\ b_n=\frac{1}{n}$ 이면

$\lim_{n\to\infty}a_n=\infty,\ \lim_{n\to\infty}b_n=0$이지만

$\lim_{n\to\infty}a_nb_n=\lim_{n\to\infty}n\cdot\frac{1}{n}=\lim_{n\to\infty}1=1$ (거짓)

㉡ $\lim_{n\to\infty}b_n\neq\infty$라고 가정하자.

(i) $\lim_{n\to\infty}b_n=\alpha\,(\alpha\neq 0)$이면

$\lim_{n\to\infty}(a_n-b_n)=\infty$이므로 모순

(ii) $\lim_{n\to\infty}b_n=-\infty$이면

$\lim_{n\to\infty}(a_n-b_n)=\infty$이므로 모순

(iii) 수열 $\{b_n\}$이 진동하면 수열 $\{a_n-b_n\}$은 ∞로 발산하거나 진동하므로 모순

(i), (ii), (iii)에 의하여 $\lim_{n\to\infty}b_n=\infty$이다. (참)

㉢ (반례) $a_n=(-1)^n,\ b_n=(-1)^{n+1}$이면

수열 $\{a_n\}$, $\{b_n\}$이 모두 발산하지만

$a_nb_n=(-1)^n\times(-1)^{n+1}=-1$이므로

수열 $\{a_nb_n\}$은 -1에 수렴한다. (거짓)

따라서 옳은 것은 ㉡이다.

정답 및 해설

실전 모의고사 13회

Answer

1	2	3	4	5	6	7	8	9	10	11	12	13	14	15	16	17	18	19	20
②	④	④	④	③	③	①	②	②	④	②	②	③	①	④	②	②	④	①	③

1 $A\odot B=(A-B)\cup(B-A)$이므로 $A-(A\odot B)=A\cap B$, $(A\odot B)-A=B-A$

따라서 $A\odot(A\odot B)=\{A-(A\odot B)\}\cup\{(A\odot B)-A\}=(A\cap B)\cup(B-A)=B$

2 $(x^2+2x-y+1)*(2x-y-5)=2(x^2+2x-y+1)-(2x-y-5)$

$=2x^2+4x-2y+2-2x+y+5$

$=2x^2+2x-y+7$

3 $2^x=27=3^3$에서 $x=3\log_2 3$, 즉 $\frac{3}{x}=\log_3 2$

$162^y=243=3^5$에서 $y=5\log_{162}3$, 즉 $\frac{5}{y}=\log_3 162$

따라서 $\frac{3}{x}-\frac{5}{y}=\log_3 2-\log_3 162=\log_3\frac{1}{81}=-4$

4 $SEOWONGAK$에 있는 9개의 문자 중 O는 두 개 있으므로 나열하는 방법의 수는 $\frac{9!}{2!}$이고, 맨 앞에 S가 오는 경우의 수는 $EOWONGAK$을 나열하는 경우이므로 $\frac{8!}{2!}$

따라서 맨 앞에 S가 올 확률은 $\frac{\frac{8!}{2!}}{\frac{9!}{2!}}=\frac{1}{9}$

5 주어진 식의 양변에 $x=2$를 대입하면

$0=4-2a-6\Rightarrow a=-1$

주어진 식의 양변을 x에 대하여 미분하면

$f(x)=2x+1$

$\therefore f(10)=2\cdot 10+1=21$

6 $\lim_{x\to2}\frac{f(x)-2}{x-2}=1$에서 $x\to2$일 때,

(분모)→0이고 극한값이 존재하므로 (분자)→0이다.

$\lim_{x\to2}\{f(x)-2\}=0$에서 $f(2)=2$

$\lim_{x\to2}\frac{f(x)-2}{x-2}=\lim_{x\to2}\frac{f(x)-f(2)}{x-2}=f'(2)=1$이므로

$x=2$인 점에서의 접선의 기울기는 1이다.

따라서 점 (2, 2)에서의 접선의 방정식은 $y-2=1\cdot(x-2)$

$\therefore y=x$

7 $\lim_{n\to\infty}\frac{2n-1}{3n}\Rightarrow\lim_{n\to\infty}\frac{2-\frac{1}{n}}{3}=\frac{2}{3}\Rightarrow\alpha=\frac{2}{3}$

$|a_n-\alpha|<\frac{1}{1000}\Rightarrow\left|\frac{2n-1}{3n}-\frac{2}{3}\right|<\frac{1}{1000}\Rightarrow\left|-\frac{1}{3n}\right|<\frac{1}{1000}\Rightarrow\frac{1}{3n}<\frac{1}{1000}\Rightarrow3n>1000$

$\therefore n>333.\times\times\times$

따라서 구하는 자연수 n의 최솟값은 334이다.

8 이차방정식 $x^2-kx-4=0$의 두 근을 α, β라 하면 근과 계수의 관계에 의하여

$\alpha+\beta=k,\ \alpha\beta=-4$ ····· ㉠

이때, 주어진 이차함수의 그래프가 x축과 만나는 두 점 사이의 거리가 $2\sqrt{5}$이므로

$|\alpha-\beta|=2\sqrt{5}$

양변을 제곱하면 $(\alpha-\beta)^2=20$

$(\alpha+\beta)^2-4\alpha\beta=20$ ····· ㉡

㉠을 ㉡에 대입하면 $k^2+16=20$

$k^2=4$

$\therefore k=2\ (\because k>0)$

9 1학년의 남학생과 여학생의 수를 각각 k, $2k\ (k\neq0)$

2학년의 남학생과 여학생의 수를 각각 l, $5l\ (l\neq0)$

방송반 남학생, 여학생 수는 각각 $k+l$, $2k+5l$이다.

$(k+l):(2k+5l)=4:11$

$11k+11l=8k+20l$

$l=\frac{k}{3}$ ····· ㉠

방송반 1학년의 학생의 비율은 $\frac{k+2k}{(k+l)+(2k+5l)}$ ····· ㉡

㉠을 ㉡에 대입하면 방송반 1학년의 학생의 비율은 $\frac{3}{5}$

10 $\sum_{k=1}^{100}\frac{3^k-2^k}{4^k}=\sum_{k=1}^{100}\left(\frac{3}{4}\right)^k-\sum_{k=1}^{100}\left(\frac{1}{2}\right)^k$

$$=\frac{\frac{3}{4}\left\{1-\left(\frac{3}{4}\right)^{100}\right\}}{1-\frac{3}{4}}-\frac{\frac{1}{2}\left\{1-\left(\frac{1}{2}\right)^{100}\right\}}{1-\frac{1}{2}}$$

$$=3\left\{1-\left(\frac{3}{4}\right)^{100}\right\}-\left\{1-\left(\frac{1}{2}\right)^{100}\right\}$$

$$=2-3\left(\frac{3}{4}\right)^{100}+\left(\frac{1}{2}\right)^{100}$$

$a=2,\ b=-3,\ c=1$

$\therefore a+b+c=0$

11 확률의 합이 1이므로 $a=\frac{1}{2}$

$\therefore E(X)=0\times\frac{1}{4}+1\times\frac{1}{2}+2\times\frac{1}{4}=1$

$V(X)=(0-1)^2\times\frac{1}{4}+(1-1)^2\times\frac{1}{2}+(2-1)^2\times\frac{1}{4}=\frac{1}{2}$

따라서 $4a+E(2X)+V(2X+3)=4a+2E(X)+2^2V(X)$

$=4\times\frac{1}{2}+2\times1+2^2\times\frac{1}{2}=6$

12 $3x^2+x-2=0$

$(x+1)(3x-2)=0$

$x=-1$ 또는 $x=\frac{2}{3}$

$B=\left\{-1,\ \frac{2}{3}\right\}$

그런데 $(A\cup B)-(A\cap B)=\left\{\frac{2}{3},\ \frac{3}{2}\right\}$이므로

$A=\left\{-1,\ \frac{3}{2}\right\}$

$-1,\ \frac{3}{2}$을 두 근으로 하고 x^2의 계수가 1인 이차방정식은

$(x+1)\left(x-\frac{3}{2}\right)=0 \Rightarrow 2x^2-x-3=0$

$m=-1,\ n=-3$

$\therefore mn=3$

13 t초 후의 직원기둥의 밑면의 반지름의 길이를 r㎝, 높이를 h㎝라 하면

$r=3+t,\ h=6-t$

직원기둥의 부피를 V㎤라 하면 $V=\pi r^2 h=\pi(3+t)^2(6-t)$

$$\frac{dV}{dt}=2\pi(3+t)(6-t)+\pi(3+t)^2\cdot(-1)$$

$$=3\pi(3+t)(3-t)$$

$\frac{dV}{dt}=0$을 만족하는 $t=3\ (\because t>0)$이다.

따라서 구하는 부피는 $\pi(3+3)^2(6-3)=108\pi(\text{cm}^3)$

14 $\log 200=\log(10^2\cdot 2)=2+\log 2$

$\log 200$의 정수부분은 2, 소수부분은 $\log 2$이다.

이차방정식 $x^2+ax+b=0$의 두 근이 2, $\log 2$이므로

근과 계수와의 관계에 의하여

$2+\log 2=-a,\ 2\log 2=b$

$a=-2-\log 2,\ b=2\log 2$

$\therefore a+b=-2-\log 2+2\log 2=-2+\log 2=\log 10^{-2}+\log 2=\log 0.02$

15 (i) $|x|<1$일 때,

$\lim_{n\to\infty}x^{2n}=0$이므로 $f(x)=\lim_{n\to\infty}\frac{x^{2n-1}+3x+2}{x^{2n}+1}=3x+2$

$f\left(-\frac{1}{3}\right)=3\cdot\left(-\frac{1}{3}\right)+2=1$

$f\left(\frac{2}{9}\right)=3\cdot\frac{2}{9}+2=\frac{8}{3}$

(ii) $x=1$일 때,

$f(x)=\lim_{n\to\infty}\frac{x^{2n-1}+3x+2}{x^{2n}+1}=\frac{6}{2}=3$

$f(1)=3$

(iii) $|x|>1$일 때,

$\lim_{n\to\infty}x^{2n}=\infty$이므로

$$f(x)=\lim_{n\to\infty}\frac{x^{2n-1}+3x+2}{x^{2n}+1}=\lim_{n\to\infty}\frac{\frac{1}{x}+\frac{3}{x^{2n-1}}+\frac{2}{x^{2n}}}{1+\frac{1}{x^{2n}}}=\frac{1}{x}$$

$f(3)=\frac{1}{3}$

$\therefore f\left(-\frac{1}{3}\right)+f\left(\frac{2}{9}\right)+f(1)+f(3)=1+\frac{8}{3}+3+\frac{1}{3}=7$

16 $f(x)$를 $x-\frac{1}{3}$로 나누었을 때의 몫이 $Q(x)$, 나머지가 R이므로

$$f(x)=\left(x-\frac{1}{3}\right)Q(x)+R$$
$$=\frac{1}{3}(3x-1)Q(x)+R$$
$$=(3x-1)\cdot\frac{1}{3}Q(x)+R$$

따라서 $f(x)$를 $3x-1$로 나누었을 때의 몫은 $\frac{1}{3}Q(x)$, 나머지는 R이다.

17 점 P의 좌표를 $(a,\ 0)$이라 하면

$\overline{AP}=\overline{BP} \Rightarrow \overline{AP}^2=\overline{BP}^2$

$(a-3)^2+(-4)^2=(a-5)^2+(-2)^2$

$a^2-6a+25=a^2-10a+29$

$a=1$이므로 점 P의 좌표는 $P(1,\ 0)$이다.

또, 점 Q의 좌표를 $(0,\ b)$라 하면

$\overline{AQ}=\overline{BQ} \Rightarrow \overline{AQ}^2=\overline{BQ}^2$

$(-3)^2+(b-4)^2=(-5)^2+(b-2)^2$

$b^2-8b+25=b^2-4b+29$

$b=-1$이므로 점 Q의 좌표는 $Q(0,\ -1)$이다.

$\therefore \overline{PQ}=\sqrt{1^2+1^2}=\sqrt{2}$

18 모집단이 정규분포 $N(200,\ 16^2)$을 따르고 표본의 크기가 4이므로 표본평균을 $\overline{X}$라 하면

$\overline{X}$는 정규분포 $N\left(200,\ \frac{16^2}{4}\right)$, 즉 $N(200,\ 8^2)$을 따른다.

$Z=\frac{\overline{X}-200}{4}$로 놓으면 Z는 표준정규분포 $N(0,\ 1)$을 따르므로

$$\therefore P(\overline{X}\geq 196)=P\left(Z\geq\frac{196-200}{8}\right)$$
$$=P(Z\geq -0.5)$$
$$=P(-0.5\leq Z\leq 0)+P(Z\geq 0)$$
$$=P(0\leq Z\leq 0.5)+0.5$$
$$=0.1915+0.5$$
$$=0.6915$$

19 $(f^{-1} \circ g)^{-1}(2)=(g^{-1} \circ f)(2)=g^{-1}(f(2))$

$f(2)=\sqrt{2-1}+4=5$

$g^{-1}(f(2))=g^{-1}(5)$

$g^{-1}(5)=k$라 하면 $g(k)=5$

$\sqrt{2k+1}=5$

$2k+1=25$

$\therefore k=12$

20 100만 원을 월이율 1%, 1개월마다의 복리로 34개월 동안 예금할 때의 원리합계는

$100(1+0.01)^{34}=100\times1.40=140$(만 원) …… ㉠

이달 말부터 매달 a만 원씩 갚는다고 할 때 이자를 포함하여 갚게 되는 총 금액은

월이율 1%, 1개월마다의 복리로 매달 말에 a만 원씩 34개월 동안 적립한 금액의 원리합계와 같으므로

$a+a(1+0.01)+a(1+0.01)^2+\cdots+a(1+0.01)^{33}$

$=\dfrac{a(1.01^{34}-1)}{1.01-1}$

$=\dfrac{a(1.40-1)}{0.01}$

$=\dfrac{a\times0.40}{0.01}$

$=40a$(만 원) …… ㉡

㉠, ㉡의 금액이 일치해야 하므로 $140=40a$

$\therefore a=3.5$(만 원)

따라서 매달 갚아야 할 금액은 35000원이다.

정답 및 해설

실전 모의고사 14회

Answer

1	2	3	4	5	6	7	8	9	10	11	12	13	14	15	16	17	18	19	20
③	④	②	②	③	③	①	③	③	②	①	④	②	①	③	②	③	③	②	③

1 두 집합 A, B가 서로소이면 $A \cap B = \varnothing$

① $A=\{1\} \Rightarrow A\cap\{1,\ 3,\ 5,\ 7\}=\{1\}\neq\varnothing$

② $B=\{1,\ 4,\ 6\} \Rightarrow B\cap\{1,\ 3,\ 5,\ 7\}=\{1\}\neq\varnothing$

③ $C=\{2,\ 4,\ 6,\ 8,\ \cdots\} \Rightarrow C\cap\{1,\ 3,\ 5,\ 7\}=\varnothing$

④ $D=\{2,\ 3,\ 5,\ 7,\ 11,\ \cdots\} \Rightarrow D\cap\{1,\ 3,\ 5,\ 7\}=\{3,\ 5,\ 7\}\neq\varnothing$

2 $y=\dfrac{2x+2}{x-1}=\dfrac{4}{x-1}+2$이므로 점근선의 방정식은 $x=1,\ y=2$

그런데 $y=\dfrac{2x+2}{x-1}$의 역함수의 그래프는 이 그래프를 $y=x$에 대하여 대칭이동한 것이므로 점근선도 $y=x$에 대하여 대칭이동하면 된다.

$\therefore\ x=2,\ y=1$

따라서 $a=2,\ b=1$즉 $2a+b=2\times2+1=5$

3 ${}_7H_r={}_{15}C_6={}_{15}C_9$이므로 $\begin{cases}7+r-1=15\\r=6\end{cases}$ 또는 $\begin{cases}7+r-1=15\\r=9\end{cases}$ $\therefore\ r=9$

따라서 ${}_rC_8+{}_rH_2={}_9C_8+{}_9H_2={}_9C_1+{}_{10}C_2=9+45=54$

4 $x^a=3^b=5^c=t\ (t>0)$로 놓으면 $abc\neq0$이므로 $t\neq1$

$x=t^{\frac{1}{a}},\ 3=t^{\frac{1}{b}},\ 5=t^{\frac{1}{c}}$

$x\times3^3\times5^5=t^{\frac{1}{a}}\times t^{\frac{3}{b}}\times t^{\frac{5}{c}}=t^{\frac{1}{a}+\frac{3}{b}+\frac{5}{c}}=t^0=1$

$\therefore\ \dfrac{1}{x}=3^3\times5^5$

5 $f(x)=x^3+2x+a$로 놓으면 함수 $f(x)$는 구간 $[-1, 1]$에서 연속이다.
중간값의 정리에 의하여 방정식 $f(x)=0$이 구간 $(-1, 1)$에서 적어도 하나의 실근을 가지려면
$f(-1)f(1)<0$이어야 한다.
$(a-3)(a+3)<0$
$-3<a<3$
따라서 $\alpha=-3$, $\beta=3$이므로 $\alpha+\beta=0$

6 $\lim_{x\to a}\frac{f(x^2)-f(a^2)}{x-a}=\lim_{x\to a}\frac{f(x^2)-f(a^2)}{x^2-a^2}\cdot(x+a)=2af'(a^2)$

7 점 A를 y축에 대하여 대칭이동한 점을 $A'(-1, 4)$
점 B를 x축에 대하여 대칭이동한 점을 $B'(-6, 2)$이라 하면
$\overline{AP}+\overline{PQ}+\overline{QB}=\overline{A'P}+\overline{PQ}+\overline{QB'}\geq\overline{A'B'}=\sqrt{\{6-(-1)^2\}+(-2-4)^2}=\sqrt{85}$

8 x의 분모를 실수화하면
$x=\frac{1+i}{1-i}=\frac{(1+i)(1+i)}{(1-i)(1+i)}=\frac{2i}{2}=i$
$1+x+x^2+x^3+\cdots+x^{2009}$
$=1+i+i^2+i^3+\cdots+i^{2009}$
$=1+(i+i^2+i^3+i^4)+\cdots+i^{2004}(i+i^2+i^3+i^4)+i^{2009}$
$=1+0+\cdots+0+(i^4)^{502}\cdot i$
$=1+i$

9 일반항 $a_n=\sqrt{n+1}+\sqrt{n}$
$\frac{1}{a_n}=\frac{1}{\sqrt{n}+\sqrt{n+1}}=-(\sqrt{n}-\sqrt{n+1})$
수열 $\left\{\frac{1}{a_n}\right\}$의 첫째항부터 제 n항까지의 합을 S_n이라 하면
$S_n=\sum_{k=1}^{n}\frac{1}{a_k}$
$=\sum_{k=1}^{n}\{-(\sqrt{k}-\sqrt{k+1})\}$
$=-\sum_{k=1}^{n}(\sqrt{k}-\sqrt{k+1})$
$=-\{(\sqrt{1}-\sqrt{2})+(\sqrt{2}-\sqrt{3})+\cdots+(\sqrt{n}-\sqrt{n+1})\}$
$=-(1-\sqrt{n+1})$
$=\sqrt{n+1}-1$
주어진 조건에서 $S_n=8$이므로
$\sqrt{n+1}-1=8$
$\sqrt{n+1}=9$
$\therefore n=80$

10 $y=x^2+2mx+1$과 $y=2x-8$이 적어도 한 점에서 만나기 위해서는 두 식을 연립한 이차방정식의 판별식 $D \ge 0$이어야 하므로

$x^2+2mx+1=2x-8$

$x^2+2(m-1)x+9=0$

$\frac{D}{4}=(m-1)^2-9=m^2-2m-8 \ge 0$

$(m+2)(m-4) \ge 0$

$\therefore m \le -2$ 또는 $m \ge 4$

11 $x>0$인 모든 실수 x에 대하여 $4x-1<xf(x)<4x+100$이므로

$\frac{4x-1}{x}<f(x)<\frac{4x+100}{x}$ 그런데 $\lim_{x\to\infty}\frac{4x-1}{x}=\lim_{x\to\infty}\frac{4x+100}{x}=4$

따라서 $\lim_{x\to\infty}f(x)=4$

12 $\overline{X}=50$, $\sigma=20$, $n=100$이므로

모평균 m의 신뢰도 99%의 신뢰구간은

$50-2.58\times\frac{20}{\sqrt{100}} \le m \le 50+2.58\times\frac{20}{\sqrt{100}}$

$44.84 \le m \le 55.16$

$\therefore x=44.84$

13 $\log A$의 정수부분을 n, 소수부분을 α라 하면 $\log A=n+\alpha$ (단, n은 정수, $0 \le \alpha < 1$)

n, α가 이차방정식 $2x^2+5x+a=0$의 두 근이므로 근과 계수의 관계에 의하여

$n+\alpha=-\frac{5}{2}=-3+\frac{1}{2}$ ⋯⋯ ㉠

$n\alpha=\frac{a}{2}$ ⋯⋯ ㉡

㉠에서 $0 \le \alpha < 1$이므로 $n=-3$, $\alpha=\frac{1}{2}$

이를 ㉡에 대입하면 $-3\times\frac{1}{2}=\frac{a}{2} \Rightarrow a=-3$

$\log\frac{1}{A}=-\log A=-(n+\alpha)=\frac{5}{2}=2+\frac{1}{2}$ ($\because$ ㉠)

$\log\frac{1}{A}$의 정수부분은 2, 소수부분은 $\frac{1}{2}$이다.

2, $\frac{1}{2}$은 이차방정식 $6x^2-bx+c=0$의 두 근이므로

$\frac{b}{6}=2+\frac{1}{2}=\frac{5}{2}$, $\frac{c}{6}=2\times\frac{1}{2}=1$ ($\because$ 근과 계수의 관계)

$b=15$, $c=6$

$\therefore a+b+c=18$

14 배양액 B에 있는 세균의 수는 2시간마다 3배가 되므로 1시간마다 $\sqrt{3}$배가 된다.

n시간 후 배양액 A, B에 있는 세균의 수는 각각 $10 \cdot 3^n$, $90 \cdot (\sqrt{3})^n$이므로

이때, 배양액 A, B에 있는 세균의 수가 같다고 하면

$10 \cdot 3^n = 90 \cdot (\sqrt{3})^n$

$3^n = 3^2 \cdot 3^{\frac{1}{2}n} = 3^{2+\frac{1}{2}n}$

$n = 2 + \frac{1}{2}n$

$\therefore n = 4$

15 $f(-x) = f(x)$에서 $f(x)$는 우함수이므로

$x^3f(x)$, $xf(x)$는 모두 기함수이다.

$$\begin{aligned}\therefore \int_{-1}^{1}(2x^3 - x - 1)f(x)dx &= 2\int_{-1}^{1}x^3f(x)dx - \int_{-1}^{1}xf(x)dx - \int_{-1}^{1}f(x)dx \\ &= -\int_{-1}^{1}f(x)dx \\ &= -2\int_{0}^{1}f(x)dx \\ &= -2 \cdot 5 \\ &= -10\end{aligned}$$

16 $x^2 \triangle x = \dfrac{x^2 - x}{x^2 + x} = \dfrac{x(x-1)}{x(x+1)} = \dfrac{x-1}{x+1}$

$(x^2 - x)\triangle(1-x) = \dfrac{x^2 - 1}{x^2 - 2x + 1} = \dfrac{(x-1)(x+1)}{(x-1)^2} = \dfrac{x+1}{x-1}$

$\therefore (x^2 \triangle x) - \{(x^2 - x)\triangle(1-x)\} = \dfrac{x-1}{x+1} - \dfrac{x+1}{x-1} = \dfrac{-4x}{x^2 - 1} = \dfrac{4x}{1 - x^2}$

17 가장 바깥쪽 동심원의 넓이를 t에 대한 식으로 나타낸다.

t초 후의 가장 바깥쪽 동심원의 반지름의 길이를 rm, 넓이를 $S\text{m}^2$라 하면

$r = \dfrac{2}{3}t$, $S = \pi r^2 = \pi\left(\dfrac{2}{3}t\right)^2 = \dfrac{4}{9}\pi t^2$, $\dfrac{dS}{dt} = \dfrac{8}{9}\pi t$

따라서 3초 후 넓이의 변화율은 $\dfrac{8}{9}\pi \cdot 3 = \dfrac{8}{3}\pi(\text{m}^2/\text{초})$

18 주어진 수열의 제 k항을 a_k라 하면 $a_k = \dfrac{7}{9}(10^k - 1)$

따라서 첫째항부터 제 n항까지의 합은

$\displaystyle\sum_{k=1}^{n}a_k = \frac{7}{9}\sum_{k=1}^{n}(10^k - 1) = \frac{7}{9}\left\{\frac{10(10^n - 1)}{10 - 1} - n\right\} = \frac{7(10^{n+1} - 9n - 10)}{81}$

19 용균이가 양품을 꺼내는 사건을 A,
미림이가 불량품을 꺼내는 사건을 B라 하면

$P(A)=\frac{12}{15}=\frac{4}{5}$

$P(B|A)=\frac{3}{14}$

$\therefore P(A\cap B)=P(A)P(B|A)=\frac{4}{5}\cdot\frac{3}{14}=\frac{6}{35}$

20 원의 반지름의 길이를 r라 하면 $3\le\overline{PH}\le 5$이므로
$2r=5-3=2 \Rightarrow r=1$
따라서 원의 방정식은 $(x-2)^2+(y-3)^2=1$
이 원을 x축의 방향으로 3만큼, y축의 방향으로 -1만큼 평행이동하면
$\{(x-3)-2\}^2+\{(y+1)-3\}^2=1$
$\therefore (x-5)^2+(y-2)^2=1$

정답 및 해설

실전 모의고사 15회

Answer

1	2	3	4	5	6	7	8	9	10	11	12	13	14	15	16	17	18	19	20
②	①	③	④	③	①	①	③	④	①	③	①	②	④	①	④	②	③	①	①

1 명제 $\sim p \to \sim q$의 역이 참이므로 $\sim q \to \sim p$는 참이다.
이때, 참인 명제의 대우도 참이 되므로 $p \to q$도 참이다.
따라서 조건 p, q의 진리집합 P, Q를 이용하여 집합의 포함관계를 나타내면 $P \subset Q$
$P \subset Q$일 때, 보기 중 옳은 것은 ② $P \cap Q^c = \varnothing$이다.

2 $(3x+4y)^2 \le (3^2+4^2)(x^2+y^2)$에서 $5^2 \le 25(x^2+y^2)$
$\therefore\ x^2+y^2 \ge 1$(단, 등호는 $\frac{x}{3}=\frac{y}{4}$일 때 성립한다.)
즉, $x=\frac{3}{5}$, $y=\frac{4}{5}$일 때 최솟값 1을 갖는다.
따라서 $\alpha^2+\beta^2+m=(\frac{3}{5})^2+(\frac{4}{5})^2+1=2$

3 $(x+1)^{15}=a_0+a_1x+\cdots+a_{14}x^{14}+a_{15}x^{15}$ …… ㉠
㉠에 $x=1$을 대입하면
$2^{15}=a_0+a_1+\cdots+a_{14}+a_{15}$ …… ㉡
㉠에 $x=-1$을 대입하면
$0=a_1-a_1+\cdots+a_{14}-a_{15}$ …… ㉢
㉡－㉢에서
$2^{15}=2(a_1+a_3+\cdots+a_{13}+a_{15})$
$\therefore a_1+a_3+\cdots+a_{13}+a_{15}=2^{14}$

4 3^{20}에 상용로그를 취하여 그 값을 구하면

$\log 3^{20} = 20\log 3 = 20 \times 0.4771 = 9.542$

$\log 3^{20}$의 소수부분은 0.542이고,

$\log 3 = 0.4771$, $\log 4 = \log 2^2 = 2\log 2 = 0.6020$이므로

$0.4771 < 0.542 < 0.6020$

$\log 3 < 0.542 < \log 4$

각 변에 9를 더하면

$9 + \log 3 < 9 + 0.542 < 9 + \log 4$

$\log(3 \times 10^9) < 9.542 < \log(4 \times 10^9)$

$\log(3 \times 10^9) < \log 3^{20} < \log(4 \times 10^9)$

따라서 $3 \times 10^9 < 3^{20} < 4 \times 10^9$이므로 3^{20}의 최고 자리의 숫자는 3이다.

5 $f(x) = ax^2 - 4ax + b = a(x-2)^2 - 4a + b$

$a > 0$이고 대칭축이 $x = 2$이므로 $0 \le x \le 3$에서

$x = 2$일 때 최솟값은 $-4a + b = -1$ … ㉠

$x = 0$일 때 최댓값은 $b = 7$ … ㉡

㉠, ㉡을 연립하여 풀면 $a = 2$, $b = 7$

$\therefore a + b = 9$

6 부채꼴로 만든 원뿔의 반지름의 길이를 r, 높이를 h라 하면

부채꼴의 호의 길이와 원뿔의 둘레의 길이가 같으므로

$2\pi \times 12 \times \frac{90}{360} = 2\pi r \Rightarrow r = 3$

또, 피타고라스의 정리에 의하여

$h = \sqrt{12^2 - r^2} = \sqrt{12^2 - 3^2} = 3\sqrt{15}$

따라서 구하는 원뿔의 부피를 V라 하면

$V = \frac{1}{3} \times \pi r^2 \times h = \frac{1}{3} \times 9\pi \times 3\sqrt{15} = 9\sqrt{15}\pi$

7 다항식 $f(x) = x^2 + 2x + a$를 일차식 $x+1$, $x-1$, $x-2$로 나누었을 때

나머지는 각각 $f(-1) = a-1$, $f(1) = a+3$, $f(2) = a+8$이다.

이때, $a-1$, $a+3$, $a+8$이 순서대로 등비수열을 이루므로

$(a+3)^2 = (a-1)(a+8)$

$6a + 9 = 7a - 8$

$\therefore a = 17$

8 구간 $(0, 2)$에서 $0 < x^2 < 4$이므로 $f(x) = [x^2]$이 불연속이 되는 점은 x^2이 정수가 되는 $x = 1$, $x = \sqrt{2}$, $x = \sqrt{3}$이다.
따라서 $a = 1$, $b = \sqrt{2}$, $c = \sqrt{3} \Rightarrow a^2 + b^2 + c^2 = 6$

9 오렌지 원액 전체의 양은 $100 \times \frac{a}{100} + x \times \frac{b}{100} = a + \frac{bx}{100}$
오렌지 주스 전체의 양은 $100 + x$(kL)이므로 새로운 오렌지 주스의 농도는

$$c = \frac{a + \frac{bx}{100}}{100 + x} \times 100 = \frac{100a + bx}{100 + x}$$

위의 식을 x에 대하여 풀면

$$x = \frac{100(c-a)}{b-c}$$

10
$$\lim_{h \to 0} \frac{f(1+h) - f(1-h)}{h}$$
$$= \lim_{h \to 0} \frac{f(1+h) - f(1) - f(1-h) + f(1)}{h}$$
$$= \lim_{h \to 0} \frac{f(1+h) - f(1)}{h} + \lim_{h \to 0} \frac{f(1-h) - f(1)}{-h}$$
$$= f'(1) + f'(1) = 2f'(1)$$

$f(x) = \int (x-2)(x^2 + 2x + 4)dx$의 양변을 x에 대하여 미분하면

$$f'(x) = (x-2)(x^2 + 2x + 4)$$
$$f'(1) = -1 \cdot 7 = -7$$
$$\therefore 2f'(1) = 2 \cdot (-7) = -14$$

11
$a_n + a_{n+1} = n^2$ …… ㉠
$a_{n+1} + a_{n+2} = (n+1)^2$ …… ㉡
㉡－㉠을 하면
$$a_{n+2} - a_n = (n+1)^2 - n^2 = 2n + 1$$
$$\therefore \lim_{n \to \infty} \frac{a_{n+2} - a_n}{n+2} = \lim_{n \to \infty} \frac{2n+1}{n+2} = \lim_{n \to \infty} \frac{2 + \frac{1}{n}}{1 + \frac{2}{n}} = 2$$

12 구간 $[-\frac{3}{2}, \frac{3}{2}]$에서 $f(x)=\frac{3}{2}-|x|$와 x축으로 둘러싸인 부분은 밑변과 높이가 각각 3, $\frac{3}{2}$인 삼각형이므로

넓이는 $\frac{1}{2}\times3\times\frac{3}{2}=\frac{9}{4}$

그런데 $f(x-1)=f(x+2)$을 만족하는 $f(x)$는 주기 3인 주기함수이다.

$\therefore [\frac{9}{2}, \frac{15}{2}]$에서 $y=f(x)$의 그래프와 x축으로 둘러싸인 부분의 넓이는

$[-\frac{3}{2}, \frac{3}{2}]$에서 $y=f(x)$의 그래프와 x축으로 둘러싸인 부분의 넓이와 같다.

따라서 구하는 넓이는 $\frac{9}{4}$

13 두 점 O, A를 지나는 직선의 기울기가 $\frac{0-3}{0-(-3)}=-3$

점 B를 지나고 $\overline{OA}$에 수직인 직선의 방정식은 $y-2=\frac{1}{3}(x+3)$

$y=\frac{1}{3}x+3$ ⋯ ㉠

또, 두 점 A, B를 지나는 직선의 기울기는 $\frac{2-3}{-3-(-1)}=\frac{1}{2}$이므로

점 O를 지나고 $\overline{AB}$에 수직인 직선의 방정식은

$y=-2x$ ⋯ ㉡

㉠, ㉡을 연립하여 풀면

$x=-\frac{9}{7}$, $y=\frac{18}{7}$

따라서 구하는 수심의 좌표는 $\left(-\frac{9}{7}, \frac{18}{7}\right)$이다.

14 학생들의 지능 지수를 확률변수 X라 하면 X는 정규분포 $N(100, 5^2)$을 따른다.

상위 10% 이내에 속하는 학생의 최저 지능 지수를 k라 하면

$P(X\geq k)=0.1$

$Z=\frac{X-100}{5}$으로 놓으면 Z는 표준정규분포 $N(0, 1)$을 따르므로

$P\left(Z\geq\frac{k-100}{5}\right)=0.1$

$P(Z\geq0)-P\left(0\leq Z\leq\frac{k-100}{5}\right)=0.1$

$0.5-P\left(0\leq Z\leq\frac{k-100}{5}\right)=0.1$

$P\left(0\leq Z\leq\frac{k-100}{5}\right)=0.4$

이때, $P(0 \le Z \le 1.3) = 0.4$이므로

$$\frac{k-100}{5} = 1.3$$

$k-100 = 6.5$

$\therefore k = 106.5$

15 $a_1 = 1$, $a_{n+1} = a_n + 2^{n-1}$에서 n에 1, 2, 3,$\cdots$, $n-1$을 대입하면

$a_2 = a_1 + 1$
$a_3 = a_2 + 2$
$a_4 = a_3 + 2^2$
$\cdots$
$a_n = a_{n-1} + 2^{n-2}$

각 변끼리 더하여 정리하면

$$a_n = a_1 + 1 + 2 + 2^2 + \cdots + 2^{n-2} = 1 + \frac{2^{n-1}-1}{2-1} = 2^{n-1}$$

따라서 수열 $\{a_n\}$의 첫째항부터 제 100항까지의 합은

$$\sum_{k=1}^{100} a_k = \sum_{k=1}^{100} 2^{k-1} = \frac{2^{100}-1}{2-1} = 2^{100}-1$$

16 x의 값이 1에서 3까지 변할 때의 함수 $f(x)$의 평균변화율은

$$\frac{f(3)-f(1)}{3-1} = \frac{(3^2-3+1)-(1^2-1+1)}{2} = 3$$

또, 함수 $f(x)$의 $x=a$에서의 미분계수는

$$f'(a) = \lim_{h\to 0}\frac{f(a+h)-f(a)}{h}$$

$$= \lim_{h\to 0}\frac{\{(a+h)^2-(a+h)+1\}-(a^2-a+1)}{h}$$

$$= \lim_{h\to 0}\frac{h(h+2a-1)}{h}$$

$$= \lim_{h\to 0}(h+2a-1)$$

$$= 2a-1$$

$2a-1 = 3$

$\therefore a = 2$

17 10주 동안 근무할 수 있는 방법의 수는 ${}_{10}C_3$(가지)

근로자가 2주 이상 연속하여 야간근무를 하지 않는 방법의 수는

주간근무 7주 사이사이의 8주 중에서 3주를 선택하여 야간근무를 하면 되므로 ${}_8C_3$(가지)이다.

○ [주] ○ [주] ○ [주] ○ [주] ○ [주] ○ [주] ○ [주] ○

따라서 구하는 확률은 $\frac{{}_8C_3}{{}_{10}C_3} = \frac{56}{120} = \frac{7}{15}$

18 두 원의 중심의 좌표가 $(3,\ -5)$, $(-4,\ -2)$이므로

두 원의 중심거리는 $\sqrt{(-4-3)^2+(-2+5)^2}=\sqrt{58}$

두 원의 반지름의 길이가 각각 2, r이고, 공통내접선의 길이가 7이므로

$7=\sqrt{(\sqrt{58})^2-(2+r)^2}$

양변을 제곱하면 $49=58-(2+r)^2$

$(2+r)^2=9$

$2+r=\pm3$

$r=1$ 또는 $r=-5$

따라서 양수 r의 값은 1이다.

19 $(a+b):(b+c):(c+a)=5:7:6$에서 $\begin{cases} a+b=5k \\ b+c=7k \\ c+a=6k \end{cases}$라 하면 $a=2k,\ b=3k,\ c=4k$

따라서 $\dfrac{a^2+b^2+c^2}{ab+bc+ca}=\dfrac{4k^2+9k^2+16k^2}{6k^2+12k^2+8k^2}=\dfrac{29}{26}$

20 ㉠ $0\le n-[n]<1$이므로 $\displaystyle\lim_{n\to\infty}\frac{n-[n]}{n}=0$ (참)

㉡ (반례) $a_n=\dfrac{1}{n}$일 때, $\displaystyle\sum_{n=1}^{\infty}\frac{1}{n}$은 발산한다. (거짓)

㉢ 급수 $1+\dfrac{2}{3}+\dfrac{3}{5}+\cdots+\dfrac{n}{2n-1}+\cdots$에서 $\displaystyle\lim_{n\to\infty}\frac{n}{2n-1}=\frac{1}{2}$이므로 주어진 급수는 발산한다. (거짓)

정답 및 해설

실전 모의고사 16회

Answer

1	2	3	4	5	6	7	8	9	10	11	12	13	14	15	16	17	18	19	20
④	①	①	②	③	②	①	②	①	①	②	②	②	③	①	①	④	①	③	③

1 명제는 참, 거짓의 구별이 가능한 식이나 문장이므로 ㉡, ㉢, ㉤이 명제이다. 따라서 명제가 되는 것은 3개다.

2 $z=a+bi$(a, b는 실수)라 하면

$\overline{a+bi+(a+bi)i}=2+i$

$\overline{a-b+(a+b)i}=2+i$

$a-b-(a+b)i=2+i$

복소수가 서로 같을 조건에 의하여

$a-b=2,\ a+b=-1$

$a=\frac{1}{2},\ b=-\frac{3}{2}$

$\therefore \boldsymbol{z=}\frac{1}{2}-\frac{3}{2}i$

3 $f(1)=a+1+1+\cdots+1$(1이 2000개)

$=a+2000=0$

$a=-2000$

$f(x)=-2000+x+x^2+\cdots+x^{2000}$

$\therefore f(-1)=-2000-1+1+\cdots+1=-2000$

4 a, b가 유리수이므로 이차방정식 $x^2+ax+b=0$의 한 근이 $2-\sqrt{3}$ 이면 다른 한 근은 $2+\sqrt{3}$이다.

따라서 근과 계수의 관계에 의하여 $(2-\sqrt{3})+(2+\sqrt{3})=-a$

$\therefore\ a=-4$

$(2-\sqrt{3})(2+\sqrt{3})=b \qquad \therefore\ b=1$

$\therefore\ ab=-4$

5 두 그래프를 연립하면 $x^2-a=bx$

$x^2-bx-a=0$ ⋯ ㉮

㉮의 두 근은 두 그래프의 교점의 x좌표다. 조건에서 한 근이 $\sqrt{5}+1$ 이므로 $-\sqrt{5}+1$ 이다. (유리계수에서 무리근을 가지므로) 근과 계수에서 $a=4,\ b=2$

$\therefore a+b=6$

6 $60° = \frac{\pi}{3}$ 이므로 $l=r\theta$ 에서 $l=3\cdot\frac{\pi}{3}=\pi$

7 $y-2x=k$라 하면 $y=2x+k$이다.

기울기가 2이므로 $3x-2y+1=0$와 $2x-3y-1=0$의 교점

$(-1,\ -1)$을 지날 때, k가 최댓값 $M=1$, $x+y-3=0$과

$2x-3y-1=0$의 교점 $(2,\ 1)$를 지날 때, k는 최솟값

$m=-3$을 가지므로 $M+m=-2$이다.

8 $y=\sqrt{x+1}$, $y=x+k$을 연립하면

$\sqrt{x+1}=x+k \Rightarrow x+1=x^2+2kx+k^2$

$\Rightarrow x^2+(2k-1)x+k^2-1=0$

$D=(2k-1)^2-4(k^2-1)=0 \ \therefore k=\frac{5}{4}$

$y=x+k$가 $(-1,\ 0)$을 지날 조건은 $k=1$

따라서 $1\le k<\frac{5}{4}$일 때 두 점에서 만난다.

9 백의 자리에는 0이 올 수 없으므로 백의 자리에는

1, 2, 3, 4, 5의 5가지

십의 자리, 일의 자리에는 0, 1, 2, 3, 4, 5의 6가지가 올 수 있으므로

$_6\Pi_2=6^2=36$(가지)

따라서 구하는 자연수의 개수는

$5\times{}_6\Pi_2=5\times6^2=180$(개)

10 진수의 자리수가 n자리이면 진수의 로그값의 정수부분은 $n-1$이다.

또, 숫자의 배열이 같고 소수점의 위치만 다른 수의 로그값의 소수부분은 서로 같으므로

$\log 536=2.7292$, $\log 53.6=1.7292$
$\log 5.36=0.7292$

또, 진수에서 소수 n째 자리에서 처음으로 0이 아닌 수가 나타나면 그 진수의 로그값의 정수부분은 $-n$이므로

$\log 0.536=-1+0.7292=-0.2708$

$\therefore x=0.536$

11 $\sum_{n=1}^{\infty} n^2(a_n - a_{n+1})$

$= 1^2(a_1 - a_2) + 2^2(a_2 - a_3) + \cdots n^2(a_n - a_{n+1}) + \cdots$

$= (1^2 - 0^2)a_1 + (2^2 - 1^2)a_1 + (3^2 - 2^2)a_3 + \cdots$

$= \sum_{n=1}^{\infty} \{n^2 - (n-1)^2\} a_n$

$= \sum_{n=1}^{\infty} (2n-1) a_n$

$= 2\sum_{n=1}^{\infty} n a_n - \sum_{n=1}^{\infty} a_n$

$= 2B - A$

12 카드에 적힌 수가 3의 배수인 사건을 A, 5이하인 사건을 B라 하면

$P(A) = \frac{6}{20} = \frac{3}{10}$, $P(B) = \frac{5}{20} = \frac{1}{4}$

또 $A \cap B$는 3의 눈이 나오는 사건이므로 $P(A \cap B) = \frac{1}{20}$

따라서 $P(A \cup B) = P(A) + P(B) - P(A \cap B) = \frac{3}{10} + \frac{1}{4} - \frac{1}{20} = \frac{1}{2}$

13 모든 실수 n에 대하여 $0 \le n\pi - [n\pi] < 1$이므로 각 변에 $\frac{1}{n^2+1}$을 곱하면

$0 \le \frac{n\pi - [n\pi]}{n^2+1} < \frac{1}{n^2+1}$

그런데 $\lim_{n\to\infty} \frac{1}{n^2+1} = 0$이므로 극한의 대소관계에 의하여 $\lim_{n\to\infty} \frac{n\pi - [n\pi]}{n^2+1} = 0$

14 $pa_{n+2} + qa_{n+1} + ra_n = 0$꼴의 점화식에서 $p+q+r=0$이면

$a_{n+2} - a_{n+1} = \frac{r}{p}(a_{n+1} - a_n)$

$3a_{n+2} - 4a_{n+1} + a_n = 0$의 계수의 합이 $3-4+1=0$이므로

$a_{n+2} - a_{n+1} = \frac{1}{3}(a_{n+1} - a_n)$ $\cdots$ ㉠

이때, $a_{n+1} - a_n = b_n$으로 놓으면 $b_{n+1} = a_{n+2} - a_{n+1}$이므로 점화식 ㉠은 $b_{n+1} = \frac{1}{3} b_n$

따라서 수열 $\{b_n\}$은 수열 $\{a_n\}$의 이웃한 항의 차로 이루어진 수열이고, 첫째항b_1이 $b_1 = a_2 - a_1 = 2-1=1$

공비가 $\frac{1}{3}$인 등비수열이므로 일반항 b_n은

$$b_n = (\frac{1}{3})^{n-1}$$

$$\therefore a_n = a_1 + \sum_{k=1}^{n-1} b_k = 1 + \sum_{k=1}^{n-1} (\frac{1}{3})^{k-1}$$

$$= 1 + \frac{1-(\frac{1}{3})^{n-1}}{1-\frac{1}{3}}$$

$$= \frac{5}{2} - \frac{3}{2}(\frac{1}{3})^{n-1}$$

따라서 $A = \frac{5}{2},\ B = -\frac{3}{2},\ C = \frac{1}{3}$이므로

$$A+B+C = \frac{5}{2} - \frac{3}{2} + \frac{1}{3} = \frac{4}{3}$$

15 n이 자연수일 때 $n^2 < n^2+1 < (n+1)^2$

$n < \sqrt{n^2+1} < n+1$

따라서 $\sqrt{n^2+1}$의 정수 부분은 n이고 소수 부분은 $\sqrt{n^2+1}-n$이므로

$a_n = n,\ b_n = \sqrt{n^2+1}-n$

$$\therefore \lim_{n\to\infty} a_n b_n = \lim_{n\to\infty} n(\sqrt{n^2+1}-n)$$

$$= \lim_{n\to\infty} \frac{n(\sqrt{n^2+1}-n)(\sqrt{n^2}+n)}{\sqrt{n^2+1}+n}$$

$$\lim_{n\to\infty} \frac{n}{\sqrt{n^2+1}+n} = \lim_{n\to\infty} \frac{1}{\sqrt{1+\frac{1}{n^2}}+1} = \frac{1}{\sqrt{1+0}+1} = \frac{1}{2}$$

16

함수 $f(x)$는 $f(x) = \begin{cases} x & (x \geq 1,\ x \leq -1) \\ \frac{1}{x} & (-1 < x < 0,\ 0 < x < 1) \\ 0 & (x = 0) \end{cases}$이므로 그래프는 아래 그림과 같다.

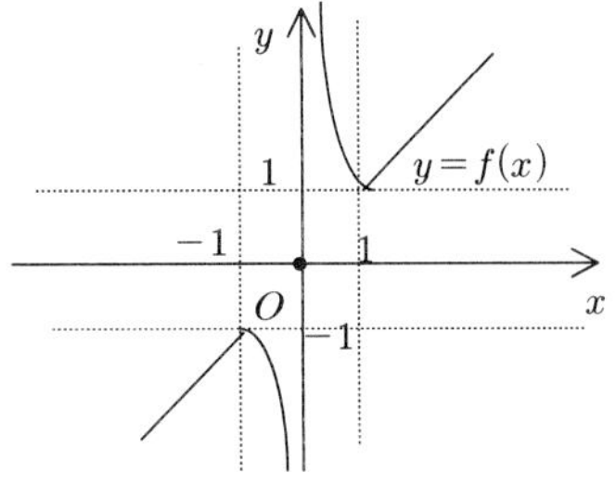

$\therefore\ y=f(x)$는 $x=0$에서 불연속이고, $x \neq 0$일 때, $|f(x)| \geq 1$이다.

따라서 $a=0,\ b=1 \Rightarrow a^2+b^2=1$

17 P, Q의 속도를 구하면 $P'(t)=t^2+4$, $Q'(t)=4t$

두 점의 속도가 같아지는 시각은

$t^2+4=4t$, $(t-2)^2=0$ $\quad\therefore t=2$

시각 t일 때 두 점 사이의 거리는

$\overline{PQ}=\left|\frac{1}{3}t^3-2t^2+4t+\frac{28}{3}\right|$에서

$t=2$일 때에는 $\overline{PQ}=\left|\frac{8}{3}-8+8+\frac{28}{3}\right|=\frac{36}{3}=12$

18

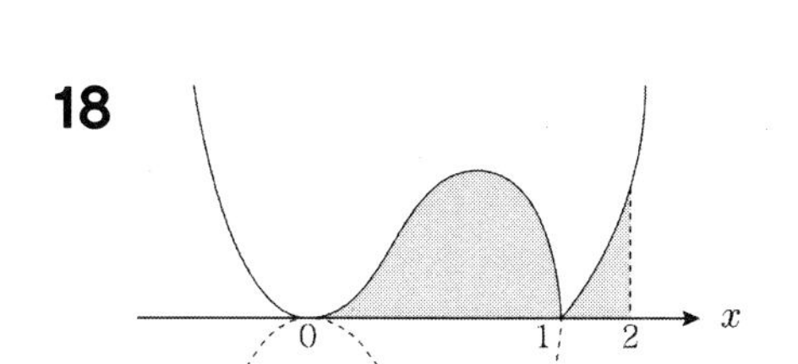

$$\int_0^2 |x^2(x-1)|dx=-\int_0^1 x^2(x-1)dx+\int_1^2 x^2(x-1)dx$$

$$=\left[-\frac{1}{4}x^4+\frac{1}{3}x^3\right]_0^1+\left[\frac{1}{4}x^4-\frac{1}{3}x^2\right]_1^2$$

$$=\left(-\frac{1}{4}+\frac{1}{3}\right)+\left\{\frac{1}{4}(2^4-1^4)-\frac{1}{3}(2^3-1^3)\right\}=\frac{3}{2}$$

19 사과 6개를 3명의 학생에게 나누어 주는 방법의 수는 ${}_{3+6-1}C_6={}_8C_2=28$

배 4개를 3명의 학생에게 나누어 주는 방법의 수는 ${}_{3+4-1}C_4={}_6C_2=15$

$\therefore$ 구하는 방법의 수는 $28\times15=420$

20 이항분포의 분산을 구할 수 있는가를 묻는 문제이다.

$V(X)=n\times\frac{1}{3}\times\frac{2}{3}=20$

$\therefore n=90$

정답 및 해설

실전 모의고사 17회

Answer

1	2	3	4	5	6	7	8	9	10	11	12	13	14	15	16	17	18	19	20
④	②	②	①	④	②	③	③	①	③	④	④	④	②	③	④	②	③	④	②

1 $[(A\cup B)\cap(A^c\cap B)]\cup A$

$=[(A\cup B)\cap(B\cap A^C)]\cup A$

$=[[(A\cup B)\cap B]\cap A^C]\cup A$

$=(B\cap A^C)\cup A$ ←흡수법칙

$=(B\cup A)\cap(A^C\cup A)$

$=(B\cup A)\cap U$

$=B\cup A$

$=\{c,\ e\}\cup\{a,\ c,\ d\}=\{a,\ c,\ d,\ e\}$

따라서 구하는 원소의 개수는 4개이다.

2 $f(-2)=f(-1)=f(1)=2$이므로 $f(x)$를 $x+2$, $x+1$, $x-1$로 나누었을 때의 나머지가 모두 2이다.

따라서 $g(x)=f(x)-2$로 놓으면 다항식 $g(x)$는 삼차항의 계수가 1인 삼차식이고

$g(-2)=g(-1)=g(1)=0$

이므로 인수정리에 의하여 $g(x)$는 $x+2$, $x+1$, $x-1$로 나누어 떨어진다.

따라서 $g(x)=(x+2)(x+1)(x-1)$이므로

$f(x)=(x+2)(x+1)(x-1)+2$

$\therefore f(-3)=-1\cdot(-2)\cdot(-4)+2=-6$

3 ① $16x^2-36y^2=(4x)^2-(6y)^2$

$=(4x+6y)(4x-6y)$

$=4(2x+3y)(2x-3y)$

② $x^2-y^2+2yz-z^2=x^2-(y^2-2yz+z^2)$

$=x^2-(y-z)^2$

$=(x-y+z)(x+y-z)$

③ $2x^2-5x-3=(x-3)(2x+1)$

④ $x^3+8=(x+2)(x^2-2x+4)$

4 $a(2x-1)>b(x-1)$에서 $(2a-b)x>a-b$

이 부등식의 해가 모든 실수이므로 $2a-b=0$, $a-b<0$

즉, $b=2a$이고, $-a<0$에서 $a>0$, $b>0$

$ax+2b>2a-bx$에서 $(a+b)x>2a-2b$

$b=2a$를 대입하면 $3ax>-2a$

$\therefore\ x>-\dfrac{2}{3}$ ($\because\ a>0$)

5 두 원이 모두 $(-2,\ 2)$를 지나므로 두 원은 모두 2사분면에 있으므로 x축, y축에 동시에 접하는 원의 중심은 $(-a,\ a)$, 반지름은 a라 할 수 있다. $(a>0)$

따라서 $(x+a)^2+(y-a)^2=a^2$

또 이 원이 $(-2,\ 2)$를 지나므로

$(-2+a)^2+(2-a)^2=a^2$이다.

$\therefore\ a^2-8a+8=0$

이 방정식의 두 근이 두 원의 중심을 결정한다.

두 근을 α, β라 하면 $\alpha+\beta=8$, $\alpha\beta=8$

두 원의 중심은 $(-\alpha,\ \alpha)$, $(-\beta,\ \beta)$이므로

두 원의 중심사이의 거리는

$\sqrt{2(\alpha-\beta)^2}=\sqrt{2}\sqrt{(\alpha+\beta)^2-4\alpha\beta}=8$

6 $B(4,\ 1)$의 x축 대칭점 $B'(4,\ -1)$와 $A(-1,\ 3)$을 연결한 직선 AB'일 때 $\overline{AP}+\overline{BP}$가 최소이다.

$\therefore\ AB'=\sqrt{(4+1)^2+(-1-3)^2}=\sqrt{41}$

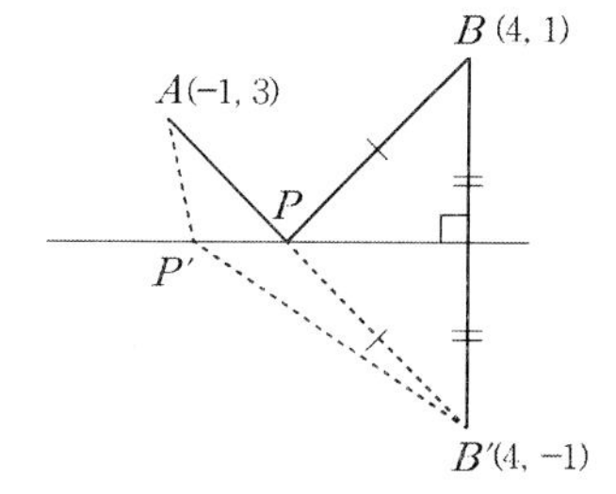

7

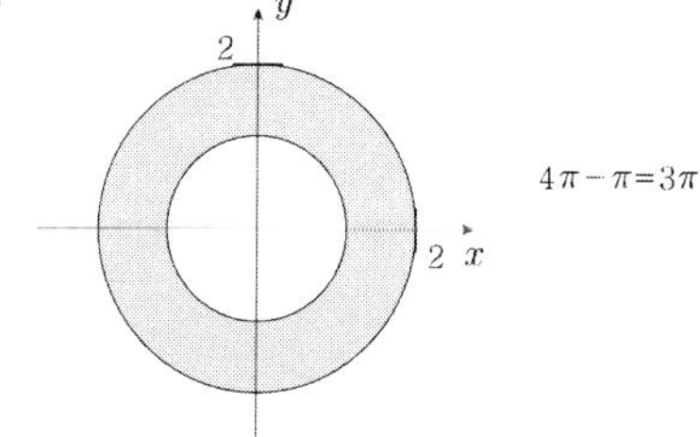

$4\pi-\pi=3\pi$

8 반지름의 길이가 r, 중심각의 크기가 $\theta°$ 인 부채꼴의 넓이 S는 $S=\pi r^2\times\frac{\theta}{360}=\pi\times6^2\times\frac{120}{360}=12\pi$

9 $x^2+x+2=0$의 두 근이 α, β이므로 근과 계수의 관계에서 $\alpha+\beta=-1$, $\alpha\beta=2$

따라서 $\frac{\beta}{\alpha}+\frac{\alpha}{\beta}=\frac{(\alpha+\beta)^2-2\alpha\beta}{\alpha\beta}=\frac{(-1)^2-2\times2}{2}=-\frac{3}{2}$

10 $\int_1^x f(t)dt=2x^2-2x+a$에서

(i) 각 변을 x에 대하여 미분하면 $f(x)=4x-2$

(ii) $x=1$을 대입하면 $\int_1^1 f(t)dt=a$ $\therefore$ $a=0$

따라서 $f(1)+a=(4-2)+0=2$

11 $\log_2 3=\frac{1}{\log_3 2}=a$이므로 $\log_3 2=\frac{1}{a}$, $\log_3 5=b$이므로

$\log_{20}150$을 밑이 3인 로그로 변형하면

$$\log_{20}150=\frac{\log_3 150}{\log_3 20}=\frac{\log_3(2\cdot3\cdot5^2)}{\log_3(2^2\cdot5)}=\frac{\log_3 2+1+2\log_3 5}{2\log_3 2+\log_3 5}$$

$$=\frac{\frac{1}{a}+1+2b}{\frac{2}{a}+b}=\frac{2ab+a+1}{ab+2}$$

12 $y=x^2-2x+3=(x-1)^2+2$의 꼭짓점의 좌표는 $(1,2)$이고

$y=x^2+4x+7=(x+2)^2+3$의 꼭짓점의 좌표는 $(-2,3)$이므로,

$y=x^2-2x+3$의 그래프를 x축의 방향으로 -3만큼, y축의 방향으로 1만큼 평행이동하면 $y=x^2+4x+7$의 그래프와 일치한다.

따라서 $m=-3, n=1 \Rightarrow m+n=(-3)+1=-2$

13 주어진 급수의 제n항 a_n은

$$a_n=\frac{1}{(n+1)(n+2)}=\frac{1}{n+1}-\frac{1}{n+2}$$

이므로 주어진 급수의 제n항까지의 부분합 S_n은

$$S_n=\sum_{k=1}^{n}a_k=\sum_{k=1}^{n}\left(\frac{1}{k+1}-\frac{1}{k+2}\right)$$

$$=\left(\frac{1}{2}-\frac{1}{3}\right)+\left(\frac{1}{3}-\frac{1}{4}\right)+\left(\frac{1}{3}-\frac{1}{4}\right)+\cdots+\left(\frac{1}{n+1}-\frac{1}{n+2}\right)$$

$$=\frac{1}{2}-\frac{1}{n+2}$$

$$\therefore \sum_{n=1}^{\infty}a_n=\lim_{n\to\infty}S_n=\lim_{n\to\infty}\left(\frac{1}{2}-\frac{1}{n+2}\right)=\frac{1}{2}$$

14 주어진 식을 S로 놓으면 $S=1+2\times\frac{1}{2}+3\times\left(\frac{1}{2}\right)^2+\cdots+10\times\left(\frac{1}{2}\right)^9 \cdots$ ㉠

이 때, S는 (등차수열) × (등비수열) 꼴의 합이므로 멱급수이다.

따라서 등비수열의 공비인 $\frac{1}{2}$을 양변에 곱하면,

$\frac{1}{2}S=1\times\frac{1}{2}+2\times\left(\frac{1}{2}\right)^2+\cdots+9\times\left(\frac{1}{2}\right)^9+10\times\left(\frac{1}{2}\right)^{10} \cdots$ ㉡

㉠−㉡을 하면,

$$\frac{1}{2}S=1+\frac{1}{2}+\left(\frac{1}{2}\right)^2+\cdots+\left(\frac{1}{2}\right)^9-10\times\left(\frac{1}{2}\right)^{10}$$

$$=\frac{1-\left(\frac{1}{2}\right)^{10}}{1-\frac{1}{2}}-10\times\left(\frac{1}{2}\right)^{10}$$

$$=2-3\times\left(\frac{1}{2}\right)^8$$

$\therefore S=4-3\left(\frac{1}{2}\right)^7$

15 주어진 등비수열의 공비는 $x-2$이므로 이 등비수열이 수렴하는 조건

$x-1=0$ 또는 $-1<x-2\leq 1$

$x=1$ 또는 $1<x\leq 3$

$\therefore 1\leq x\leq 3$

따라서 $1\leq x\leq 3$을 만족하는 정수 x는 1, 2, 3이므로 3개이다.

16 $\lim_{x\to -1}\frac{(x+1)(x-1)(x-2)}{(x+1)}=6$

17 함수 $f(x)=\begin{cases}x^3+ax^2+bx & (x\geq 1)\\ 2x^2+1 & (x<1)\end{cases}$이 모든 실수 x에서 미분가능하려면 $x=1$에서 연속이어야 하므로

$\lim_{x\to 1+0}f(x)=f(1)$

즉, $2+1=1+a+b$

$\therefore a+b=2$ ㉠

$x=1$에서 미분계수가 존재해야 하므로

$f'(x)=\begin{cases}3x^2+2ax+b & (x>1)\\ 4x & (x<1)\end{cases}$에서

$\lim_{x\to 1-0}f'(x)=\lim_{x\to 1+0}f'(x)$이어야 한다.

즉, $3+2a+b=4$

$\therefore 2a+b=1$ ㉡

㉠, ㉡을 연립하여 풀면

$a=-1$, $b=3$

$\therefore ab=-3$

18 t초 후의 위치의 변화량을 x라 하면

$$x=\int_0^t(4-2t)dt=4t-t^2$$

즉, 출발점을 다시 지나는 시간 t를 구하면

$4t-t^2=0, t(t-4)=0$

$\therefore t=0, 4$

따라서, 4초 후에 다시 출발점을 지나므로 4초까지 움직인 거리를 구하면

$$s=\int_0^4|4-2t|dt$$

$$=\int_0^2(4-2t)dt+\int_2^4(2t-4)dt$$

$$=\left[4t-t^2\right]_0^2+\left[t^2-4t\right]_2^4$$

$$=4+4=8$$

19 $\mathrm{P}(A\cup B)=\frac{2}{3}$ 이므로 $\mathrm{P}(A)+\mathrm{P}(B)-\mathrm{P}(A\cap B)=\frac{2}{3}$

$\mathrm{P}(A)=\frac{1}{2}$ 이므로 $\mathrm{P}(B)-\mathrm{P}(A\cap B)=\frac{1}{6}$ …㉠

$\mathrm{P}(A|B)=\frac{\mathrm{P}(A\cap B)}{\mathrm{P}(B)}=\frac{1}{2}$ 이므로 $\mathrm{P}(B)=2\mathrm{P}(A\cap B)$ …㉡

㉠, ㉡에 의하여 $\mathrm{P}(A\cap B)=\frac{1}{6}$, $\mathrm{P}(B)=\frac{1}{3}$

$$\mathrm{P}(A|B^c)=\frac{\mathrm{P}(A\cap B^c)}{\mathrm{P}(B^c)}=\frac{\mathrm{P}(A)-\mathrm{P}(A\cap B)}{1-\mathrm{P}(B)}$$

$$=\frac{\frac{1}{3}}{\frac{2}{3}}=\frac{1}{2}$$

20 신뢰구간의 길이는 $\frac{\sigma}{\sqrt{n}}$의 값이 가장 큰 경우이므로 $n=36$, $\sigma=9$일 때이다.

정답 및 해설

실전 모의고사 18회

Answer

1	2	3	4	5	6	7	8	9	10	11	12	13	14	15	16	17	18	19	20
③	③	②	①	②	①	②	①	②	②	④	①	④	③	①	④	④	③	④	③

1 $A=\{x \mid x=a+bi,\ a=0,\ 1,\ b=0,\ 1\}$

$=\{0,\ i,\ 1,\ 1+i\}$

에서 순허수는 i뿐이므로 구하는 부분집합의 개수는 집합 A의 부분집합 중 원소 i를 반드시 포함하는 부분집합의 개수이다.

$\therefore\ 2^{4-1}=2^3=8$(개)

2 $\sqrt{x-1}\sqrt{y-2}=-\sqrt{(x-1)(y-2)}$ 이므로

$x-1\le 0,\ y-2\le 0$

$\dfrac{\sqrt{x+1}}{\sqrt{y+1}}=-\sqrt{\dfrac{x+1}{y+1}}$ 이므로

$x+1\ge 0,\ y+1<0$

㉠, ㉡에서 $-1\le x\le 1,\ y<-1$

$\therefore\ |x-2|+\sqrt{(x+1)^2}-|y-3|+\sqrt{y^2}$

$=-(x-2)+x+1+y-3-y$

$=0$

3 이차부등식 $ax^2-3x+b>0$의 해가 $x<-2$ 또는 $x>3$이므로 $a>0$

해가 $x<-2$ 또는 $x>3$이고 이차항의 계수가 1인 이차부등식은

$(x+2)(x-3)>0,\ x^2-x-6>0$

$ax^2-ax-6a>0$

즉, $-a=-3,\ -6a=b$이므로

$a=3,\ b=-18\quad \therefore\ a+b=-15$

4 $3+\sqrt{8}=3+2\sqrt{2}=5.\times\times\times$이므로

소수 부분 $x=(3+2\sqrt{2})-5=-2+2\sqrt{2}$

$\therefore x+2=2\sqrt{2}$

양변을 제곱하여 정리하면

$x^2+4x-4=0$

$\therefore \dfrac{x+2+\sqrt{x^2+4x}}{x+2-\sqrt{x^2+4x}}=\dfrac{2\sqrt{2}+\sqrt{4}}{2\sqrt{2}-\sqrt{4}}=3+2\sqrt{2}$

5 $x=a \Rightarrow x=-2 \quad \therefore a=-2$

$y=b \Rightarrow y=-4+3 \quad \therefore b=-1$

$\therefore a+b=-3$

6 독일어를 선택한 학생들의 집합을 D, 프랑스어를 선택한 학생들의 집합을 F라 하면,

$n(D)=72$, $n(F)=64$, $n(D\cap F)=30$

따라서 $n(D\cup F)=n(D)+n(F)-n(D\cap F)=72+64-30=106$

7 $(g\circ f)(2^x)=g(f(2^x))$

$=\{f(2^x)\}^2-2f(2^x)+1$

$=\dfrac{1}{4}$

$4\{f(2^x)\}^2-8f(2^x)+3=0$

$\{2f(2^x)-1\}\{2f(2^x)-3\}=0$

$\therefore f(2^x)=\dfrac{1}{2}$ 또는 $f(2^x)=\dfrac{3}{2}$

$f(2^x)=2^x+1$이므로

$2^x=-\dfrac{1}{2}$ 또는 $2^x=\dfrac{1}{2}$

그런데 $2^x>0$이므로

$2^x=\dfrac{1}{2}$

$\therefore x=-1$

8 대칭점의 좌표를 $(a,\ b)$라 하면

두 점의 중점 $\left(\frac{a+7}{2}, \frac{b-3}{2}\right)$는 $2y-x+3=0$위에 있어야 한다.

$2 \cdot \frac{b-3}{2}+\frac{a+7}{2}+3=0$

$\Rightarrow 2b-a=7$ …㉠

또 $(a,\ b)$, $(7,\ -3)$을 이은 선분이 $2y-x+3=0$와 수직이어야 한다.

$\frac{b+3}{a-7}=-2$

$\Rightarrow 2a+b=11$ …㉡

㉠, ㉡을 연립하면 $a=3,\ b=5$

9 $x^2+y^2=5^2$ 위의 점 $(x_1,\ y_1)$에서 접선의 방정식은 $x_1x+y_1y=5^2$이다.

$\therefore x+2y=5$

10 역함수가 존재하는 함수는 일대일 함수다.

11 ① $\cos 45^\circ=\frac{\sqrt{2}}{2}$ ② $(-2)^{-2}=\frac{1}{4}$ ③ $2^{\log_2 3}=3$ ④ $\int_2^0 x^3\,dx=-4$

12 등차수열 $\{a_n\}$의 첫째항을 a, 공차를 d라 하면,

$\begin{cases} a_5=a+4d=10 \\ a_{15}=a+14d=-40 \end{cases}$ $\therefore a=30,\ d=-5 \Rightarrow a_n=30-5(n-1)=-5n+35$

그런데 S_n이 최대가 되는 경우는 $a_n \geq 0$인 항까지의 합이므로 $k=7$

따라서 $S_7=\frac{7\{2\times 30+(7-1)\times(-5)\}}{2}=105$

13 $(\log_9 2+\log_3 4)(\log_2 3+\log_4 9)$

$=\left(\frac{1}{2}\log_3 2+2\log_3 2\right)(\log_2 3+\log_2 3)$

$=\frac{5}{2}\log_3 2\times 2\log_2 3$

$=5$

14 $(t-a)(2t-a)+3=a^2-3ta+(2t^2+3)$이므로 $(t-a)(2t-a)+3\neq 0$이기 위한 조건은 a^2의 계수가 1이므로,

임의의 실수 a에 대하여, $a^2-3ta+(2t^2+3)>0$

$\therefore\ D=(-3t)^2-4(2t^2+3)=t^2-12<0$, 즉 $-2\sqrt{3}<t<2\sqrt{3}$

따라서 정수 t의 개수는 $-3, -2, -1, 0, 1, 2, 3$의 7개

15 수열 $\{a_n\}$은 첫째항이 2이고, 공비가 $\frac{1}{2}$인 등비수열이므로 일반항 a_n은

$$a_n = 2\left(\frac{1}{2}\right)^{n-1}$$

$$\therefore \sum_{n=1}^{\infty} a_n = \sum_{n=1}^{\infty} 2\left(\frac{1}{2}\right)^{n-1}$$

$$= \frac{2}{1-\frac{1}{2}} = \mathbf{4}$$

16 $x \to 0$ 일 때, $f(x) \to +0$ 이므로 $f(x)=t$ 로 놓으면

$$\lim_{x\to 0} g(f(x)) = \lim_{t\to +0} g(t) = 2$$

17 $f'(1)=9,\ g'(1)=12$

$$\lim_{h\to 0}\frac{f(1+2h)-g(1-h)}{3h} = \frac{2}{3}f'(1)+\frac{1}{3}g'(1)=10$$

18 $$\lim_{n\to\infty}\sum_{k=1}^{n}\left(1+\frac{2k}{n}\right)^3 \cdot \frac{3}{n}$$

$$= \lim_{n\to\infty}\sum_{k=1}^{n}\left(1+\frac{2k}{n}\right)^3 \cdot \frac{2}{n} \cdot \frac{3}{2}$$

$1+\frac{2k}{n} \to x,\ \frac{2}{n} \to dx$ 로 바꾸면 $k=1,\ n\to\infty$ 일 때

$x=1$ 이고, $k=n$ 일 때, $x=3$ 이므로 적분구간은 $[1, 3]$ 이다.

$$\therefore \text{(주어진 식)} = \frac{3}{2}\int_1^3 x^3 dx = \frac{3}{2}\left[\frac{1}{4}x^4\right]_1^3$$

$$= \frac{3}{2}\left(\frac{81}{4}-\frac{1}{4}\right)$$

$$= 30$$

[다른 풀이]

$\frac{k}{n} \to x,\ \frac{1}{n} \to dx$ 로 바꾸면

$$\text{(주어진 식)} = 3\int_0^1 (1+2x)^3 dx$$

$$= 3\left[\frac{1}{4}(1+2x)^4 \cdot \frac{1}{2}\right]_0^1$$

$$= \frac{3}{8}\left[(1+2x)^4\right]_0^1 = 30$$

19 $(2x+a)^5$ 의 전개식에서 x^3 의 계수는

${}_5\mathrm{C}_2(2x)^3a^2 = 80a^2x^3$ 이므로 $80a^2 = 320$ $\therefore$ $a=2$ $(\because\ a>0)$

따라서 $(2x+2)^5$ 에서 x^4 항은

${}_5C_1(2x)^4 2^1 = 160x^4$

20 연습시간을 확률변수 X 라 하면

$$\begin{aligned}\mathrm{P}(X \le 1) &= \mathrm{P}\left(Z \le \frac{1-m}{0.5}\right)\\ &= 0.1151\\ &= 0.5-\mathrm{P}(0 \le Z \le 1.2)\\ &= \mathrm{P}(Z \le -1.2)\end{aligned}$$

따라서 $\frac{1-m}{0.5} = -1.2$ 이므로 $m=1.6$

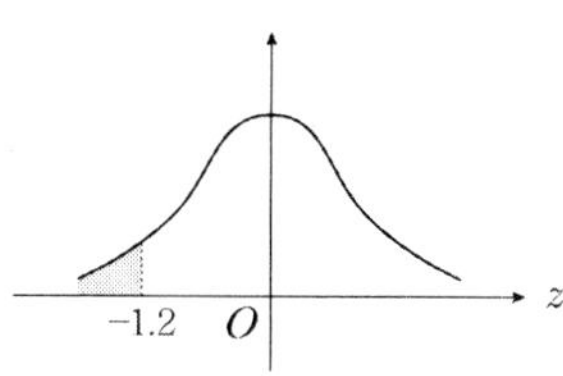

정답 및 해설

실전 모의고사 19회

Answer

1	2	3	4	5	6	7	8	9	10	11	12	13	14	15	16	17	18	19	20
②	①	④	③	④	④	④	③	③	④	③	①	①	①	③	②	①	④	④	③

1 ① $3-(\sqrt{5}+1)=2-\sqrt{5}<0$ $\therefore 3<\sqrt{5}+1$

② $\sqrt{2}+1-\sqrt{8}=\sqrt{2}+1-2\sqrt{2}=-\sqrt{2}+1<0$

$\therefore \sqrt{2}+1<\sqrt{8}$

③ $3\sqrt{3}-1-(2\sqrt{3}+1)=\sqrt{3}-2<0$

$\therefore 3\sqrt{3}-1<2\sqrt{3}+1$

④ $2\sqrt{2}+1-(4-2\sqrt{2})=4\sqrt{2}-3>0$

$\therefore 2\sqrt{2}+1>4-2\sqrt{2}$

2 $|x-3|<k$에서 $-k<x-3<k$

$\therefore -k+3<x<k+3$

$x^2+10<7x$에서 $x^2-7x+10<0$, $(x-2)(x-5)<0$

$\therefore 2<x<5$

이때, $P=\{x\mid -k+3<x<k+3\}$, $Q=\{x\mid 2<x<5\}$라고 하면 $P\subset Q$이므로 아래 그림에서

$-k+3\geq 2$, $k+3\leq 5$

$\therefore k\leq 1$

그런데 k는 양수이므로 $0<k\leq 1$

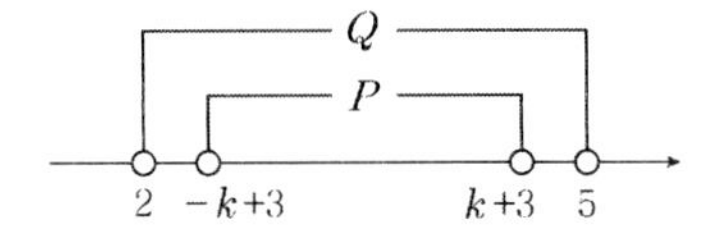

3 $a^2x-a\geq 16x-3$에서 $(a^2-16)x\geq a-3$

이 부등식의 해가 없으려면 $0\cdot x\geq$(양수)의 꼴이 되어야하므로

$a^2-16=0$, $a-3>0$

즉, $a=\pm 4$, $a>3$이므로 $a=4$

4 $(a+b+c)(bc+ca+ab)-abc$

$=abc+ca^2+a^2b+b^2c+abc+ab^2+bc^2+c^2a+abc-abc$

$=(b+c)a^2+(b^2+2bc+c^2)a+b^2c+bc^2$

$=(b+c)a^2+(b+c)^2a+bc(b+c)$

$=(b+c)\{a^2+(b+c)a+bc\}$

$=(b+c)(a+b)(a+c)$

$=2\cdot3\cdot1=6$

5 두 원 $(x-a)^2+(y-1)^2=a^2$, $(x-1)^2+(y-a)^2=a^2$ 에서

중심 $(a, 1)$, $(1, a)$ 사이의 거리가 반지름의 합과 같다.

$\sqrt{(a-1)^2+(1-a)^2}=2a$

$2a^2+4a-2=0$

$a^2+2a-1=0$

$\therefore a=-1\pm\sqrt{2}$

6 $P(x, y)$ 라 두면

$\sqrt{(x+2)^2+y^2} : \sqrt{(x-1)^2+(y-3)^2}=1:2$ 정리하면

$(x+3)^2+(y-1)^2=8$

반지름이 $2\sqrt{2}$ 인 원이므로 도형의 길이는 $4\sqrt{2}\pi$ 이다.

7 점과 직선 사이의 거리에서 $\dfrac{|-k|}{\sqrt{4^2+3^2}}>2$

$\therefore |k|>10$

8 갑, 을의 함량을 각각 x, y라 하면

$0.2x+0.1y\leq 1$, $0.1x+0.3y\leq 1.5$

$20x+30y=k$라 두면

$2x+y=10$과 $x+3y=15$의 교점 $x=3$, $y=4$일 때,

$20x+30y$가 최소이다.

9 함수 $f(x)$가 항등함수이면 $f(x)=x$를 만족해야 한다.

$f(x)=x^3-2x^2-2x=x$에서 $x=0$, $x=3$, $x=-1$

즉 $f(0)=0$, $f(3)=3$, $f(-1)=-1$

따라서 집합 X가 $\{0,3,-1\}$의 공집합이 아닌 부분집합이면 $f(x)=x$를 만족하므로 개수는 $2^3-1=7$

10 ${}_{n-1}C_{r-1}+{}_{n-1}C_r={}_nC_r$ 이므로

${}_2C_0+{}_3C_1={}_3C_0+{}_3C_1={}_4C_1$

${}_4C_1+{}_4C_2={}_5C_2$

${}_5C_2+{}_5C_3={}_6C_3$

…

${}_9C_6+{}_9C_7={}_{10}C_7$

${}_{10}C_7+{}_{10}C_8={}_{11}C_8={}_{11}C_3=\dfrac{11\times10\times9}{3\times2\times1}=165$

11 ㉠ $\log_a 1=0$ (참)

㉡ $\log_a M+\log_a N=\log_a MN\neq\log_a(M+N)$ (거짓)

㉢ $(\log_a M)^p\neq p\log_a M=\log_a M^p$ (거짓)

㉣ $\log_a M$을 밑의 변환 공식에 의해 밑이 b인 로그로 변형하면

$\log_a M=\dfrac{\log_b M}{\log_b a}$ (참)

㉤ 밑의 변환 공식에 의하여 $\log_a b=\dfrac{1}{\log_b a}$ (참)

따라서 옳은 것은 ㉠, ㉣, ㉤이다.

12 방정식 $f(x)=0$이 중근이 아닌 오직 하나의 실근을 가질 때, 그 실근이 열린구간 $(1,5)$에 있기 위한 조건은

$f(1)f(5)=(a+3)(2a-7)<0$

$\therefore\ -3<a<\dfrac{7}{2}$

따라서 $M=3$, $m=-2$ 즉 $M-m=5$

13 주어진 식의 분모를 유리화하면

$\displaystyle\lim_{n\to\infty}\frac{1}{\sqrt{n^2+2n+3}-n+1}$

$\displaystyle=\lim_{n\to\infty}\frac{\sqrt{n^2+2n+3}+n-1}{n^2+2n+3-(n-1)^2}$

$\displaystyle=\lim_{n\to\infty}\frac{\sqrt{n^2+2n+3}+n-1}{4n+2}$

$=\dfrac{1}{2}$

14 $P(15,5)$는 15개의 공을 빈 주머니가 없이 5개의 주머니에 나누어 담는 방법의 수를 의미한다. 빈 주머니가 없어야 하므로 먼저 5개 주머니에 공을 1개씩 주머니에 담고, 나머지 10개의 공을 5개의 주머니에 나누어 담는 방법을 생각하면 되므로

$P(15,5)=P(10,1)+P(10,2)+\cdots+P(10,5)$

따라서 $n=10,\ k=5 \Rightarrow n+k=15$

15 $\sum_{k=1}^{n}a_k=\sum_{k=1}^{n}\log_3(1+\frac{1}{k})=\sum_{k=1}^{n}\log_3\frac{k+1}{k}$

$$=\log_3\frac{2}{1}+\log_3\frac{3}{2}+\log_3\frac{4}{3}+\cdots+\log_3\frac{n+1}{n}$$

$$=\log_3(\frac{2}{1}\times\frac{3}{2}\times\frac{4}{3}\times\cdots\times\frac{n+1}{n})$$

$$=\log_3(n+1)$$

주어진 조건에서 $\sum_{k=1}^{n}a_k=3$이므로

$\log_3(n+1)=3,\ n+1=3^3$

$\therefore n=26$

16 조건에 의해 $f(x)=ax^2+5x$

$f(-2)=4a-10=-2,\ a=2,\ f(x)=2x^2+5x$

$f(1)=7$

17 (i) $a=0$이면 $f(x)=-(b-1)x^2+2x-1$이고

이때 $b=1$이면 극값을 갖지 않는다. $\therefore (0,\ 1)$

(ii) $a\neq0$이면

$f'(x)=ax^2-2(b-1)x-(a-2)$이고

$\frac{D}{4}=(b-1)^2+a(a-2)\leq0$이다.

$(a-1)^2+(b-1)^2\leq1$ (단, $(0,\ 1)$은 제외)

따라서 원의 넓이는 π이다.

18 두 곡선 $y=x^2-4x+5$, $y=-x^2+6x-3$ 의 교점의 x 좌표는 $x^2-4x+5=-x^2+6x-3$ 에서

$2x^2-10x+8=0$

$(x-1)(x-4)=0$

$\therefore x=1$ 또는 $x=4$

따라서 구하는 넓이는

$$\int_1^4\{(-x^2+6x-3)-(x^2-4x+5)\}dx$$

$$=\int_1^4(-2x^2+10x-8)dx$$

$=\left[-\frac{2}{3}x^3+5x^2-8x\right]_1^4$

$=9$

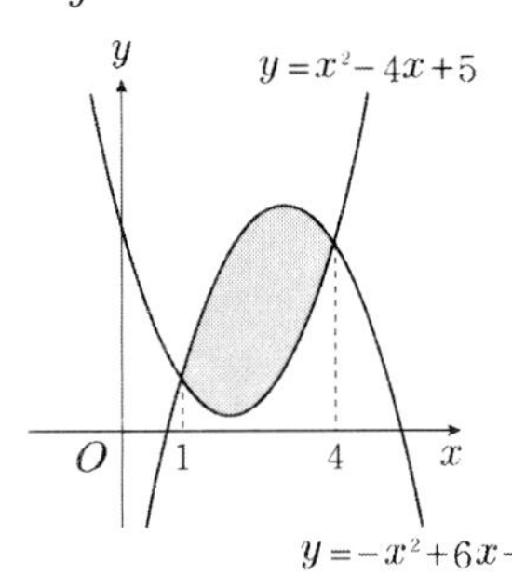

19 $P(B)=1-P(B^c)=1-\frac{2}{3}=\frac{1}{3}$

$P(B|A)=\frac{P(A\cap B)}{P(A)}=\frac{1}{6}$ 에서

$P(A\cap B)=\frac{1}{6}P(A)=\frac{1}{6}\cdot\frac{1}{2}=\frac{1}{12}$

$P(A\cap B)+P(A^c\cap B)=P(B)$ 이므로

$P(A^c\cap B)=\frac{1}{3}-\frac{1}{12}=\frac{1}{4}$

$\therefore\ P(A^c|B)=\frac{P(A^c\cap B)}{P(B)}=\frac{\frac{1}{4}}{\frac{1}{3}}=\frac{3}{4}$

20 $20a^2+10a^2+3a=\frac{3}{5}$ 에서 $a=\frac{1}{10}$

X의 평균 $E(X)$는

$E(X)=0\times\frac{2}{5}+1\times\frac{1}{5}+2\times\frac{1}{10}+3\times\frac{3}{10}=\frac{13}{10}$

$\therefore\ p+q=23$

정답 및 해설

실전 모의고사 20회

Answer

1	2	3	4	5	6	7	8	9	10	11	12	13	14	15	16	17	18	19	20
③	④	③	③	②	①	④	①	②	④	③	②	②	①	③	④	③	④	②	③

1 집합 $A=\{\varnothing, a, b, \{c\}\}$의 원소는 $\varnothing, a, b, \{c\}$이므로 $\{\varnothing, b\}\subset A$이다.

2 $\dfrac{1}{ab}+\dfrac{1}{bc}+\dfrac{1}{ca}=\dfrac{a+b+c}{abc}=0$이므로

$a+b+c=0$ ⋯ ㉠

$a^3+b^3+c^3-3abc=(a+b+c)(a^2+b^2+c^2-ab-bc-ca)$에서

$a+b+c=0$이므로

$a^3+b^3+c^3=3abc$ ⋯ ㉡

$\therefore \dfrac{a^2+1}{bc}+\dfrac{b^2+1}{ca}+\dfrac{c^2+1}{ab}$

$=\dfrac{a(a^2+1)+b(b^2+1)+c(c^2+1)}{abc}$

$=\dfrac{a^3+b^3+c^3+a+b+c}{abc}$

$=\dfrac{3abc}{abc}$ ($\because$ ㉠, ㉡)

$=3$

3 $\dfrac{-4+3i}{a+bi}=2+i$에서

$a+bi=\dfrac{-4+3i}{2+i}=\dfrac{(-4+3i)(2-i)}{(2+i)(2-i)}$

$=\dfrac{-5+10i}{5}=-1+2i$

복소수가 서로 같을 조건에 의하여 $a=-1$, $b=2$

$\therefore a+b=1$

4 ① $x^3=1$에서 $x^3-1=0$, $(x-1)(x^2+x+1)=0$

여기서 한 허근이 w이므로 $w^3=1$, $w^2+w+1=0$

② $(1+w)(1+w^2)=1+w+w^2+w^3=0+1=1$(참)

③ $w^5+w^3+w+1=w^2\cdot w^3+1+w+1=w^2+w+1+1=1$(거짓)

④ $w^{2005}+w^{2003}=(w^3)^{668}w+(w^3)^{667}w^2=w+w^2=-1$(참)

5 내분점

$P\left(\frac{2\times2+1(-1)}{2+1},\ \frac{2\times1+1\times1}{2+1}\right)=(1,\ 1)$

외분점

$Q\left(\frac{2\times2-3(-1)}{-1},\ \frac{2\times1-3\times1}{-1}\right)=(-7,\ 1)$

세 점 $P(1,\ 1)$, $Q(-7,\ 1)$, $(0,\ 0)$으로 이루어지는 삼각형의 넓이는 $S=\frac{1}{2}\cdot8\cdot1=4$이다.

6 $B(6,\ 4)$의 x축 대칭점 $B'(6,\ -4)$이다. 그런데 $\overline{AP}+\overline{BP}\geq\overline{AP}+\overline{B'P}$

따라서 $\overline{AP}+\overline{BP}$의 최소값은 $\overline{AP}+\overline{B'P}$이다.

$\overline{AP}+\overline{B'P}=\sqrt{(6-3)^2+(2+4)^2}=3\sqrt{5}$

7 $x^2+y^2-2x-4y-4\leq0$에서 표준형으로 고치면

$(x-1)^2+(y-2)^2\leq9$이므로 $y=x+1$은 원의 중심을 지난다.

따라서 영역의 넓이는 $\frac{9}{2}\pi$

8 함수의 정의에 의해 하나의 정의역이 두 개 이상의 치역이 생기는 것은 ㉠, ㉢, ㉥이다.

9 $S=\frac{1}{2}r^2\theta$ 이므로 $S=\frac{1}{2}\times30^2\times\frac{\pi}{2}=225\pi$

10 역함수가 존재하는 함수는 A에서 A로의 일대일대응이므로 $4!=24$

11 $\log_2 3\log_3 5\log_5 7=\frac{\log_{10}3}{\log_{10}2}\cdot\frac{\log_{10}5}{\log_{10}3}\cdot\frac{\log_{10}7}{\log_{10}5}=\frac{\log_{10}7}{\log_{10}2}=\log_2 7$

따라서 $x=\log_2 7\rightarrow2^x=7$

$\therefore\ 2^x+2^{-x}=7+\frac{1}{7}=\frac{50}{7}$

12 $0.\dot{4}=\frac{4}{9}$, $0.2\dot{8}=\frac{28-2}{90}=\frac{13}{45}$ 이므로 $0.\dot{4}+0.2\dot{8}=\frac{4}{9}+\frac{13}{45}=\frac{11}{15}$

따라서 $a=15$, $b=11$ $\Rightarrow$ $a+b=26$

13 $f(x)$가 $x=1$에서 연속이면 $\lim_{x\to1}f(x)=f(1)$, 즉 $\lim_{x\to1}\frac{\sqrt{x+3}+a}{x-1}=b$

그런데 $\lim_{x\to1}(x-1)=0$이므로 $\lim_{x\to1}(\sqrt{x+3}+a)=0$ $\therefore a=-2$

$\therefore b=\lim_{x\to1}\frac{\sqrt{x+3}-2}{x-1}=\lim_{x\to1}\frac{1}{\sqrt{x+3}+2}=\frac{1}{4}$

따라서 $a=-2$, $b=\frac{1}{4}$ $\Rightarrow$ $a+b=-2+\frac{1}{4}=-\frac{7}{4}$

14 $\sum_{k=n}^{2n}(2k+5)$

$=2\sum_{k=n}^{2n}k+\sum_{k=n}^{2n}5$

$=2(\sum_{k=1}^{2n}k-\sum_{k=1}^{n-1}k)+\sum_{k=1}^{2n}5-\sum_{k=1}^{n-1}5$

$=2\left\{\frac{2n(2n+1)}{2}-\frac{(n-1)n}{2}\right\}+5\cdot2n-5(n-1)$

$=3n^2+8n+5$

$=(n+1)(3n+5)$

(i) $n+1=13$일 때, $n=12$

(ii) $3n+5=13$일 때, $n=\frac{8}{3}$ (적당하지 않음)

(iii) $n+1=26$일 때, $n=25$

(iv) $3n+5=26$일 때, $n=7$

(v) $n+1=39$일 때, $n=38$

(vi) $3n+5=39$일 때, $n=\frac{34}{3}$ (적당하지 않음)

(vii) $n+1=52$일 때, $n=51$

(viii) $3n+5=52$일 때, $n=\frac{47}{3}$ (적당하지 않음)

⋮

따라서 $n_1=7$, $n_2=12$이므로

$n_1+n_2=7+12=19$

15 주어진 수열을 사용된 수의 개수에 따라 군으로 묶어 보면

$(11_{(2)})$, $(101_{(2)}, 110_{(2)})$, $(1001_{(2)}, 1010_{(2)}, 1100_{(2)})$, $\cdots$

제1군 제2군 제3군

제n군의 항의 개수는 n개이므로 제1군부터 제n군까지의 마지막 항까지의 항의 총 개수는

$1+2+\cdots+n=\sum_{k=1}^{n} k=\frac{n(n+1)}{2}$(개)

$n=10$일 때, $\frac{10 \cdot 11}{2}=55$(개)

$n=11$일 때, $\frac{11 \cdot 12}{2}=66$(개)

따라서 제 10군의 마지막 항까지의 항의 개수는 55이므로 제 56항은 제11군의 첫번째 항이다.

이때, 제n군의 m번째 항에서 사용된 수의 개수는 $(n+1)$개이고, 1은 뒤에서 m번째에 있으므로 제11군의 첫째항의 수는

$\underbrace{100000000001}_{12\text{개}}{}_{(2)}$

이를 십진법의 수로 고치면

$100000000001_{(2)}=2^{11}+1$

16 $\lim_{x \to 2} \frac{(\sqrt{x+7}-3)(\sqrt{x+7}+3)}{(x-2)(\sqrt{x+7}+3)}$

$=\lim_{x \to 2} \frac{(x-2)}{(x-2)(\sqrt{x+7}+3)}=\frac{1}{6}$

17 점 $P(a, -6)$는 $y=x^3+2$ 위의 점이므로 $a=-2$

점 $P(-2, -6)$에서의 접선의 기울기 $m=12$

접선의 방정식은 $y=12x+18$

$\therefore a=-2,\ m=12,\ n=18$

$a+m+n=28$

18 $\int_2^5 f(x)dx - \int_3^5 f(x)dx + \int_1^2 f(x)dx$

$= \int_1^5 f(x)dx - \int_3^5 f(x)dx$

$= \int_1^3 f(x)dx$

$= \int_1^3 (x^2 - 2x)dx$

$= \left[\frac{1}{3}x^3 - x^2\right]_1^3 = \frac{2}{3}$

19 전체 중 비율을 따져보면

남성 기혼 : $\frac{60}{100} \times \frac{50}{100} = \frac{30}{100}$

남성 미혼 : $\frac{60}{100} \times \frac{50}{100} = \frac{30}{100}$

여성 기혼 : $\frac{40}{100} \times \frac{40}{100} = \frac{16}{100}$

여성 미혼 : $\frac{40}{100} \times \frac{60}{100} = \frac{24}{100}$

$\therefore \mathrm{P}(\text{여성 기혼}|\text{기혼}) = \frac{\mathrm{P}(\text{여성 기혼} \cap \text{기혼})}{\mathrm{P}(\text{기혼})} = \frac{16}{30+16} = \frac{8}{23}$

20 $E(\overline{X}) = m = 355$, $\sigma(\overline{X}) = \frac{\sigma}{\sqrt{n}} = \frac{5}{\sqrt{100}} = 0.5$

표본평균 $\overline{X}$ 는 정규분포 $N(355, 0.5^2)$을 따른다.

따라서, $Z = \frac{\overline{X} - 355}{0.5}$ 이므로,

$P(354 \leq \overline{X} \leq 355.5) = P(-2 \leq Z \leq 1)$

$= P(0 \leq Z \leq 2) + P(0 \leq Z \leq 1)$

$= 0.8185$

최근기출문제분석

수학

2019. 2. 23 제1회 서울특별시 시행
2019. 4. 6 인사혁신처 시행
2019. 6. 15 제1회 지방직 시행
2019. 6. 15 제2회 서울특별시 시행

2019. 2. 23 제1회 서울특별시 시행

1 연립방정식 $\begin{cases} 7-xy=x^2 \\ 2x+2y=7 \end{cases}$을 만족하는 실수 x, y에 대하여 $x-y$의 값은?

① $\frac{1}{2}$ ② 1

③ $\frac{3}{2}$ ④ 2

NOTE 연립방정식 $\begin{cases} 7-xy=x^2 \\ 2x+2y=7 \end{cases}$ 에 대하여 $\begin{cases} 14-2xy=2x^2 \\ 2y=-2x+7 \end{cases}$ 이고

$14+2x^2-7x=2x^2 \quad \therefore x=2$이다.

따라서 $2y=-2x+7$에서 $y=\frac{3}{2}$이고

이때 $x-y=2-\frac{3}{2}=\frac{1}{2}$이다.

2 함수 $f(x)=\begin{cases} -x+1 & (x \geq -1) \\ x^2+2x+3 & (x < -1) \end{cases}$에 대하여 $f^{-1}(6)+f(6)$의 값은?

① −6 ② −8

③ −10 ④ −12

NOTE 함수 $f(x)$에 대하여 $f(6)=-6+1=-5$이고,

$x<-1$에서 $f(x)>2$이므로 $f^{-1}(6)=a(a<-1)$라면

$f(a)=6,\ a^2+2a+3=6,\ a^2+2a-3=0 \quad \therefore a=-3$이다.

따라서 $f^{-1}(6)+f(6)=-3-5=-8$이다.

3 확률변수 X의 확률분포를 표로 나타내면 다음과 같다.

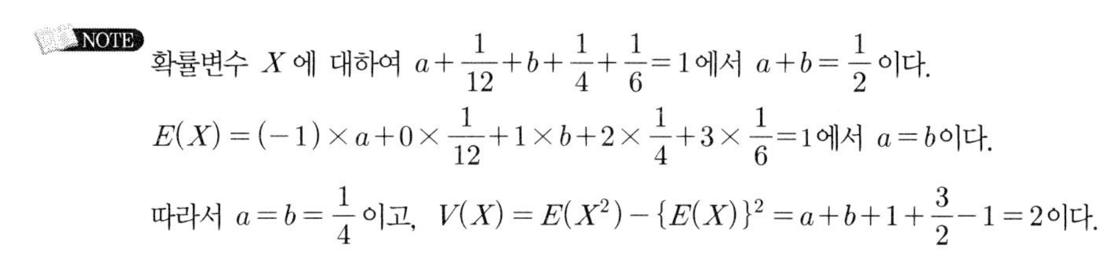

X	-1	0	1	2	3	계
$\mathrm{P}(X=x)$	a	$\frac{1}{12}$	b	$\frac{1}{4}$	$\frac{1}{6}$	1

$\mathrm{E}(X)=1$일 때, $\mathrm{V}(X)$의 값은?

① 1 ② 2
③ 3 ④ 4

NOTE 확률변수 X에 대하여 $a+\frac{1}{12}+b+\frac{1}{4}+\frac{1}{6}=1$에서 $a+b=\frac{1}{2}$이다.
$E(X)=(-1)\times a+0\times\frac{1}{12}+1\times b+2\times\frac{1}{4}+3\times\frac{1}{6}=1$에서 $a=b$이다.
따라서 $a=b=\frac{1}{4}$이고, $V(X)=E(X^2)-\{E(X)\}^2=a+b+1+\frac{3}{2}-1=2$이다.

4 수열 $\{a_n\}$이 $\sum_{k=1}^{2019} ka_{k+1}=26$, $\sum_{k=1}^{2019}(k+1)a_k=47$, $a_{2020}=\frac{1}{2019}$을 만족시킬 때, $\sum_{k=1}^{2019} a_k$의 값은?

① 10 ② 11
③ 12 ④ 13

NOTE $\sum_{k=1}^{2019} ka_{k+1}=a_2+2a_3+3a_4+\cdots+2018a_{2019}+2019a_{2010}=26$ ⋯㉠
$\sum_{k=1}^{2019}(k+1)a_k=2a_1+3a_2+4a_3+\cdots+2019a_{2018}+2020a_{2019}=47$ ⋯㉡
㉡−㉠에서 $2(a_1+a_2+a_3+\cdots+a_{2019})-2019a_{2020}=21$이고
$a_{2020}=\frac{1}{2019}$이므로 $a_1+a_2+a_3+\cdots+a_{2019}=11$이다. 따라서 $\sum_{k=1}^{2019} a_k=11$이다.

ANSWER _ 1.① 2.② 3.② 4.②

5 $0 \le a \le b < c < 12$를 만족하는 정수 a, b, c의 순서쌍 (a, b, c)의 개수는?

① 120 ② 165

③ 220 ④ 286

NOTE $0 \le a \le b < c < 12$를 만족하는 정수 a, b, c의 순서쌍의 개수는
(1) $0 \le a < b < c < 12$를 만족하는 정수 a, b, c의 순서쌍의 개수와
(2) $0 \le a = b < c < 12$를 만족하는 정수 a, b, c 의 순서쌍의 개수를 합한 것과 같다.
(1)의 경우, $0, 1, 2, 3, \cdots, 11$에서 서로 다른 세 개의 수를 뽑는 경우의 수와 같으므로 ${}_{12}C_3 = 220$ 이고, (2)의 경우, $0, 1, 2, 3, \cdots, 11$에서 서로 다른 두 수를 뽑는 경우의 수와 같으므로 ${}_{12}C_2 = 66$이다.
따라서 구하고자 하는 경우의 수는 $220 + 66 = 286$이다.

6 실수 x에 대하여 두 조건 p, q가 〈보기〉와 같다.

〈보기〉
$p : x^2 - x - 12 \le 0,\ \ q : |x - a| \le 2$

p는 q이기 위한 필요조건이 되도록 하는 실수 a값의 범위는?

① $-2 \le a \le 1$ ② $-1 \le a \le 2$

③ $0 \le a \le 3$ ④ $1 \le a \le 4$

NOTE 조건 p의 진리집합은 $P = \{x \mid -3 \le x \le 4\}$이고,
조건 q의 진리집합은 $Q = \{x \mid a-2 \le x \le a+2\}$에 대하여 p가 q이기 위한 필요조건이기 위해서는 $P \supset Q$이어야 한다. 그림에서처럼 $-3 \le a-2$, $a+2 \le 4$이므로 $-1 \le a \le 2$이다.

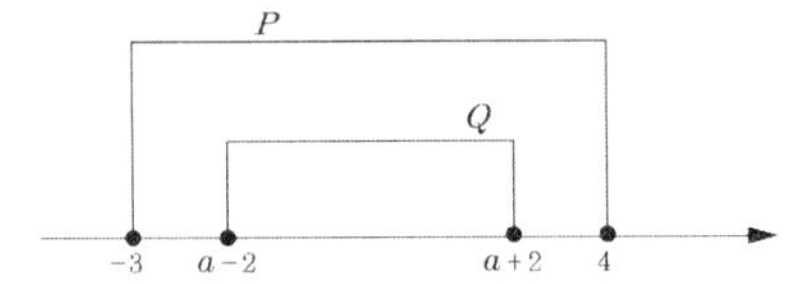

7

함수 $f(x)=x^3-2x^2+2x+3$에 대하여 $\lim_{h\to 0}\frac{f(2+3h)-f(2-2h)}{2h}$의 값은?

① 15　　② 20

③ 25　　④ 30

NOTE 함수 $f(x)=x^3-2x^2+2x+3$에 대하여

$f'(x)=3x^2-4x+2$이다.

$$\lim_{h\to 0}\frac{f(2+3h)-f(2-2h)}{2h}$$
$$=\lim_{h\to 0}\frac{f(2+3h)-f(2)+f(2)-f(2-2h)}{2h}$$
$$=\lim_{h\to 0}\left\{\frac{f(2+3h)-f(2)}{2h}-\frac{f(2-2h)-f(2)}{2h}\right\}$$
$$=\lim_{h\to 0}\left\{\frac{3}{2}\times\frac{f(2+3h)-f(2)}{3h}-(-1)\frac{f(2-2h)-f(2)}{-2h}\right\}$$
$$=\frac{3}{2}f'(2)+f'(2)$$
$$=\frac{5}{2}f'(2)$$

에서 $f'(2)=6$이므로 $\frac{5}{2}f'(2)=15$이다.

8

일차함수 $f(x)$가 〈보기〉 조건을 만족시킨다.

〈보기〉

㈎ $f(5)=2$
㈏ 모든 실수 x에 대하여 $(f\circ f)(x)=x$이다.

$f(a)=13$을 만족시키는 a의 값은?

① −3　　② −4

③ −5　　④ −6

NOTE 일차함수 $f(x)=ax+b$에 대하여 $f(5)=5a+b=2$이고
$(f\circ f)(5)=5$에서 $f(f(5))=f(2)=5$이므로
$2a+b=5$이다. 두 식을 연립해서 풀면 $a=-1$, $b=7$이므로 이때 $f(x)=-x+7$이고
$f(a)=-a+7=13$　$\therefore a=-6$이다.

ANSWER _ 5.④ 6.② 7.① 8.④

9

함수 $F(x)=x^3-2x^2$에 대하여 $f(x)=\int_0^x f(t)dt$라 할 때, 구간 [0, 3]에서 함수$F(x)$는 최댓값 M, 최솟값 m을 갖는다. 이때 Mm의 값은?

① −1　　② −2

③ −3　　④ −4

NOTE 함수 $F(x)$ 에 대하여 $F'(x)=f(x)=x^2(x-2)$이므로 함수 $F(x)$는 $x=2$에서 극소이다.
$F(0)=0$이고

$F(2)=\int_0^2(x^3-2x^2)\,dx=\left[\frac{1}{4}x^4-\frac{2}{3}x^3\right]_0^2=-\frac{4}{3}$, $F(3)=\left[\frac{1}{4}x^4-\frac{2}{3}x^3\right]_0^3=\frac{9}{4}$ 이므로

함수 $F(x)$ 의 최솟값은 $m=-\frac{4}{3}$, 최댓값은 $M=\frac{9}{4}$ 이다.

따라서 $Mm=\frac{9}{4}\times\left(-\frac{4}{3}\right)=-3$이다.

10

수직선 위의 원점에 있는 점 P의 시각 $t(t>0)$에서의 속도가 다음과 같다.

$$v(t)=\begin{cases} t & (0<t\le 2) \\ t^2-6t+10 & (t>2) \end{cases}$$

〈보기〉 중 점 P에 대한 설명으로 옳은 것만을 모두 고른 것은?

〈보기〉

㉠ $0<t<2$에서 속도가 증가한다.
㉡ $t=2$에서 운동 방향이 바뀐다.
㉢ $t=3$에서 가속도가 0이다.

① ㉠　　② ㉠, ㉢

③ ㉡, ㉢　　④ ㉠, ㉡, ㉢

NOTE 그림에서처럼

㉠ $0 < t < 2$에서 속도는 증가한다.(참)

㉡ $t = 2$에서 운동방향이 바뀌지 않는다. $t > 0$에서 $v > 0$이므로 운동방향이 바뀌는 시각은 없다.(거짓)

㉢ 가속도 $a(t) = \begin{cases} 1 & (0 < t \leq 2) \\ 2t-6 & (t > 2) \end{cases}$ 이므로 $a(3) = 0$이다.(참)

따라서 옳은 것은 ㉠, ㉢이다.

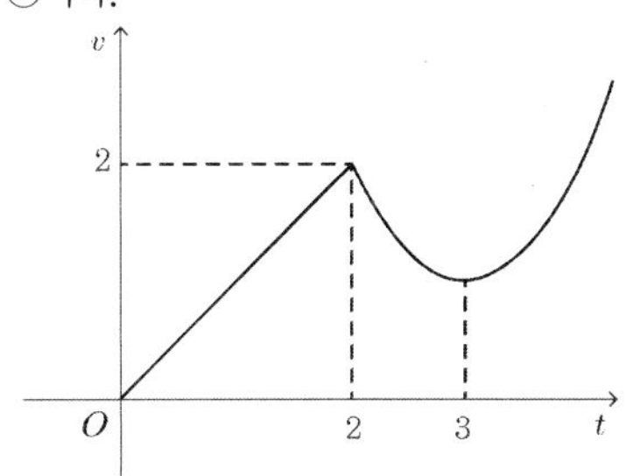

11

1이 아닌 두 양수 a, b에 대하여 $\log_a 16 = \frac{1}{3}$, $\log_8 b = \frac{4}{9}$ 일 때, $\log_{\sqrt{b}} a^2$ 의 값은?

① 30
② 32
③ 34
④ 36

NOTE $\log_a 16 = \frac{1}{3}$ 에서

$4\log_a 2 = \frac{1}{3}$ $\therefore \log_a 2 = \frac{1}{12}$, $\log_2 a = 12$ $\therefore a = 2^{12}$이고 $\log_8 b = \frac{4}{9}$에서

$\frac{1}{3}\log_2 b = \frac{4}{9}$ $\therefore \log_2 b = \frac{4}{3}$, $b = 2^{\frac{4}{3}}$ 이다.

$\log_{\sqrt{b}} a^2 = \log_{2^{\frac{2}{3}}} 2^{24} = \frac{24}{\frac{2}{3}} \log_2 2 = 36$이다.

ANSWER _ 9.③ 10.② 11.④

12 이차함수 $y=-x^2+2x+3$의 그래프와 직선 $y=x+2$가 만나는 두 점을 각각 P, Q라 하자. 선분 PQ의 길이는?

① $2\sqrt{2}$　　② $\sqrt{10}$

③ $2\sqrt{3}$　　④ $\sqrt{14}$

NOTE 이차함수 $y=-x^2+2x+3$의 그래프와 직선 $y=x+2$의 교점 P, Q의 x좌표를 각각 α, β라고 하면, 이차방정식 $-x^2+2x+3=x+2$, $x^2-x-1=0$의 두 근이 α, β이고 이때 $\alpha+\beta=1$, $\alpha\beta=-1$ 이다.
교점 $P(\alpha, \alpha+2)$, $Q(\beta, \beta+2)$에 대하여 선분 PQ의 길이는
$\overline{PQ}=\sqrt{(\alpha-\beta)^2+(\alpha+2-\beta-2)^2}$
$=\sqrt{2(\alpha-\beta)^2}$ 이고 $(\alpha-\beta)^2=(\alpha+\beta)^2-4\alpha\beta=1-4(-1)=5$이므로
$\overline{PQ}=\sqrt{10}$ 이다.

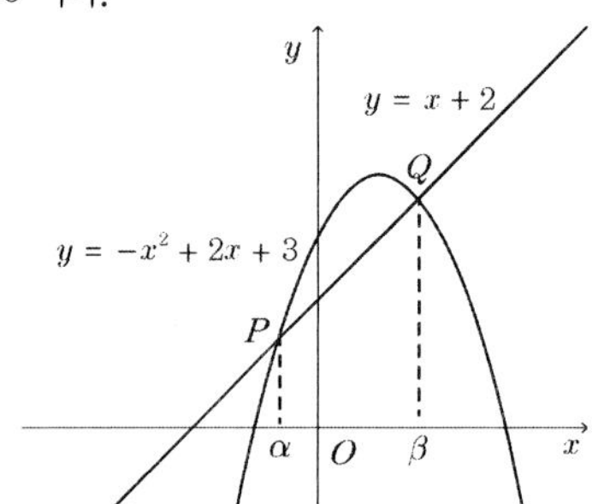

13 $0\le x\le 2$ 일 때, 이차함수 $f(x)=2x^2-4ax+2a$의 최솟값이 -12가 되게 하는 실수 a의 값의 합은?

① $-\dfrac{2}{3}$　　② $-\dfrac{5}{3}$

③ $-\dfrac{8}{3}$　　④ $-\dfrac{11}{3}$

NOTE $0\le x\le 2$일 때, $f(x)=2x^2-4ax+2a=2(x-a)^2-2a^2+2a$에 대하여
i) $a<0$일 때, 그림[1]에서처럼 함수 $f(x)$의 최솟값은 $x=0$일 때 $f(0)$이다.
이때, $f(0)=2a=-12$　$\therefore a=-6$.
ii) $0\le a\le 2$일 때, 그림[2]에서처럼 함수 $f(x)$의 최솟값은 $x=a$일 때 $f(a)$이다. 이때,
$f(a)=-2a^2+2a=-12$, $a^2-a-6=0$
$\therefore a=-2, 3$. 하지만 조건 $0\le a\le 2$ 을 만족시키지 않는다.

iii) $a>2$일 때, 그림[3]에서처럼 함수 $f(x)$의 최솟값은 $x=2$일 때 $f(2)$이다.

이때, $f(2)=8-6a=-12 \quad \therefore a=\frac{10}{3}$

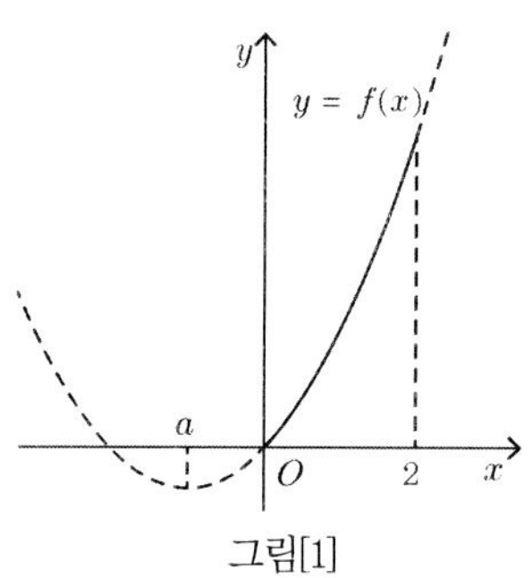

그림[1]

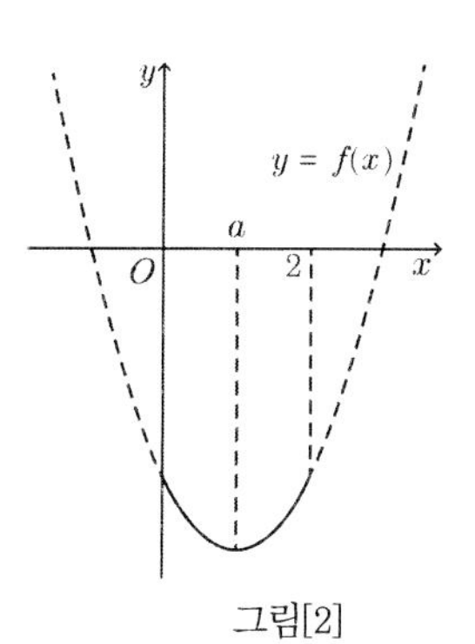

그림[2]

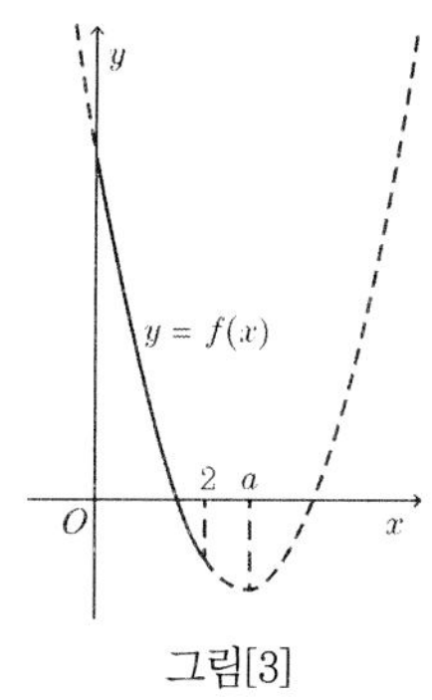

그림[3]

따라서 모든 a 의 값의 합은 $-6+\frac{10}{3}=-\frac{8}{3}$ 이다.

ANSWER _ 12.② 13.③

14 좌표평면에서 두 점 A(−1, 4), B(a, −5)를 이은 선분 AB를 2 : 1로 내분하는 점이 원 $x^2+y^2=13$의 둘레 및 내부에 있을 때, 정수 a의 개수는?

① 10　　② 13
③ 15　　④ 17

NOTE 두 점 $A(-1,4)$, $B(a,-5)$에 대하여 선분 AB를 $2:1$로 내분하는 점의 좌표는 $\left(\frac{2a-1}{2+1}, \frac{-10+4}{2+1}\right)$, 즉 $\left(\frac{2a-1}{3}, -2\right)$이다. 이 내분점이 원 $x^2+y^2=13$의 둘레 및 내부에 있으므로 부등식 $\left(\frac{2a-1}{3}\right)^2+(-2)^2\le 13$을 만족시킨다. 이 부등식을 풀면 $\left(\frac{2a-1}{3}\right)^2\le 9$, $-3\le\frac{2a-1}{3}\le 3$ $\therefore -4\le a\le 5$이다. 따라서 이를 만족시키는 정수 a의 개수는 10 이다.

15 실수 전체 집합에서 정의된 함수 $f(x)=|x|-1$에 대하여 $g(x)=(f\circ f)(x)$라 하자. $\int_0^t g(x)dx=0$을 만족하는 양수 t의 값은?

① $2-\sqrt{2}$　　② $2-\frac{\sqrt{2}}{2}$
③ $2+\frac{\sqrt{2}}{2}$　　④ $2+\sqrt{2}$

NOTE 함수 $y=f(x)$와 $y=g(x)=(f\circ f)(x)$의 그래프는 그림과 같다. 양수 t에 대하여 $\int_0^t g(x)\,dx=0$이기 위해서는 $t>2$이어야 하고, 이때

$$\begin{aligned}\int_0^t g(x)\,dx &= \int_0^1 g(x)\,dx+\int_1^t g(x)\,dx\\ &= \int_0^1 (-x)\,dx+\int_1^t (x-2)\,dx\\ &= \left[-\frac{1}{2}x^2\right]_0^1+\left[\frac{1}{2}x^2-2x\right]_1^t\\ &= \frac{1}{2}t^2-2t+1\end{aligned}$$

이다. 따라서 $\frac{1}{2}t^2-2t+1=0$을 풀면

$t^2-4t+2=0$, $t=2\pm\sqrt{2}$ $\therefore t=2+\sqrt{2}$ ($\because t>2$)이다.

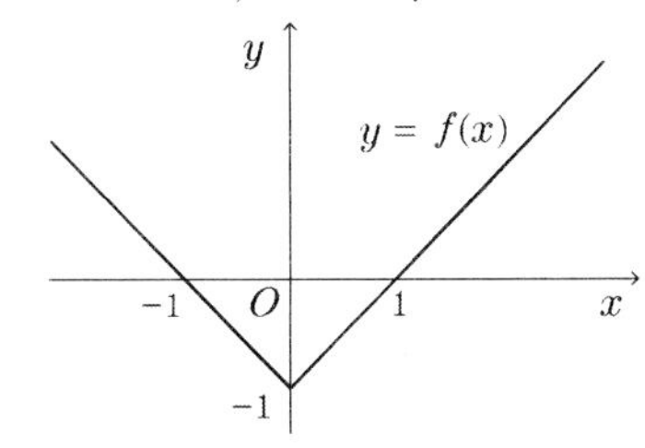

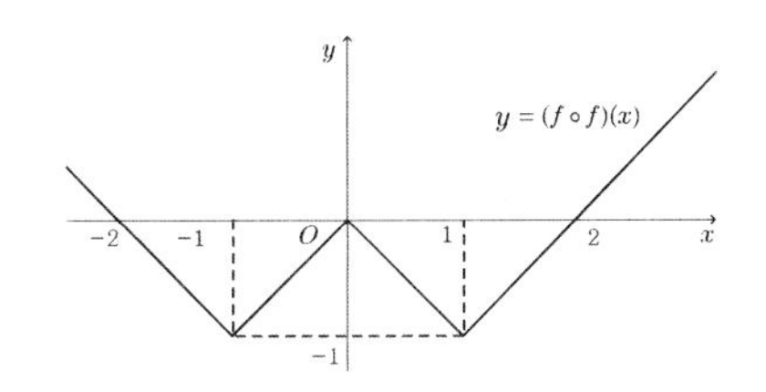

16 **전체집합 U={x | x는 50 이하의 자연수}의 두 부분집합 A, B에 대하여 A={x | x는 3의 배수}, B={x | x는 4의 배수}일 때, 집합 $A\cap B^c$의 모든 원소의 합은? (단, B^c는 B의 여집합이다.)**

① 268 ② 278

③ 288 ④ 298

NOTE 전체집합 $U=\{1, 2, 3, \cdots, 50\}$의 부분집합 X에 대하여 집합 X의 모든 원소의 합을 $S(X)$라 하면 $A\cap B^c$의 모든 원소의 합은 3의 배수의 합 $S(A)$에서 12의 배수의 합인 $S(A\cap B)$를 뺀 것, 즉 $S(A\cap B^c)=S(A)-S(A\cap B)$이다. 따라서

$S(A)-S(A\cap B)=\sum_{k=1}^{16}3k-\sum_{k=1}^{4}12k=288$이다.

ANSWER _ 14.① 15.④ 16.③

17 **공차가 3인 등차수열 $\{a_n\}$이 $a_7{}^2 - a_1{}^2 = 36$을 만족시킬 때, $\sum_{k=1}^{7} a_k$의 값은?**

① 7　　② 8

③ 9　　④ 10

NOTE 공차가 $d=3$ 인 등차수열 $\{a_n\}$에 대하여

$a_7^2 - a_1^2 = 36$에서

$(a_7+a_1)(a_7-a_1) = 6d(a_7+a_1) = 18(2a_1+6d) = 18(2a_1+18)$이므로

$18(2a_1+18) = 36$ $\therefore a_1 = -8$이다.

$a_7 = a_1 + 6d = -8+18 = 10$이므로

$\sum_{k=1}^{7} a_k = \frac{7(a_1+a_7)}{2} = \frac{7(-8+10)}{2} = 7$이다.

18 **어느 체험학습장은 사전 인터넷 예약을 통해서만 입장할 수 있다. 예약한 사람 중 임의로 뽑은 900명 중에서 600명이 체험학습장에 입장하였을 때 전체 예약자 중 체험학습장에 입장한 사람의 비율 p에 대한 신뢰도 99%의 신뢰구간이 $a \leq p \leq b$라 하자. 이때 $b^2 - a^2$의 값은? (단, Z가 표준정규분포를 따르는 확률변수일 때, $P(0 \leq Z \leq 2.5) = 0.495$로 계산한다.)**

① $\frac{2\sqrt{2}}{27}$　　② $\frac{\sqrt{2}}{9}$

③ $\frac{4\sqrt{2}}{27}$　　④ $\frac{5\sqrt{2}}{27}$

NOTE 표본비율 $\hat{p} = \frac{600}{900} = \frac{2}{3}$, $\hat{q} = 1 - \hat{p} = \frac{1}{3}$에 대하여 모비율 p의 신뢰도 99%의 신뢰구간은

$\frac{2}{3} - 2.5\sqrt{\frac{\frac{2}{3}\times\frac{1}{3}}{900}} \leq p \leq \frac{2}{3} + 2.5\sqrt{\frac{\frac{2}{3}\times\frac{1}{3}}{900}}$, $\frac{2}{3} - \frac{\sqrt{2}}{36} \leq p \leq \frac{2}{3} + \frac{\sqrt{2}}{36}$이므로

$a = \frac{2}{3} - \frac{\sqrt{2}}{36}$, $b = \frac{2}{3} + \frac{\sqrt{2}}{36}$이고 따라서

$b^2 - a^2 = (b+a)(b-a) = \frac{4}{3} \times \frac{\sqrt{2}}{18} = \frac{2\sqrt{2}}{27}$이다.

19

함수 $f(x) = x^2$에 대하여 $\lim_{n\to\infty}\sum_{k=1}^{n}\frac{2k}{n^2}f\left(1+\frac{2k}{n}\right)$의 값은?

① $\frac{17}{6}$

② $\frac{17}{3}$

③ $\frac{17}{2}$

④ $\frac{34}{3}$

NOTE 함수 $f(x) = x^2$에 대하여

$$\begin{aligned}\lim_{n\to\infty}\sum_{k=1}^{n}\frac{2k}{n^2}f\left(1+\frac{2k}{n}\right) &= \lim_{n\to\infty}\sum_{k=1}^{n}\frac{2k}{n}f\left(1+\frac{2k}{n}\right)\frac{1}{n} \\ &= \int_0^1 2xf(1+2x)dx \\ &= 2\int_0^1 x(1+2x)^2dx \\ &= 2\int_0^1 (4x^3+4x^2+x)dx \\ &= 2\left[x^4+\frac{4}{3}x^3+\frac{1}{2}x^2\right]_0^1 \\ &= \frac{17}{3}\end{aligned}$$

ANSWER _ 17.① 18.① 19.②

20 **자연수 n에 대하여 4^n의 일의 자리 수를 a_n이라 하자. $\sum_{n=1}^{\infty}\left(\frac{a_{2n-1}}{2^{2n-1}}+\frac{a_{2n}}{3^{2n}}\right)=\frac{q}{p}$를 만족시키는 서로소인 두 자연수 p, q에 대하여 $p+q$의 값은?**

① 50　　② 51

③ 52　　④ 53

NOTE 4^n 의 일의 자리의 수만 살펴보면

$4^1=4,\ 4^2=6,\ 4^3=4,\ 4^4=6, \cdots$이므로　$4^{2n-1}=4,\ 4^{2n}=6$이다.

따라서 $a_{2n-1}=4,\ a_{2n}=6$이다.

$$\begin{aligned}\sum_{n=1}^{\infty}\left(\frac{a_{2n-1}}{2^{2n-1}}+\frac{a_{2n}}{3^{2n}}\right)&=\sum_{n=1}^{\infty}\left(\frac{4}{2^{2n-1}}+\frac{6}{3^{2n}}\right)\\&=\sum_{n=1}^{\infty}\left\{8\left(\frac{1}{4}\right)^n+6\left(\frac{1}{9}\right)^n\right\}\\&=\sum_{n=1}^{\infty}8\left(\frac{1}{4}\right)^n+\sum_{n=1}^{\infty}6\left(\frac{1}{9}\right)^n\\&=\frac{2}{1-\frac{1}{4}}+\frac{\frac{2}{3}}{1-\frac{1}{9}}\\&=\frac{41}{12}\end{aligned}$$

이므로 $p+q=12+41=53$

2019. 4. 6 인사혁신처 시행

1 수열 $\{a_n\}$의 첫째항부터 제n항까지의 합을 S_n이라 하자. $S_n = 2n^2 - n$일 때, a_{10}의 값은?

① 34 ② 35
③ 36 ④ 37

NOTE 수열 $\{a_n\}$의 첫째항부터 제n 항까지의 합 $S_n = 2n^2 - n$에 대하여
$a_{10} = S_{10} - S_9 = (2\times 10^2 - 10) - (2\times 9^2 - 9) = 37$이다.

2 좌표평면 위의 점$(4, 2)$를 지나고 직선 $y = \frac{1}{2}x + 5$와 수직인 직선의 방정식은?

① $y = \frac{1}{2}x$ ② $y = -2x + 10$
③ $y = 2x - 6$ ④ $y = -2x$

NOTE 직선 $y = \frac{1}{2}x + 5$에 수직인 직선의 기울기는 -2이므로 구하는 점 $(4, 2)$를 지나고 기울기가 -2인 직선의 방정식은 $y - 2 = -2(x-4)$ $\therefore y = -2x + 10$이다.

3 서로 독립인 두 사건 A, B에 대하여 $\mathrm{P}(B) = \frac{1}{2}$, $\mathrm{P}(A\cup B) = \frac{5}{8}$일 때, $\mathrm{P}(A)$의 값은?

① $\frac{1}{8}$ ② $\frac{1}{4}$
③ $\frac{3}{8}$ ④ $\frac{1}{2}$

NOTE 서로 독립인 두 사건 A, B에 대하여
$P(A\cap B) = P(A)\times P(B)$이다.
$P(A\cup B) = P(A) + P(B) - P(A\cap B)$, $P(B) = \frac{1}{2}$로부터,
$\frac{5}{8} = P(A) + \frac{1}{2} - \frac{1}{2}P(A)$ $\therefore P(A) = \frac{1}{4}$이다.

ANSWER _ 20.④ / 1.④ 2.② 3.②

4 다음 함수 $f(x)$가 $x=1$에서 미분가능할 때, $f(2)$의 값은?

$$f(x)=\begin{cases} x^2+ax & (x<1) \\ 6x+b & (x \geq 1) \end{cases}$$

① 9　　② 11
③ 13　　④ 15

NOTE 함수 $f(x)$가 $x=1$에서 연속이므로
$1+a=6+b \quad \therefore b=a-5 \quad \cdots$ ㉠
$f'(x)=\begin{cases} 2x+a & (x<1) \\ 6 & (x \geq 1) \end{cases}$ 에서 $2+a=6 \quad \therefore a=4$이다.
㉠으로부터 $b=-1$ 이므로 $f(x)=\begin{cases} x^2+4x & (x<1) \\ 6x-1 & (x \geq 1) \end{cases}$ 이고, 따라서 $f(2)=6\times2-1=11$ 이다.

5 $x=2+\sqrt{3}$, $y=2-\sqrt{3}$ 일 때, $\dfrac{1}{x^3}+\dfrac{1}{y^3}$ 의 값은?

① 50　　② 51
③ 52　　④ 53

NOTE $x-2+\sqrt{3}$, $y-2-\sqrt{3}$ 에 대하여
$x+y=4$, $xy=1$이다.
$$\frac{1}{x^3}+\frac{1}{y^3}=\frac{x^3+y^3}{(xy)^3}=\frac{(x+y)^3-3xy(x+y)}{(xy)^3}=\frac{4^3-3\times1\times4}{1^3}=52\text{이다.}$$

6 집합 $A=\{-1, 0, 1\}$에 대하여 A에서 A로의 함수 $f(x)$ 중 항등함수인 것은?

① $f(x)=-x$　　② $f(x)=x^2$
③ $f(x)=x^3$　　④ $f(x)=|x|$

NOTE ① 함수 $f(x)=-x$는 $f(1)=-1$이므로 항등함수가 아니다.
② 함수 $f(x)=x^2$은 $f(-1)=1$이므로 항등함수가 아니다.
③ 함수 $f(x)=x^3$은 $f(-1)=-1, f(0)=0, f(1)=1$이므로 항등함수이다.
④ 함수 $f(x)=|x|$는 $f(-1)=1$이므로 항등함수가 아니다.

7 $\left(2^{\frac{1}{6}}\right)^3 \times 3^{-\frac{3}{2}} \times \sqrt{2^7 \times 3^5}$ **의 값은?**

① 36　　② 48
③ 54　　④ 60

NOTE $\left(2^{\frac{1}{6}}\right)^3 \times 3^{-\frac{3}{2}} \times \sqrt{2^7 \times 3^5} = 2^{\frac{1}{2}} \times 3^{-\frac{3}{2}} \times 2^{\frac{7}{2}} \times 3^{\frac{5}{2}} = 2^{\frac{1}{2}+\frac{7}{2}} \times 3^{-\frac{3}{2}+\frac{5}{2}} = 2^4 \times 3 = 48$이다.

8 **다음 함수 $f(x)$가 모든 실수 x에 대하여 연속일 때, $a+4b$의 값은? (단, a, b는 상수이다)**

$$f(x) = \begin{cases} \dfrac{\sqrt{x^2+x+2}+ax}{x-1}, & x \neq 1 \\ b, & x = 1 \end{cases}$$

① −6　　② −7
③ −8　　④ −9

NOTE 함수 $f(x)$가 모든 실수 x에 대하여 연속이므로 $x=1$에서도 연속이다.

따라서 $\lim_{x\to1} f(x) = f(1)$ 으로부터 $\lim_{x\to1}\dfrac{\sqrt{x^2+x+2}+ax}{x-1} = b$ 이어야 한다.

이때 $\lim_{x\to1}(x-1) = 0$ 이므로

$\lim_{x\to1}\left(\sqrt{x^2+x+2}+ax\right) = 0 \quad \therefore \sqrt{4}+a=0, \quad a=-2$이다.

$$\begin{aligned}\lim_{x\to1}\frac{\sqrt{x^2+x+2}-2x}{x-1} &= \lim_{x\to1}\frac{\left(\sqrt{x^2+x+2}-2x\right)\left(\sqrt{x^2+x+2}+2x\right)}{(x-1)\left(\sqrt{x^2+x+2}+2x\right)} \\ &= \lim_{x\to1}\frac{-(3x^2-x-2)}{(x-1)\left(\sqrt{x^2+x+2}+2x\right)} \\ &= \lim_{x\to1}\frac{-(x-1)(3x+2)}{(x-1)\left(\sqrt{x^2+x+2}+2x\right)} \\ &= \lim_{x\to1}\frac{-(3x+2)}{\sqrt{x^2+x+2}+2x} \\ &= \frac{-5}{4}\end{aligned}$$

이므로 $b=-\dfrac{5}{4}$이다. 따라서 $a+4b=-2-5=-7$이다.

ANSWER _ 4.② 5.③ 6.③ 7.② 8.②

9 함수 $f(x)$에 대하여 $\int_6^9 f(x)dx = 7$, $\int_1^3 f(x)dx = 4$, $\int_1^6 f(x)dx = 9$일 때, 정적분 $\int_3^9 f(x)dx$의 값은?

① 6　　② 8

③ 10　　④ 12

NOTE 함수 $f(x)$에 대하여

$\int_6^9 f(x)\,dx = 7$, $\int_1^3 f(x)\,dx = 4$, $\int_1^6 f(x)\,dx = 9$ 일 때,

$\int_3^6 f(x)\,dx = \int_1^6 f(x)\,dx - \int_1^3 f(x)\,dx = 9-4=5$ 이고

이때, $\int_3^9 f(x)\,dx = \int_3^6 f(x)\,dx + \int_6^9 f(x)\,dx = 5+7=12$ 이다.

10 좌표평면 위의 두 집합 A와 B의 교집합 $A \cap B$가 나타내는 영역의 넓이는?

$$A = \{(x,y) \mid x^2+y^2 \le 1\}$$
$$B = \{(x,y) \mid y \ge -|x|\}$$

① $\frac{\pi}{4}$　　② $\frac{\pi}{2}$

③ $\frac{3\pi}{4}$　　④ π

NOTE 두 집합 A, B에 대하여 교집합 $A \cap B$의 영역을 나타내면 그림과 같다.

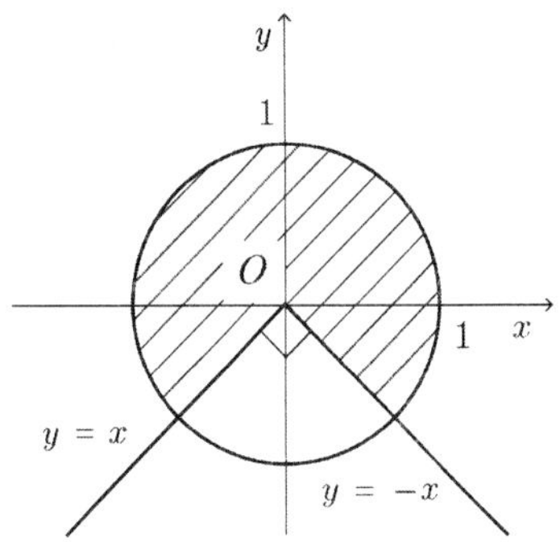

이때 이 영역의 넓이는 반지름의 길이가 1인 원의 넓이에서 사분원의 넓이를 뺀 것과 같으므로 $\pi - \frac{\pi}{4} = \frac{3}{4}\pi$이다.

11 계수가 실수인 이차방정식 $x^2-4x+a-7=0$이 실근을 가질 때, 이차방정식 $x^2+2x+3a-5=0$이 허근을 갖도록 하는 정수 a의 개수는?

① 6　② 7
③ 8　④ 9

NOTE 이차방정식 $x^2-4x+a-7=0$이 실근을 가지므로 $\frac{D}{4}=4-a+7\geq 0$ $\therefore a\leq 11$

이차방정식 $x^2+2x+3a-5=0$이 허근을 가질 조건은 $\frac{D}{4}=1-3a+5<0$ $\therefore 2<a$이다.

따라서 두 조건을 만족시키는 a의 범위는 $2<a\leq 11$이고 이때 정수 a의 개수는 9이다.

12 1, 2, 3, 4, 5, 6, 7의 일곱 개의 숫자 중 서로 다른 세 개의 숫자를 사용하여 만들 수 있는 세 자리의 자연수의 개수는?

① 120　② 180
③ 210　④ 240

NOTE 1, 2, 3, 4, 5, 6, 7에서 서로 다른 세 개의 숫자를 사용하여 만들 수 있는 자연수의 개수는 서로 다른 7개에서 서로 다른 세 개를 뽑는 순열의 경우의 수와 같으므로 ${}_7P_3=7\times6\times5=210$ 개다.

13 0이 아닌 실수 k에 대하여 함수 $y=\sqrt{kx}$의 그래프를 x축의 방향으로 4만큼, y축의 방향으로 2만큼 평행이동한 그래프가 점$(2, 4)$를 지날 때, k의 값은?

① −2　② −1
③ 1　④ 2

NOTE 함수 $y=\sqrt{kx}$의 그래프를 x축의 방향으로 4만큼, y축의 방향으로 2만큼 평행이동한 함수는 $y=\sqrt{k(x-4)}+2$이고 이 함수의 그래프가 점 $(2, 4)$을 지나므로 $4=\sqrt{k(2-4)}+2$가 성립한다. $2=\sqrt{-2k}$에서 $k=-2$이다.

ANSWER _ 9.④ 10.③ 11.④ 12.③ 13.①

14 두 양의 실수 x, y에 대하여 $\frac{2}{x}+\frac{3}{y}=1$일 때, $x+y$의 최솟값은?

① $6-2\sqrt{5}$

② $6+2\sqrt{5}$

③ $5-2\sqrt{6}$

④ $5+2\sqrt{6}$

NOTE 두 양의 실수 x, y에 대하여 $\frac{2}{x}+\frac{3}{y}=1$일 때, $\frac{3}{y}=1-\frac{2}{x}$ $\therefore y=\frac{3x}{x-2}$이고 $y>0$이므로 $x>2$이다.

$x+y=x+\frac{3x}{x-2}=x+\frac{3(x-2)+6}{x-2}=x+\frac{6}{x-2}+3=x-2+\frac{6}{x-2}+5$에서

$x>2$ 이므로 산술 · 기하평균에 의해

$x-2+\frac{6}{x-2}\geq 2\sqrt{(x-2)\times\frac{6}{x-2}}=2\sqrt{6}$ 이다.

따라서 $x+y\geq 2\sqrt{6}+5$이므로 $x+y$ 의 최솟값은 $5+2\sqrt{6}$ 이다.

15 수열 $\{a_n\}$에 대하여 $\sum_{n=1}^{\infty}\frac{a_n}{3^n}=2$일 때, $\lim_{n\to\infty}\frac{a_n+3^{n+2}-2^n}{3^{n+1}-2^{n-1}}$의 값은?

① 3

② $\frac{10}{3}$

③ $\frac{11}{3}$

④ 4

NOTE 급수 $\sum_{n=1}^{\infty}\frac{a_n}{3^n}=2$로 수렴하므로 $\lim_{n\to\infty}\frac{a_n}{3^n}=0$ 이다. 이때, $\lim_{n\to\infty}\left(\frac{2}{3}\right)^n=0$이고 주어진 극한에서 분모, 분자를 3^n 으로 나누어 계산하면,

$$\lim_{n\to\infty}\frac{a_n+3^{n+2}-2^n}{3^{n+1}-2^{n-1}}=\lim_{n\to\infty}\frac{a_n+9\times 3^n-2^n}{3\times 3^n-\frac{1}{2}2^n}=\lim_{n\to\infty}\frac{\frac{a_n}{3^n}+9-\left(\frac{2}{3}\right)^n}{3-\frac{1}{2}\left(\frac{2}{3}\right)^n}=\frac{0+9-0}{3-0}=3\text{이다.}$$

16 $y=mx$**의 그래프가** $y=\dfrac{1-|x|}{1+x}$**의 그래프와 세 점에서 만나도록 하는** m**의 범위가** $a<m<b$**일 때,** $a+b$**의 값은?**

① $-3-\sqrt{2}$

② $-3+\sqrt{2}$

③ $-3-2\sqrt{2}$

④ $-3+2\sqrt{2}$

NOTE

함수 $y=\dfrac{1-|x|}{1+x}=\begin{cases}1 & (x<0)\\ \dfrac{1-x}{1+x}=\dfrac{2}{x+1}-1 & (x\geq 0)\end{cases}$ 의 그래프는 그림과 같다.

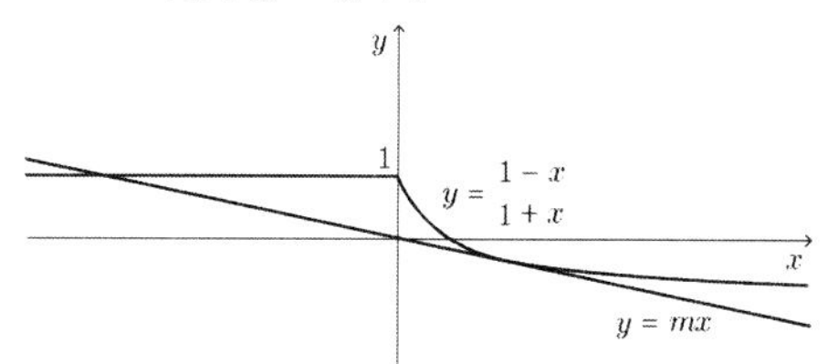

직선 $y=mx$가 이 함수의 그래프와 접할 때의 기울기는

$\dfrac{1-x}{1+x}=mx$, $mx^2+(m+1)x-1=0$에서

$D=(m+1)^2+4m=0$ $\therefore m=-3+2\sqrt{2}$ 이다.

따라서 두 그래프가 세 점에서 만나는 m 의 범위는 $-3+2\sqrt{2}<m<0$이므로

$a=-3+2\sqrt{2}$, $b=0$ $\therefore a+b=-3+2\sqrt{2}$ 이다.

※ $D=0$ 에서 $m=-3-2\sqrt{2}$ 인 경우는 아래 그림에서의 접선의 기울기이다.

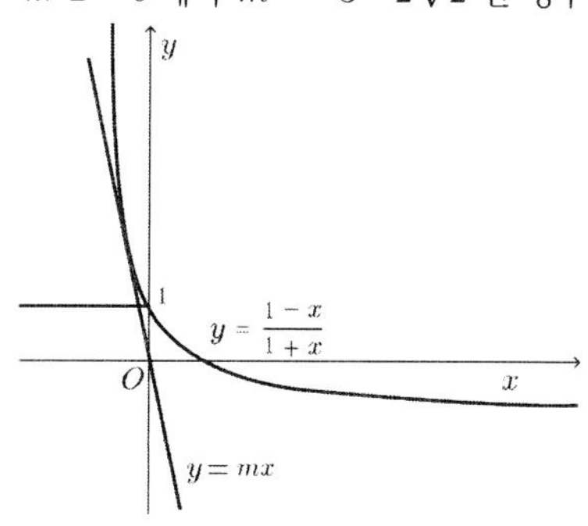

ANSWER _ 14.④ 15.① 16.④

17 등식 $x^3+x^2+x+1=a(x+1)^3+b(x+1)^2+c(x+1)+d$가 x에 대한 항등식일 때, 상수 $a,\ b,\ c,\ d$에 대하여 $a+b+c+d$의 값은?

① 1 ② 3
③ 5 ④ 7

NOTE 등식 $x^3+x^2+x+1=a(x+1)^3+b(x+1)^2+c(x+1)+d$가 x에 대한 항등식이므로 $x=0$일 때 이 등식은 성립한다. $x=0$을 대입하면 $a+b+c+d=1$이다.

18 $10^a=16$, $5^b=256$일 때, $\frac{4}{a}-\frac{8}{b}$의 값은?

① $\log_{10}5$ ② $\log_5 2$
③ 1 ④ 2

NOTE $10^a=16$ 에서 $10=16^{\frac{1}{a}}=2^{\frac{4}{a}}$이고, $5^b=256$ 에서 $5=256^{\frac{1}{b}}=2^{\frac{8}{b}}$이다. 따라서
$2^{\frac{4}{a}}\div 2^{\frac{8}{b}}=10\div 5$, $2^{\frac{4}{a}-\frac{8}{b}}=2$ $\quad\therefore \frac{4}{a}-\frac{8}{b}=1$이다.

19 집합 $A=\left\{x \,\middle|\, 2019\le 2x+9\le 2219,\ \frac{x}{5}\text{는 정수}\right\}$의 원소의 개수는?

① 20 ② 21
③ 22 ④ 23

NOTE 부등식 $2019\le 2x+9\le 2219$를 풀면
$2010\le 2x\le 2210$ $\quad\therefore 1005\le x\le 1105$이다.
이때 $\frac{1005}{5}\le\frac{x}{5}\le\frac{1105}{5}$ $\quad\therefore 201\le\frac{x}{5}\le 221$이므로
집합 $A=\{201,\ 202,\ 203,\cdots,221\}$이고 원소의 개수는 $221-201+1=21$이다.

20 다항식 $x^{10} - 2x + 4$를 $(x-1)^2$으로 나누었을 때의 나머지는?

① $5x + 8$

② $5x - 8$

③ $8x + 5$

④ $8x - 5$

NOTE 다항식 $x^{10} - 2x + 4$를 $(x-1)^2$으로 나누었을 때의 몫과 나머지를 각각 $Q(x)$, $ax+b$라 하면
$x^{10} - 2x + 4 = (x-1)^2 Q(x) + ax + b$ …㉠는 x에 관한 항등식이다.
$x = 1$을 대입하면 $a + b = 3$ $\therefore b = -a + 3$이고 이 관계식을 (㉠)에 대입하여 정리하면
$x^{10} - 2x + 1 = (x-1)^2 Q(x) + a(x-1)$ …㉡이다.
좌변의 식은 $x^{10} - 2x + 1 = (x-1)(x^9 + x^8 + x^7 + \cdots + x^2 + x - 1)$이고, 우변의 식은
$(x-1)^2 Q(x) + a(x-1) = (x-1)\{(x-1)Q(x) + a\}$이다.
이때, 식 ㉡은 x에 관한 항등식이므로 $x^9 + x^8 + x^7 + \cdots + x^2 + x - 1 = (x-1)Q(x) + a$ …
㉢은 x에 관한 항등식이다.
식 ㉢에 $x = 1$을 대입하면 $a = 8$이고 따라서 $b = -a + 3 = -5$이므로 나머지는 $8x - 5$이다.

ANSWER _ 17.① 18.③ 19.② 20.④

2019. 6. 15 제1회 지방직 시행

1 $1+i$가 x에 대한 이차방정식 $x^2-2x+a=0$의 한 근일 때, 실수 a의 값은? (단, $i=\sqrt{-1}$)

① −1
② 0
③ 1
④ 2

NOTE 실수 a에 대하여 이차방정식 $x^2-2x+a=0$의 한 근이 $1+$일 때, 또 다른 한 근은 $1-i$이다. 두 근의 곱이 a이므로 $a=(1-i)(1+i)=2$이다.

2 집합 $X=\{1,2,3,4\}$에 대하여 두 함수 $f:X\to X$, $g:X\to X$가 다음 그림과 같다.

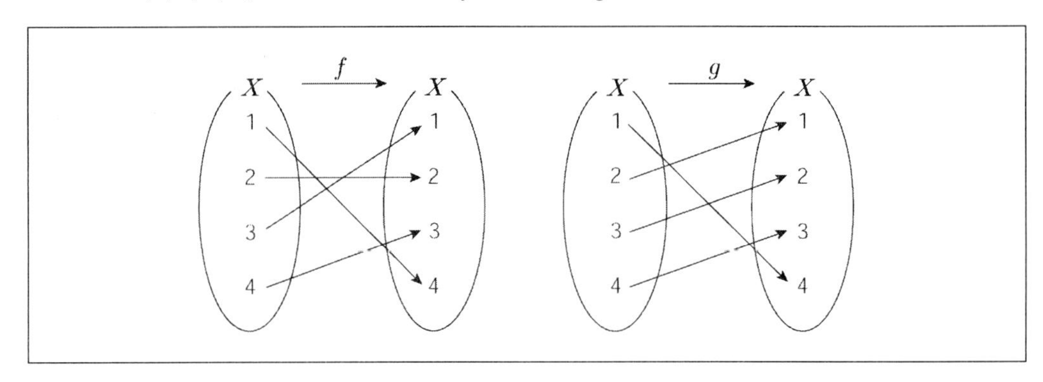

$(g\circ f^{-1})^{-1}(2)$의 값은?

① 1
② 2
③ 3
④ 4

NOTE $(g\circ f^{-1})^{-1}=f\circ g^{-1}$이고 $g^{-1}(2)=3$, $f(3)=1$이므로
$(g\circ f^{-1})^{-1}(2)=(f\circ g^{-1})(2)=f(g^{-1}(2))=f(3)=1$이다.

3 **최고차항의 계수가 1인 삼차다항식 $p(x)$가 $p(-1)=p(0)=p(2)=0$일 때, $p(x)$를 $x-1$로 나누었을 때의 나머지는?**

① −2
② −1
③ 0
④ 1

NOTE $p(-1)=p(0)=p(2)=0$으로부터
삼차다항식 $p(x)=x(x+1)(x-2)$이다.
다항식 $p(x)$를 $x-1$로 나눈 나머지는 $p(1)$과 같으므로 나머지는 $p(1)=-2$이다.

4 **실수 전체의 집합에서 연속인 함수 $f(x)$가 다음을 만족할 때, $a+b$의 값은? (단, a, b는 상수)**

(가) $f(x)=\begin{cases} x^2-ax+2 & (0<x\le 2) \\ 2x+b & (2<x\le 3) \end{cases}$ (나) 모든 실수 x에 대하여 $f(x)=f(x+3)$이다.

① −2
② −1
③ 1
④ 2

NOTE 모든 실수 x에 대하여 $f(x)=f(x+3)$으로부터 함수 $f(x)$는 주기가 3인 함수이다.
실수 전체의 집합에서 연속이므로 $x=2$에서 연속이어야 하고 또한 주기함수이므로
$f(0)=f(3)$이어야 한다. $x=2$일 때 $4-2a+2=4+b$ $\therefore a=\dfrac{2-b}{2}$이고,
$f(0)=2$, $f(3)=6+b$이므로 $2=6+b$
$\therefore b=-4$, $a=3$이다. 그러므로 $a+b=-1$이다.

5 **공차가 0이 아닌 등차수열 $\{a_n\}$이 $a_1+a_2=0$일 때, $a_k=3a_4$인 자연수 k의 값은?**

① 5
② 7
③ 9
④ 11

NOTE 등차수열 $\{a_n\}$에 대하여 공차를 d라 하면
$a_n=a_1+(n-1)d$이다.
$a_1+a_2=2a_1+d=0$ $\therefore d=-2a_1$일 때,
$a_k=a_1+(k-1)d=a_1+(k-1)(-2a_1)=3a_1-2ka_1$
$3a_4=3(a_1+3d)=-15a_1$이므로 $3a_1-2ka_1=-15a_1$에서 $k=9$이다.

ANSWER _ 1.④ 2.① 3.① 4.② 5.③

6 x에 대한 방정식 $|x^2-9|-1=m$이 서로 다른 세 실근을 가질 때, 실수 m의 값은?

① 9 ② 8

③ 7 ④ 6

NOTE 방정식 $|x^2-9|=m+1$의 실근의 개수는 곡선 $y=|x^2-9|$의 그래프와 직선 $y=m+1$의 교점의 개수와 같다. 서로 다른 세 실근을 가지려면 그림에서처럼 $m+1=9$, 즉 $m=8$이어야 한다.

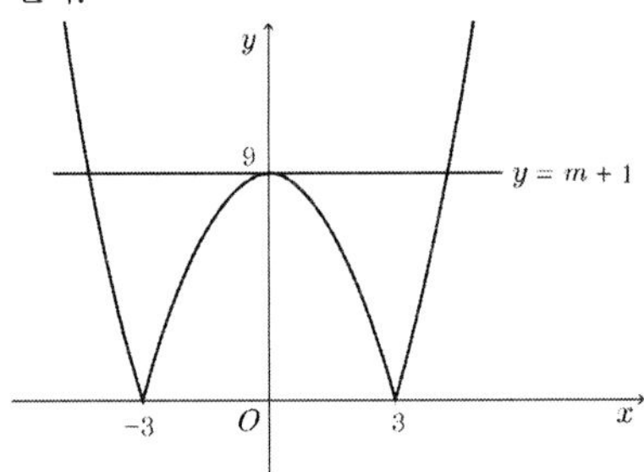

7 A학교 학생들이 수학 과제를 하는 데 소요되는 시간은 표준편차가 3분인 정규분포를 따른다고 한다. A학교 학생들 중 크기가 16인 표본을 임의추출하여 신뢰도 95 %로 추정한 모평균의 신뢰구간이 $[a, b]$이다. $b-a$의 값은? (단, Z가 표준정규분포를 따를 때, $\mathrm{P}(0 \le Z \le 1.96) = 0.4750$이다)

① 2.90 ② 2.94

③ 2.98 ④ 3.02

NOTE 신뢰도 95%로 추정한 모평균의 신뢰구간이 $[a, b]$일 때, 신뢰구간의 길이는 $b-a$이다. 따라서

$$b-a=2\times 1.96\times \frac{3}{\sqrt{16}}=2.94$$이다

8 이차함수 $f(x)$가 모든 실수 x에 대하여 $2f(x)=xf'(x)+2$이고, $f(1)=3$일 때, $f(2)$의 값은?

① 7　　② 8
③ 9　　④ 10

NOTE 이차함수 $f(x)=ax^2+bx+c$에 대하여
$2f(x)=xf'(x)+2$에서
$2ax^2+2bx+2c=x(2ax+b)+2=2ax^2+bx+2$이므로 $2b=b,\ 2c=2$ $\therefore b=0,\ c=1$
이다.
$f(1)=3$에서 $a+b+c=3$ $\therefore a=2$이므로
$f(x)=2x^2+1$이로 $f(2)=9$이다.

9 $10^a=\sqrt[3]{40}$, $1000^b=400$인 두 실수 $a,\ b$에 대하여 $b-a$의 값은?

① 1　　② $\frac{1}{2}$
③ $\frac{1}{3}$　　④ $\frac{1}{4}$

NOTE $10^a=\sqrt[3]{40}$에서

$a=\log_{10}\sqrt[3]{40}=\log_{10}40^{\frac{1}{3}}=\frac{1}{3}\log_{10}40$이고

$1000^b=400$에서

$b=\log_{1000}400=\log_{10^3}400=\frac{1}{3}\log_{10}400$이다.

$b-a=\frac{1}{3}(\log_{10}400-\log_{10}40)=\frac{1}{3}\log_{10}\frac{400}{40}=\frac{1}{3}\log_{10}10=\frac{1}{3}$이다.

ANSWER _ 6.② 7.② 8.③ 9.③

10 수열 $\{a_n\}$의 첫째항부터 제n항까지의 합 S_n이 $S_n = (2n+1)5^n$일 때, $\lim_{n\to\infty} \frac{a_n}{S_n}$의 값은?

① $\frac{1}{5}$　② $\frac{2}{5}$
③ $\frac{3}{5}$　④ $\frac{4}{5}$

NOTE 수열 $\{a_n\}$에 대하여 $S_n = (2n+1)5^n$일 때,
$a_n = S_n - S_{n-1} = (2n+1)5^n - (2n-1)5^{n-1} = (8n+6)5^{n-1}$이다.
$\lim_{n\to\infty} \frac{a_n}{S_n} = \lim_{n\to\infty} \frac{(8n+6)5^{n-1}}{(2n+1)5^n} = \lim_{n\to\infty} \frac{1}{5}\frac{8n+6}{2n+1} = \frac{4}{5}$이다.

11 $2a+5b=1$인 두 양수 a, b에 대하여 $\frac{5}{a}+\frac{2}{b}$의 최솟값은?

① 10　② 20
③ 30　④ 40

NOTE 양수 a, b에 대하여 $2a+5b=1 \geq 2\sqrt{2a\times 5b}$이므로 $ab \leq \frac{1}{40}$이다.
$\frac{5}{a}+\frac{2}{b} = \frac{2a+5b}{ab} = \frac{1}{ab} \geq 40$이므로 최솟값은 40이다.

12 두 점 $\mathrm{P}(-2, 8)$, $\mathrm{Q}(6, 0)$에 대하여 선분 PQ를 $k:1$로 내분하는 점이 직선 $y=2x$ 위에 있을 때, 양수 k의 값은?

① 1　② 2
③ 3　④ 4

NOTE 두 점 $P(-2, 8)$, $Q(6, 0)$에 대하여 선분 PQ를 $k:1$로 내분하는 점의 좌표는
$\left(\frac{6k-2}{k+1}, \frac{8}{k+1}\right)$이다.
이 점이 직선 $y=2x$위에 있으므로
$\frac{8}{k+1} = 2\times\frac{6k-2}{k+1}$이 성립한다. 따라서 양수 k의 값은 1이다.

13 유리함수 $y=\frac{ax+2}{x+b}$의 그래프의 점근선이 $x=1$, $y=0$일 때, $a-b$의 값은? (단, a, b는 실수)

① $\frac{3}{2}$
② 1
③ $\frac{1}{2}$
④ 0

NOTE 유리함수

$y=\frac{ax+2}{x+b}=\frac{a(x+b)+2-ab}{x+b}=\frac{2-ab}{x+b}+a$에서 점근선은 $x=-b$, $y=a$이므로

$a=0$, $b=-1$이다. 따라서 $a-b=1$이다.

14 원 $(x-2)^2+(y-2)^2=3$과 직선 $y=kx$가 적어도 한 점에서 만나도록 하는 실수 k의 최댓값을 M, 최솟값을 m이라 할 때, Mm의 값은?

① 1
② 2
③ 3
④ 4

NOTE 원 $(x-2)^2+(y-2)^2=3$과 직선 $kx-y=0$가 적어도 한 점에서 만나기 위해서는 원의 중심 $(2, 2)$에서 직선에 이르는 거리가 반지름의 길이보다 작거나 같아야 한다.

따라서 $\frac{|2k-2|}{\sqrt{k^2+1}} \le \sqrt{3}$이고 양변을 제곱해서 정리하면 $k^2-8k+1 \le 0$이다.

이차방정식 $k^2-8k+1=0$의 두 근을 α, β라 하면 부등식 $k^2-8k+1 \le 0$의 해는 $\alpha \le k \le \beta$이므로 k의 최솟값은 $m=\alpha$, 최댓값은 $M=\beta$이다. 따라서 이차방정식에서 $\alpha\beta=1$이므로 $Mm=\alpha\beta=1$이다.

ANSWER _ 10.④ 11.④ 12.① 13.② 14.①

15 집합 $X=\{1,2,3,4,5,6,7\}$의 두 부분집합 A, B가 다음을 만족한다.

> (가) $A\cap B$의 원소의 개수는 2이고, $A\cup B$의 원소의 개수는 5이다.
> (나) A의 모든 원소의 곱은 B의 모든 원소의 곱과 같다.

$A=\{1,2,3,4\}$일 때, B의 모든 원소의 합은?

① 10 ② 11
③ 12 ④ 13

NOTE $n(A\cup B)=n(A)+n(B)-n(A\cap B)$에서
$5=4+n(B)-2 \quad \therefore n(B)=3$이다.
집합 A의 모든 원소의 곱은 24이므로 집합 B가 되는 경우는 $A\cap B=\{1,4\}$이고 $B=\{1,4,6\}$이다. 따라서 집합 B의 모든 원소의 합은 11이다.
만약 $A\cap B=\{1,2\}$라면 12가 집합 B의 원소가 되어야 하는데 $12\notin X$이다.
만약 $A\cap B=\{2,3\}$라면 4가 집합 B의 원소가 되어야 하는데 이때 $A\cap B=\{2,3,4\}$가 되어 모순이다. 이와 같이 하면 가능한 $A\cap B$은 $A\cap B=\{1,4\}$뿐이다.

16 $f(0)\neq 0$인 다항함수 $f(x)$에 대하여 $F(x)=(x^2+2)\int_1^x f(t)dt$라 하자. $F'(0)=F'(1)$일 때, $\dfrac{f(1)}{f(0)}$의 값은?

① $\dfrac{1}{3}$ ② $\dfrac{1}{2}$
③ $\dfrac{2}{3}$ ④ $\dfrac{5}{6}$

NOTE $F(x)=(x^2+2)\int_1^x f(t)dt$에 대하여 양변을 x에 대하여 미분하면
$F'(x)=2x\int_1^x f(t)dt+(x^2+2)f(x)$이다.
이때 $x=0$일 때 $F'(0)=2f(0)$이고, $x=1$일 때 $F'(1)=3f(1)$이다.
$F'(0)=F'(1)$에서 $2f(0)=3f(1)$ $\therefore \dfrac{f(1)}{f(0)}=\dfrac{2}{3}$이다.

17 직선 $y=x$와 역함수가 존재하는 함수 $y=f(x)$의 그래프가 그림과 같을 때, 다음 중 옳은 것은?

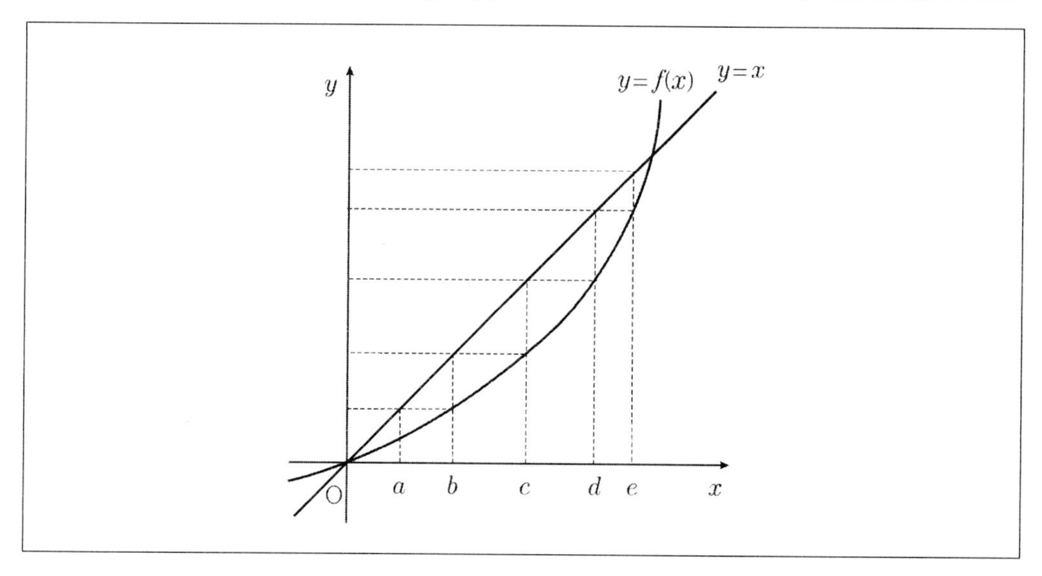

① $f^{-1}(c)=b$

② $(f\circ f)(d)=c$

③ $(f\circ f)(e)=(f^{-1}\circ f^{-1})(b)$

④ $(f^{-1}\circ f^{-1}\circ f^{-1})(b)=e$

NOTE 함수 $y=f(x)$의 그래프에서
$f(b)=a,\ f(c)=b,\ f(d)=c,\ f(e)=d$이다.
①: $f(d)=c$이므로 $f^{-1}(c)=d\neq b$이다.
②: $f(d)=c,\ f(c)=b$이므로
$(f\circ f)(d)=f(f(d))=f(c)=b\neq c$ 이다.
③: 좌변은 $(f\circ f)(e)=f(f(e))=f(d)=c$이고
우변은 $(f^{-1}\circ f^{-1})(b)=f^{-1}(f^{-1}(b))$
$=f^{-1}(c)=d$ 이므로 $c\neq d$이다.
④: $(f^{-1}\circ f^{-1}\circ f^{-1})(b)=(f^{-1}\circ f^{-1})(f^{-1}(b))$
$=(f^{-1}\circ f^{-1})(c)$
$=f^{-1}(f^{-1}(c))=f^{-1}(d)=e$

ANSWER _ 15.② 16.③ 17.④

18 a를 세 번, b를 다섯 번 사용하여 만드는 8자리 문자열 중 다음을 만족하는 문자열의 개수는?

> ㈎ a는 서로 이웃하지 않는다.
> ㈏ 첫 문자가 a이면 마지막 문자는 b이다.

① 16 ② 18
③ 20 ④ 22

NOTE 1) a가 첫 문자인 경우 : a는 서로 이웃하지 않아야 하므로 $a\ b\ a\ b\ a\ b$ 형태이면서 b가 있는 자리에 나머지 2개의 b를 채우면 된다. 이 경우의 수는 서로 다른 세 개에서 중복해서 2개를 뽑는 중복조합의 경우의 수와 같으므로 ${}_3H_2 = 6$가지이다.

2) a가 첫 문자가 아닌 경우 : $b\ a\ b\ a\ b\ a\ \vee$ 형태이면서 3개의 b와 $\vee$ 자리에 2개의 b를 채우면 된다. 이때 경우의 수는 서로 다른 네 개에서 중복해서 2개를 뽑는 중복조합의 경우의 수와 같으므로 ${}_4H_2 = 10$가지이다.

따라서 구하는 문자열의 개수는 $6+10=16$이다.

19 자연수 n에 대하여 함수 $y=\dfrac{n}{x}(x>0)$의 그래프와 한 점에서 만나고 중심이 $(0,\ 0)$인 원의 반지름의 길이를 r_n이라 하자. $\sum_{n=1}^{10} r_n^2$의 값은?

① 110 ② 132
③ 156 ④ 182

NOTE 그림에서처럼 $y=\dfrac{n}{x}\ (x>0)$의 그래프와 원이 한 점에서 만나는 교점 P는 $y=\dfrac{n}{x}$의 그래프와 직선 $y=x$의 그래프와의 교점이다.

$\dfrac{n}{x}=x$에서 $x=\sqrt{n}$이고 교점의 좌표는 $P(\sqrt{n},\ \sqrt{n})$이며 이때 원의 반지름은 $r_n=\sqrt{2n}$이다. 그러므로

$\sum_{n=1}^{10} r_n^2 = \sum_{n=1}^{10} 2n = 2\frac{10\times 11}{2} = 110$이다.

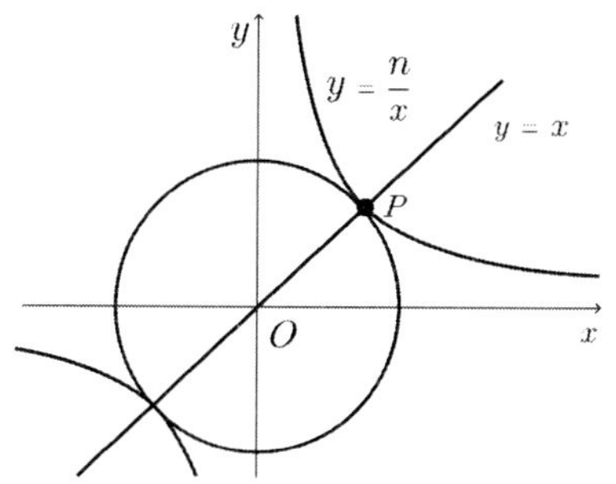

20 삼차함수 $f(x)$가 다음을 만족할 때, $f\left(\frac{1}{3}\right)$의 값은?

> (가) 함수 $f(x)$는 $x=1$에서 극솟값 -1을 갖는다.
> (나) 모든 실수 x에 대하여 $f(1-x)+f(x)=1$이다.

① 1 ② $\frac{10}{9}$

③ $\frac{11}{9}$ ④ $\frac{12}{9}$

NOTE 삼차함수 $f(x)=ax^3+bx^2+cx+d$라 할 때 $x=1$에서 극솟값 -1을 가지므로
$f(1)=-1$, $f'(1)=0 \cdots$ ㉠이다.
모든 실수 x에 대하여 $f(1-x)+f(x)=1$이므로 $x=0$일 때 $f(1)+f(0)=1$에서
$f(0)=2 \cdots$ ㉡이다.
또한 양변을 미분하면 $-f'(1-x)+f'(x)=0$에서 $x=0$일 때 $-f'(1)+f'(0)=0$에서
$f'(0)=0 \cdots$ ㉢이다.
㉡에서 $d=2$ 이고 $f'(x)=3ax^2+2bx+c$이므로 ㉢에서 $c=0$이다.
㉠에서 $a+b+c+d=-1$, $3a+2b+c=0$을 연립해서 풀면 $a=6$, $b=-9$이므로
$f(x)=6x^3-9x^2+2$이다. 따라서 $f\left(\frac{1}{3}\right)=\frac{11}{9}$이다.

ANSWER _ 18.① 19.① 20.③

2019. 6. 15 제2회 서울특별시 시행

1 **모든 실수 x에 대하여 등식 $(1-2x+x^2)^5 = a_0 + a_1x + a_2x^2 + \cdots + a_9x^9 + a_{10}x^{10}$이 성립할 때, $a_0 + a_2 + a_4 + a_6 + a_8 + a_{10}$의 값은? (단, a_0, a_1, a_2, ⋯, a_9, a_{10}은 상수이다.)**

① 128 ② 256

③ 512 ④ 1024

NOTE 등식 $(1-2x+x^2)^5 = a_0 + a_1x + a_2x^2 + \cdots + a_9x^9 + a_{10}x^{10}$은 x에 관한 항등식이므로

$x=1$일 때

$a_0 + a_1 + a_2 + \cdots + a_9 + a_{10} = 0$이고, $x=-1$일 때

$a_0 - a_1 + a_2 - a_3 + \cdots - a_9 + a_{10} = 4^5$이다.

두 식을 더한 후 2로 나누면

$a_0 + a_2 + a_4 + a_6 + a_8 + a_{10} = \frac{4^5}{2} = 2^9 = 512$이다.

2 **다항식 $P(x)$를 $x^2-3x-18$로 나누면 나머지가 $2x-3$이다. $P(3x)$를 $x-2$로 나누었을 때, 나머지는?**

① -9 ② -1

③ 1 ④ 9

NOTE 다항식 $P(x)$를 $x^2-3x-18$로 나눌 때의 몫을 $Q(x)$라 하면

$P(x) = (x+3)(x-6)Q(x) + 2x - 3$이다.

$P(3x)$를 $x-2$로 나눈 나머지는 $x=2$를 대입한 $P(6)$과 같으므로 $P(6) = 2\times6-3 = 9$이다.

3 등식 $x(1+2i)-(y+5)i=3$을 만족하는 실수 x, y에 대하여 $x+y$의 값은? (단, $i=\sqrt{-1}$)

① 2
② 4
③ 6
④ 8

NOTE 실수 x, y에 대하여 등식 $x(1+2i)-(y+5)i=3$에서 $x+(2x-y-5)i=3$이므로 $x=3$, $2x-y-5=0$이다. 따라서 $x=3, y=1$이고 $x+y=4$이다.

4 x에 대한 이차방정식 $k^2+(6+2x)k+x^2+2ax-9b=0$이 실수 k의 값에 관계 없이 항상 중근을 가질 때, 실수 a, b에 대하여 $a+b$의 값은?

① 2
② 4
③ 6
④ 8

NOTE x에 대한 이차방정식

$x^2+2(k+a)x+k^2+6k-9b=0$이 실수 k의 값에 관계없이 중근을 가지므로

$\frac{D}{4}=(k+a)^2-k^2-6k+9b=0$은 k에 관한 항등식이어야 한다.

$(2a-6)k+a^2+9b=0$에서 $2a-6=0$, $a^2+9b=0$,

즉 $a=3$, $b=-1$이므로 $a+b=2$이다.

5 원 $x^2+y^2+4x-6y+9=0$을 x축의 방향으로 a만큼, y축의 방향으로 b만큼 평행이동하였더니 원 $x^2+y^2=c$가 되었다. 이때, 세 실수 a, b, c에 대하여 $a+b+c$의 값은?

① 2
② 3
③ 4
④ 6

NOTE 원 $(x+2)^2+(y-3)^2=4$을 x축의 방향으로 a만큼, y축의 방향으로 b만큼 평행이동한 원의 중심은 $(-2+a, 3+b)$, 반지름의 길이는 2이므로 $-2+a=0$, $3+b=0$, $2=\sqrt{c}$이다. 따라서 $a=2$, $b=-3$, $c=4$이고 $a+b+c=3$이다.

ANSWER _ 1.③ 2.④ 3.② 4.① 5.②

6 점 $(k,\ 1)$에서 두 직선 $-x+2y-3=0$, $2x-y+5=0$에 이르는 거리가 같도록 하는 모든 실수 k의 값들의 합은?

① $-\frac{11}{3}$　　② -4

③ $-\frac{13}{3}$　　④ $-\frac{14}{3}$

 점 $(k, 1)$에서 두 직선 $-x+2y-3=0$
$2x-y+5=0$에 이르는 거리가 같으므로
$\frac{|-k+2-3|}{\sqrt{1+4}}=\frac{|2k-1+5|}{\sqrt{4+1}}$이 성립한다.
$|-k-1|=|2k+4|$에서 $2k+4=\pm(k+1)$이고 이를 풀면 $k=-3,\ -\frac{5}{3}$이므로
모든 실수 k의 값들의 합은 $-\frac{14}{3}$이다.

7 원 $x^2+y^2+2x+4y-13=0$ 위의 점에서 직선 $y=-x+5$에 이르는 거리의 최솟값을 k라 할 때, k^2의 값은?

① 2　　② 5

③ 8　　④ 11

NOTE 원 $(x+1)^2+(y+2)^2=18$ 위의 점에서
직선 $x+y-5=0$에 이르는 거리의 최솟값은 원의 중심 $(-1, -2)$에서 직선에 이르는 거리에 원의 반지름의 길이를 뺀 것과 같다.
중심에서 직선에 이르는 거리는 $\frac{|-1-2-5|}{\sqrt{1+1}}=4\sqrt{2}$이고 반지름의 길이는 $\sqrt{18}=3\sqrt{2}$이므로 최솟값은 $4\sqrt{2}-3\sqrt{2}=\sqrt{2}$이다. 따라서 $k^2=2$이다.

8 **전체집합** $U=\{x|-3 \leq x \leq 3,\ x는\ 정수\}$**에 대하여 두 조건** p, q**가** $p: x^3+2x^2-x-2=0$, $q: x^2+2x-3=0$**일 때, '**p**이고** $\sim q$**'의 진리집합에서 모든 원소의 합은?**

① 0
② -1
③ -2
④ -3

NOTE 조건 $p: x^3+2x^2-x-2=0$의 진리집합 P는
$x^2(x+2)-(x+2)=0,\ (x^2-1)(x+2)=0 \therefore x=\pm 1, -2$에서 $P=\{-2, -1, 1\}$이고, 조건 $q: x^2+2x-3=0$의 진리집합 Q는 $Q=\{-3, 1\}$이다.
'p이고 $\sim q$'의 진리집합은 $P\cap Q^C$이고 $P\cap Q^C=P-Q=\{-2, -1\}$이다.
따라서 모든 원소의 합은 -3이다.

9 **두 함수** $f(x)=x+3a$, $g(x)=bx+c$**에 대하여** $f^{-1}(3)=0$, $(g\circ f^{-1})(x)=5x-4$**가 성립할 때,** $a+b+c$**의 값은? (단,** a, b, c**는 상수이다.)**

① 15
② 16
③ 17
④ 18

NOTE 두 함수 $f(x)=x+3a,\ g(x)=bx+c$에 대하여 $f^{-1}(3)=0$에서 $f(0)=3$이므로
$3a=3\ \therefore a=1$, 즉 $f(x)=x+3$이다.
이때 $f^{-1}(x)=x-3$이다.
$(g\circ f^{-1})(x)=g(f^{-1}(x))=g(x-3)=b(x-3)+c=bx-3b+c$이므로
$bx-3b+c=5x-4$에서 $b=5,\ -3b+c=-4$이고 따라서 $b=5,\ c=11$이다.
그러므로 $a+b+c=1+5+11=17$이다.

ANSWER _ 6.④ 7.① 8.④ 9.③

10 $0 \le x \le 4$**일 때, 함수** $y = \dfrac{3x+1}{x+1}$**의 최댓값과 최솟값의 합은?**

① $\dfrac{13}{5}$

② $\dfrac{16}{5}$

③ $\dfrac{18}{5}$

④ $\dfrac{19}{5}$

NOTE

함수 $y = f(x) = \dfrac{3x+1}{x+1} = \dfrac{3(x+1)-2}{x+1} = \dfrac{-2}{x+1} + 3$의 그래프는 그림과 같다.

$0 \le x \le 4$일 때 함수는 $x=0$에서 최소, $x=4$에서 최대이므로 최솟값은 $f(0)=1$, 최댓값은 $f(4) = \dfrac{13}{5}$이고 따라서 합은 $1 + \dfrac{13}{5} = \dfrac{18}{5}$이다.

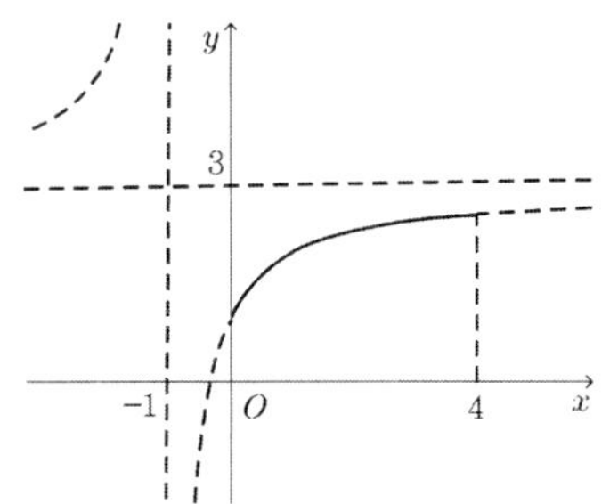

11 **실수** x, y**에 대하여** $5^x = 9$, $15^y = 27$**일 때,** $\dfrac{2}{x} - \dfrac{3}{y}$**의 값은?**

① -2

② -1

③ 0

④ 1

NOTE

$5^x = 9$에서 $5 = 9^{\frac{1}{x}} = 3^{\frac{2}{x}}$이고,

$15^y = 27$에서 $15 = 27^{\frac{1}{y}} = 3^{\frac{3}{y}}$이다.

$3^{\frac{2}{x}} \div 3^{\frac{3}{y}} = 3^{\frac{2}{x} - \frac{3}{y}} = 5 \div 15 = 3^{-1}$에서 $\dfrac{2}{x} - \dfrac{3}{y} = -1$이다.

12 수열 $\{a_n\}$의 첫째항부터 제n항까지의 합 $S_n = n^2 + n$일 때, $\sum_{n=1}^{12} \frac{13}{a_n a_{n+1}}$의 값은?

① 1　　② 2

③ 3　　④ 4

NOTE 수열 $\{a_n\}$은 $S_n = n^2 + n$으로부터 일반항이 $a_n = S_n - S_{n-1} = 2n$이고, 공차는 2인 등차수열이다. 따라서

$$\sum_{n=1}^{12} \frac{13}{a_n a_{n+1}} = 13 \sum_{n=1}^{12} \frac{1}{a_{n+1} - a_n}\left(\frac{1}{a_n} - \frac{1}{a_{n+1}}\right)$$

$$= 13 \sum_{n=1}^{12} \frac{1}{2}\left(\frac{1}{a_n} - \frac{1}{a_{n+1}}\right)$$

$$= \frac{13}{2}\left\{\left(\frac{1}{a_1} - \frac{1}{a_2}\right) + \left(\frac{1}{a_2} - \frac{1}{a_3}\right) + \cdots + \left(\frac{1}{a_{12}} - \frac{1}{a_{13}}\right)\right\}$$

$$= \frac{13}{2}\left(\frac{1}{a_1} - \frac{1}{a_{13}}\right)$$

$$= \frac{13}{2}\left(\frac{1}{2} - \frac{1}{26}\right)$$

$$= \frac{13}{2} \times \frac{12}{26}$$

$$= 3$$

13 각 항이 실수인 등비수열 $\{a_n\}$에 대하여 $a_4 = \frac{80}{3}$, $a_5 + a_6 = 160$일 때, 수열 $\{a_n\}$의 공비 r은? (단, $r > 0$)

① 2　　② 3

③ 4　　④ 5

NOTE 등비수열 $\{a_n\}$의 첫 항과 공비를 각각 a, r이라 하면 $a_n = ar^{n-1}$이다.

$a_4 = ar^3 = \frac{80}{3}$이고,

$a_5 + a_6 = ar^4 + ar^5 = ar^3(r + r^2) = \frac{80}{3}(r + r^2) = 160$에서 $r^2 + r = 6$ $\quad \therefore r = 2\ (\because r > 0)$

이다.

ANSWER _ 10.③ 11.② 12.③ 13.①

14 한 개의 주사위를 5번 던질 때, k번째 나오는 눈의 수를 $a_k(k=1,2,3,4,5)$라고 하자. 이때, $a_1 \le a_2 = a_3 \le a_4 \le a_5$인 경우의 수는?

① 63　　② 126
③ 189　　④ 252

NOTE $a_2=a_3=n(n=1, 2, 3, 4, 5, 6)$에 대하여 a_1의 경우의 수는 n가지이고, a_4, a_5의 경우의 수는 $n, n+1, \cdots, 6$에서 2개를 뽑는 중복조합의 경우의 수와 같아서 ${}_{7-n}H_2$이다. 따라서 구하고자 하는 경우의 수는

$$\sum_{n=1}^{6} n\times {}_{7-n}H_2 = 1\times {}_6H_2 + 2\times {}_5H_2 + 3\times {}_4H_2 + 4 \times {}_3H_2 + 5\times {}_2H_2 + 6\times {}_1H_2$$
$$= 21+30+30+24+15+6$$
$$=126$$

15 $A = {}_8C_0 + 7{}_8C_1 + 7^2{}_8C_2 + \cdots + 7^8{}_8C_8$이라고 할 때, $\log_4 A$의 값은?

① 7　　② 8
③ 12　　④ 16

NOTE $A = {}_8C_0 + {}_8C_1\times 7^1 + {}_8C_2\times 7^2 + \cdots + {}_8C_8 \times 7^8 = (1+7)^8 = 8^8 = 2^{24}$이고 이때

$\log_4 A = \log_4 2^{24} = \log_{2^2} 2^{24} = \frac{24}{2}\log_2 2 = 12$이다.

16 이항분포 B(20, p)를 따르는 확률변수 X에 대하여 $\mathrm{E}(2X+1)=9$일 때, $\mathrm{E}(X^2)$의 값은?

① $\frac{94}{5}$　　② $\frac{96}{5}$
③ $\frac{98}{5}$　　④ 20

NOTE 확률변수 X에 대하여 $E(X)=20\times p$이고

$E(2X+1)=2E(X)+1=40p+1$이므로 $40p+1=9$에서 $p=\frac{1}{5}$이다.

이때 $E(X)=20p=4$, $V(X)=20p(1-p)=\frac{16}{5}$이다.

따라서 $E(X^2)=V(X)+\{E(X)\}^2=\frac{16}{5}+4^2=\frac{96}{5}$이다.

17 수열 $\{a_n\}$이 모든 자연수 n에 대하여 부등식 $3n^2-1 \le na_n \le 3n^2+2$을 만족할 때, $\lim_{n\to\infty}\frac{a_n+n+2}{2n+1}$의 값은?

① $\frac{1}{2}$ ② 1

③ $\frac{3}{2}$ ④ 2

NOTE 부등식 $3n^2-1 \le na_n \le 3n^2+2$에 대하여 양변을 n^2으로 나누면

$\frac{3n^2-1}{n^2} \le \frac{a_n}{n} \le \frac{3n^2+2}{n^2}$이 성립하고, $\lim_{n\to\infty}\frac{3n^2-1}{n^2}=3$, $\lim_{n\to\infty}\frac{3n^2+2}{n^2}=3$ 이므로

$\lim_{n\to\infty}\frac{a_n}{n}=3$이다.

그러므로 $\lim_{n\to\infty}\frac{a_n+n+2}{2n+1}=\lim_{n\to\infty}\frac{\frac{a_n}{n}+1+\frac{2}{n}}{2+\frac{1}{n}}=\frac{3+1+0}{2+0}=2$이다.

18 급수 $\sum_{n=1}^{\infty}\frac{3^n+4^n}{5^n}$의 값은?

① $\frac{11}{2}$ ② 6

③ $\frac{13}{2}$ ④ 7

NOTE $\sum_{n=1}^{\infty}\frac{3^n+4^n}{5^n}=\sum_{n=1}^{\infty}\left\{\left(\frac{3}{5}\right)^n+\left(\frac{4}{5}\right)^n\right\}$

$=\frac{\frac{3}{5}}{1-\frac{3}{5}}+\frac{\frac{4}{5}}{1-\frac{4}{5}}=\frac{3}{2}+4=\frac{11}{2}$

ANSWER _ 14.② 15.③ 16.② 17.④ 18.①

19 다항함수 $f(x)$에 대하여 $\lim_{x\to\infty}\frac{f(x)}{2x^2+3x-1}=1$, $\lim_{x\to2}\frac{f(x)}{x^2-3x+2}=4$가 성립할 때, $f(3)$의 값은?

① 2 ② 4

③ 6 ④ 8

NOTE $\lim_{x\to\infty}\frac{f(x)}{2x^2+3x-1}=1$ 로부터 다항함수 $f(x)$는 최고차항의 계수가 2인 이차함수, 즉 $f(x)=2x^2+ax+b$라 할 수 있다.

$\lim_{x\to2}\frac{f(x)}{(x-2)(x-1)}=4$에서 $f(2)=0$이어야 하고,

이때 $\lim_{x\to2}\frac{f(x)-f(0)}{x-2}\frac{1}{x-1}=f'(2)$ 이므로

$f'(2)=4$이다.

$f(2)=0$으로부터 $2a+b+8=0$이고,

$f'(x)=4x+a$으로부터 $f'(2)=a+8=4$이므로

$a=-4$, $b=0$이다. 따라서 $f(x)=2x^2-4x$이고

$f(3)=18-12=6$이다.

20 함수 $f(x)=x^2-2x-5$에 대하여 $\lim_{x\to1}\frac{1}{x^2-1}\int_1^x f(t)dt$의 값은?

① -4 ② -3

③ -2 ④ -1

NOTE 함수 $f(x)=x^2-2x-5$에 대하여 $f(x)$의 부정적분을 $F(x)$라 하면

$\lim_{x\to1}\frac{1}{x^2-1}\int_1^x f(t)\,dt=\lim_{x\to1}\frac{[F(t)]_1^x}{x^2-1}$

$=\lim_{x\to1}\frac{1}{x+1}\frac{F(x)-F(1)}{x-1}=\frac{1}{2}F'(1)=\frac{1}{2}f(1)=-3$이다

ANSWER _ 19.③ 20.②

MEMO

MEMO

서원각과 함께하는
공무원 시험대비

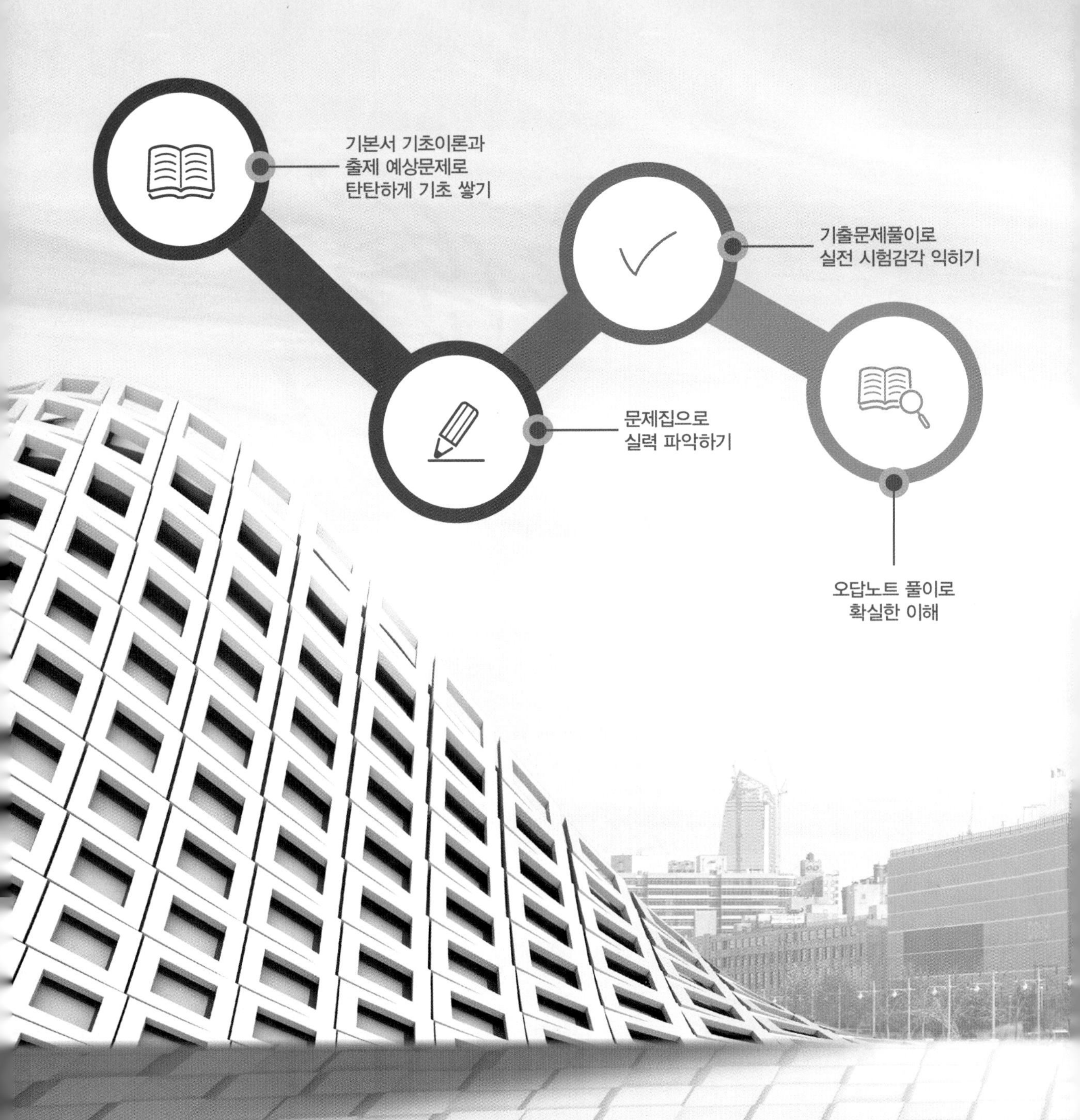

서원각 공무원 시리즈
기본서
–파워특강
–(직렬별)전과목 총정리
문제집
–필통(반드시 시험에 통하는)
–빅데이터
기출문제집
–최근 10개년 기출문제
–최근 5개년 기출문제
–(직렬별)기출문제 정복하기